普通高等教育"十二五"创新型规划教材·电气工程及其自动化系列

电工电子实验教程

（修订版）

张玲霞　主　编

王晓丽　史丽娟
　　　　　　　　副主编
胡亚瑞　董玉冰

李　杰　李学军　主　审

哈尔滨工业大学出版社

内 容 简 介

　　本书是在多年实验教学的基础上,经多次修改编写而成的。全书共 7 章,其中电路实验 12 个,模拟电子技术实验 10 个,数字电子技术实验 10 个,Multisim 9 软件仿真实验 11 个,共计 43 个实验项目。本书还针对性地介绍了各种仪器设备,以满足实验室不同配置的需要。

　　本书既可供高等院校电专业及非电专业各类在校本专科学生使用,也可作为各种成人教育的教材及相关工程技术人员的参考书。

图书在版编目(CIP)数据

电工电子实验教程/张玲霞主编. —2 版. —哈尔
滨:哈尔滨工业大学出版社,2013.8(2018.1 重印)

ISBN 978-7-5603-3418-9

Ⅰ.①电… Ⅱ.①张… Ⅲ.①电工试验–高等学校–
教材②电子技术–实验–高等学校–教材 Ⅳ.①TM-33②TN-33

中国版本图书馆 CIP 数据核字(2013)第 158860 号

策划编辑　王桂芝　　赵文斌
责任编辑　王桂芝
出版发行　哈尔滨工业大学出版社
社　　址　哈尔滨市南岗区复华四道街 10 号　邮编 150006
传　　真　0451-86414749
网　　址　http://hitpress.hit.edu.cn
印　　刷　哈尔滨市工大节能印刷厂
开　　本　787mm×1092mm　1/16　印张 15.25　字数 380 千字
版　　次　2012 年 3 月第 1 版　2013 年 8 月第 2 版
　　　　　2018 年 1 月第 3 次印刷
书　　号　ISBN 978-7-5603-3418-9
定　　价　30.00 元

序

随着产业国际竞争的加剧和电子信息科学技术的飞速发展,电气工程及其自动化领域的国际交流日益广泛,而对能够参与国际化工程项目的工程师的需求越来越迫切,这自然对高等学校电气工程及其自动化专业人才的培养提出了更高的要求。

根据《国家中长期教育改革和发展规划纲要(2010—2020)》及教育部"卓越工程师教育培养计划"文件精神,为适应当前课程教学改革与创新人才培养的需要,使"理论教学"与"实践能力培养"相结合,哈尔滨工业大学出版社邀请东北三省十几所高校电气工程及其自动化专业的优秀教师编写了《普通高等教育"十二五"创新型规划教材·电气工程及其自动化系列》教材。该系列教材具有以下特色:

1. 强调平台化完整的知识体系。系列教材涵盖电气工程及其自动化专业的主要技术理论基础课程与实践课程,以专业基础课程为平台,与专业应用课、实践课有机结合,构成了一个通识教育和专业教育的完整教学课程体系。

2. 突出实践思想。系列教材以"项目为牵引",把科研、科技创新、工程实践成果纳入教材,以"问题、任务"为驱动,让学生带着问题主动学习,在"做中学",进而将所学理论知识与实践统一起来,适应企业需要,适应社会需求。

3. 培养工程意识。系列教材结合企业需要,注重学生在校工程实践基础知识的学习和新工艺流程、标准规范方面的培训,以缩短学生由毕业生到工程技术人员转换的时间,尽快达到企业岗位目标需求。如从学校出发,为学生设置"专业课导论"之类的铺垫性课程;又如从企业工程实践出发,为学生设置"电气工程师导论"之类的引导性课程,帮助学生尽快熟悉工程知识,并与所学理论有机结合起来。同时注重仿真方法在教学中的作用,以解决教学实验设备因昂贵而不足、不全的问题,使学生容易理解实际工作过程。

本系列教材是哈尔滨工业大学等东北三省十几所高校多年从事电气工程及其自动化专业教学科研工作的多位教授、专家们集体智慧的结晶,也是他们长期教学经验、工作成果的总结与展示。

我深信:这套教材的出版,对于推动电气工程及其自动化专业的教学改革、提高人才培养质量,必将起到重要推动作用。

教育部高等学校电子信息与电气学科教学指导委员会委员
电气工程及其自动化专业教学指导分委员会副主任委员

2011 年 7 月

再版前言

　　根据我校对实验教学改革的要求,为更好地培养具有创新精神和实践能力的应用型专门人才,我们组织编写了这本实验教程。本教程是在多年实验教学改革的基础上,结合理论课程"电路原理"、"模拟电子技术"及"数字电子技术"的相关内容编写而成。

　　此次再版,根据教学需要,进一步修订、完善了本书内容。本书在编写上,既注意与相应理论课的内容结合、呼应,又着眼实验课程自身的体系与特色。每一个实验都包含有实验目的、实验原理、预习要求、实验内容、实验报告要求、思考题及所需仪器等内容,旨在要教会学生不仅懂得怎样去做,而且要使学生弄清为什么这样做,启发学生就所学内容向深层次发展。

　　本书侧重于实验方法和实验技能,从实验验证到实验设计,由浅入深。同时还引入了计算机仿真技术,实验内容既可以用计算机仿真,也可以用硬件实验来实现,以加深学生对实验内容的理解,提高实验技能及计算机工具应用水平,尽可能地发挥学生的想像力和创造力。

　　全书共7章:第1章 实验基础知识,主要介绍安全用电常识、实验中常见故障的分析与处理,以及测量误差及数据处理。第2章 常用电子元器件及仪器设备,主要介绍常用电子元器件的识别、常用实验仪器仪表和实验装置的基本原理及使用方法。第3章 电路原理实验,根据实验教学基本要求和教学内容,组织了12个实验项目。每个实验项目可在2~3学时内完成,能够满足本科实验教学的要求。第4章 模拟电子技术实验,组织了常用电子仪器使用、单级共射基本放大电路、共集电极基本放大电路、负反馈放大电路、差分放大电路、功率放大电路、集成运算放大器性能指标测试、集成运放的基本运算电路、RC正弦波发生器和直流稳压电源10个实验项目。第5章 数字电子技术实验,组织了数字逻辑实验箱使用练习、门电路逻辑功能及测试、TTL与非门的参数和特性测试、触发器逻辑功能测试、利用集成逻辑门构成脉冲电路、555时基电路及计数、译码和显示电路7个基础实验和组合逻辑电路设计、时序逻辑电路设计、数字电子钟设计3个设计性实验。第6章 Multisim 9软件功能及应用,介绍Multisim

9 软件的基本功能、操作和分析方法及该软件在电路、模拟电路、数字电路中的应用。第 7 章 Multisim 9 软件仿真实验,共 11 个实验项目。附录部分介绍常用数字集成电路引脚图。

本书由长春大学张玲霞任主编,王晓丽、史丽娟、胡亚瑞、董玉冰任副主编,参加编写的还有吉林省林业勘察设计研究院的金芳和哈尔滨理工大学的许景波。具体编写分工如下:张玲霞、许景波编写第 1 章和第 3 章;胡亚瑞编写第 2 章;史丽娟编写第 4 章;王晓丽编写第 5 章和附录;金芳编写第 6 章;董玉冰编写第 7 章。全书由张玲霞统稿。

本书由长春大学电子信息工程学院院长李杰教授和李学军教授主审。本书在编写的过程中也参考了一些优秀的教材,在此表示衷心的感谢。

由于编者水平有限,书中疏漏及不妥之处在所难免,恳请读者批评指正,以利于本书的进一步完善。

编 者

2013 年 7 月

目　　录

第1章　实验基础知识 ┄┄┄┄┄┄┄┄┄┄┄┄┄┄┄┄┄┄┄┄┄┄┄┄┄┄┄┄┄ 1

　1.1　安全用电常识 ┄┄┄┄┄┄┄┄┄┄┄┄┄┄┄┄┄┄┄┄┄┄┄┄┄┄┄┄ 1

　　1.1.1　电对人体的伤害 ┄┄┄┄┄┄┄┄┄┄┄┄┄┄┄┄┄┄┄┄┄┄┄ 1

　　1.1.2　安全电压 ┄┄┄┄┄┄┄┄┄┄┄┄┄┄┄┄┄┄┄┄┄┄┄┄┄┄ 1

　　1.1.3　常见的触电方式 ┄┄┄┄┄┄┄┄┄┄┄┄┄┄┄┄┄┄┄┄┄┄┄ 2

　　1.1.4　触电的急救处理 ┄┄┄┄┄┄┄┄┄┄┄┄┄┄┄┄┄┄┄┄┄┄┄ 2

　　1.1.5　实验室安全用电规则 ┄┄┄┄┄┄┄┄┄┄┄┄┄┄┄┄┄┄┄┄ 3

　1.2　实验中常见故障的分析与处理 ┄┄┄┄┄┄┄┄┄┄┄┄┄┄┄┄┄┄ 3

　　1.2.1　故障的类型与原因 ┄┄┄┄┄┄┄┄┄┄┄┄┄┄┄┄┄┄┄┄┄ 3

　　1.2.2　故障的检测 ┄┄┄┄┄┄┄┄┄┄┄┄┄┄┄┄┄┄┄┄┄┄┄┄ 4

　　1.2.3　故障的预防 ┄┄┄┄┄┄┄┄┄┄┄┄┄┄┄┄┄┄┄┄┄┄┄┄ 4

　1.3　测量误差及数据处理 ┄┄┄┄┄┄┄┄┄┄┄┄┄┄┄┄┄┄┄┄┄┄┄ 4

　　1.3.1　产生误差的原因 ┄┄┄┄┄┄┄┄┄┄┄┄┄┄┄┄┄┄┄┄┄┄ 5

　　1.3.2　测量误差的分类 ┄┄┄┄┄┄┄┄┄┄┄┄┄┄┄┄┄┄┄┄┄┄ 5

　　1.3.3　测量误差的表示方法 ┄┄┄┄┄┄┄┄┄┄┄┄┄┄┄┄┄┄┄┄ 5

　　1.3.4　测量结果的处理 ┄┄┄┄┄┄┄┄┄┄┄┄┄┄┄┄┄┄┄┄┄┄ 6

第2章　常用电子元器件及仪器设备 ┄┄┄┄┄┄┄┄┄┄┄┄┄┄┄┄┄┄┄┄ 8

　2.1　常用电子元器件 ┄┄┄┄┄┄┄┄┄┄┄┄┄┄┄┄┄┄┄┄┄┄┄┄┄ 8

　　2.1.1　电阻器 ┄┄┄┄┄┄┄┄┄┄┄┄┄┄┄┄┄┄┄┄┄┄┄┄┄┄ 8

　　2.1.2　电容器 ┄┄┄┄┄┄┄┄┄┄┄┄┄┄┄┄┄┄┄┄┄┄┄┄┄┄ 14

　2.2　常用仪器设备 ┄┄┄┄┄┄┄┄┄┄┄┄┄┄┄┄┄┄┄┄┄┄┄┄┄ 18

　　2.2.1　直流电流表和电压表 ┄┄┄┄┄┄┄┄┄┄┄┄┄┄┄┄┄┄┄┄ 18

　　2.2.2　交流电流表和电压表 ┄┄┄┄┄┄┄┄┄┄┄┄┄┄┄┄┄┄┄┄ 20

　　2.2.3　功率表 ┄┄┄┄┄┄┄┄┄┄┄┄┄┄┄┄┄┄┄┄┄┄┄┄┄┄ 22

　　2.2.4　交流毫伏表 ┄┄┄┄┄┄┄┄┄┄┄┄┄┄┄┄┄┄┄┄┄┄┄┄ 25

　　2.2.5　万用表 ┄┄┄┄┄┄┄┄┄┄┄┄┄┄┄┄┄┄┄┄┄┄┄┄┄┄ 27

　　2.2.6　直流稳压电源 ┄┄┄┄┄┄┄┄┄┄┄┄┄┄┄┄┄┄┄┄┄┄┄ 31

　　2.2.7　函数信号发生器 ┄┄┄┄┄┄┄┄┄┄┄┄┄┄┄┄┄┄┄┄┄┄ 35

2.2.8　双踪示波器 ·· 41
2.3　实验装置简介 ··· 48
2.3.1　DGJ-1 型高性能电工技术实验装置 ································ 48
2.3.2　TPE-D6 型数字电路实验学习机 ···································· 50

第 3 章　电路原理实验 ··· 53
实验 1　常用电子元器件及电工仪表的使用 ································· 53
实验 2　基尔霍夫定律与电位 ··· 57
实验 3　电源外特性与叠加定理 ·· 60
实验 4　戴维宁定理与诺顿定理 ·· 64
实验 5　典型电信号的观察与测量 ··· 68
实验 6　RC 电路的响应 ·· 71
实验 7　交流电路阻抗测量 ·· 75
实验 8　日光灯电路和功率因数提高 ·· 78
实验 9　RLC 串联谐振电路 ··· 81
实验 10　互感电路 ··· 85
实验 11　三相电路及功率测量 ·· 89
实验 12　二端口网络测试 ·· 93

第 4 章　模拟电子技术实验 ·· 97
实验 1　常用电子仪器的使用 ··· 97
实验 2　单级共射基本放大电路 ·· 103
实验 3　共集电极基本放大电路 ·· 109
实验 4　负反馈放大电路 ··· 113
实验 5　差分放大电路 ··· 117
实验 6　功率放大电路 ··· 121
实验 7　集成运算放大器性能指标测试 ·· 124
实验 8　集成运放的基本运算电路 ··· 130
实验 9　RC 正弦波发生电路 ··· 134
实验 10　直流稳压电源 ·· 137

第 5 章　数字电子技术实验 ·· 146
实验 1　数字逻辑实验箱使用练习 ··· 146
实验 2　门电路逻辑功能及测试 ·· 149
实验 3　TTL 与非门的参数和特性测试 ······································· 153
实验 4　触发器逻辑功能测试 ··· 155
实验 5　利用集成逻辑门构成脉冲电路 ·· 159
实验 6　555 时基电路 ··· 161

实验 7　计数、译码、显示电路 ·· 164
实验 8　组合逻辑电路设计 ·· 168
实验 9　时序逻辑电路设计 ·· 171
实验 10　数字电子钟设计 ··· 174

第 6 章　Multisim 9 软件功能及应用 ···································· 178
6.1　Multisim 9 基本操作 ·· 178
6.1.1　Multisim 9 基本界面 ·· 178
6.1.2　文件基本操作 ·· 179
6.1.3　元器件基本操作 ·· 179
6.1.4　文本基本编辑 ·· 179
6.1.5　图纸标题栏编辑 ·· 180
6.1.6　子电路创建 ·· 181
6.2　Multisim 9 电路创建 ·· 181
6.2.1　元器件 ··· 181
6.2.2　电路图属性 ·· 182
6.2.3　电路的连接 ·· 183
6.3　Multisim 9 操作界面 ·· 185
6.3.1　Multisim 9 菜单栏 ··· 185
6.3.2　Multisim 9 元器件栏 ··· 191
6.3.3　Multisim 9 仪器仪表栏 ··· 191
6.4　Multisim 9 分析方法 ·· 191
6.4.1　Multisim 9 的结果分析菜单 ······································· 192
6.4.2　直流工作点分析 ·· 192
6.4.3　交流分析 ··· 194
6.4.4　瞬态分析 ··· 195
6.5　Multisim 9 软件仿真实验举例 ·· 196
6.5.1　电路理论仿真实验——戴维宁定理和诺顿定理的验证 ················ 196
6.5.2　模拟电路仿真实验——单级放大电路实验 ·························· 197
6.5.3　数字电路仿真实验——顺序脉冲发生器实验 ························ 202
6.5.4　综合设计仿真实验——简易数字频率计的设计实验 ·················· 203

第 7 章　Multisim 9 软件仿真实验 ······································ 207
实验 1　直流电路中的功率传递 ·· 207
实验 2　串联交流电路的阻抗 ·· 208
实验 3　交流电路的功率和功率因数 ·· 209
实验 4　一阶动态电路的动态过程 ·· 211
实验 5　RLC 串联电路的动态过程 ··· 212

实验6 负反馈放大电路 ……………………………………………………… 214

实验7 串联型晶体管稳压电路 …………………………………………… 215

实验8 波形发生器应用的测量 …………………………………………… 217

实验9 二阶低通滤波器 …………………………………………………… 219

实验10 数字电路基本实验 ……………………………………………… 221

实验11 综合设计性实验——数字电子钟的设计 ………………………… 223

附录 ……………………………………………………………………… 226

TPE-D6型数字电路实验学习机常用集成电路引脚图 …………………… 226

参考文献 ………………………………………………………………… 232

第1章　实验基础知识

1.1　安全用电常识

1.1.1　电对人体的伤害

电对人体的伤害,主要来自电流。人体是导体,当人不慎触及电源或带电导体时,电流流过人体,产生触电,使人受到伤害。电流对人体的伤害按伤害的程度可分为两种类型:电伤和电击。电伤是电流的热效应或机械效应对人体造成的局部伤害。如电灼伤、电烙印、皮肤金属化等。电击是电流通过人体内部,破坏人的心脏、神经系统、肺部的正常工作而造成的伤害。这是经常遇到的一种伤害,也是造成触电死亡的主要原因。

触电的危险程度与流过人体电流的大小,电流持续的时间,电流的频率,电流通过人体的途径及人体状况等因素有关。

(1) 人体对电流的反应:以工频电流为例,当 $100\sim200$ μA 的电流通过人体时,对人体无害反而能治病;1 mA 左右引起微麻的感觉;不超过 10 mA 时,有强烈麻的感觉,人尚可摆脱电源;超过 30 mA 时,感到剧痛,神经麻痹,呼吸困难,有生命危险;达到 100 mA 时,很短时间使人心跳停止。

(2) 伤害程度与通电时间的关系:电流通过人体的时间愈长,则伤害愈大。

(3) 伤害程度与电流种类的关系:电流频率在 $40\sim60$ Hz 对人体的伤害最大。

(4) 伤害程度与电流途径的关系:电流的路径通过心脏会导致神经失常、心跳停止、血液循环中断,危险性最大。其中电流路径从手到手或从手到脚是最危险的,特别是电流流经从右手到左脚的路径是最危险的,而从脚到脚的危害性相对较小。

(5) 伤害程度与人体状况的关系:电流对人体的作用,女性较男性敏感;小孩遭受电击较成人危险;同时与体重有关系。

1.1.2　安全电压

安全电压是指不会使人直接致死或致残的电压。

人体的电阻因人而异,与人的体质、皮肤的干湿程度、洁污度、触电电压的高低、年龄、性别以至工种职业有关。通常皮肤干燥时,人体电阻一般可达数千欧,而皮肤湿润时,只有 1 kΩ 左右。所加电压增大、持续时间增加,则人体电阻减小。如果人体与地面的绝缘良好(如人站在绝缘物体上),将使触电的危险性大大减小。

因此,我国规定安全生产电压的等级为 36 V、24 V、12 V、6 V。一般情况下,也就是干燥而触电危险性较大的环境下,安全电压规定为 36 V;在潮湿及地面能导电的厂房,安全电压规定为 24 V;对于潮湿而触电危险性较大的环境,如在金属容器、管道内施焊检修,安全电压规定为 12 V;而在环境十分恶劣的条件下,安全电压规定为 6 V。这样,触电时通过人体的电流,可被限制在较小范围内,可在一定的程度上保障人身安全。安全电压值的规定各国有所不同,例如,荷兰和瑞典规定为 24 V;美国规定为 40 V;法国规定交流电为 24 V,直流电为 50 V;波兰、瑞士、捷克斯洛伐克规定为 50 V。

1.1.3 常见的触电方式

常见的触电方式分为三种:单相触电、两相触电和跨步触电。

1. 单相触电

人站在地面上,人体的某一部位碰到相线俗称火线时,电流由相线经人体流入大地的触电,称为单相触电。单相触电发生的机会最多,这是因为现在广泛采用三相四线制供电,且中性线俗称零线,一般都接地。

2. 两相触电

当人体的不同部位分别接触到同一电源的两根不同相位的相线时,电流由一根相线经人体流到另一根相线的触电,称为两相触电。两相触电发生时,流经人体的电流较大,且大部分经过心脏,比单相触电更危险。

3. 跨步触电

由跨步电压引起的触电,称为跨步触电。所谓跨步电压就是当高压线接触地面时,电流在接地点周围 10 米的范围内将产生电压降,当人体接近此区域时,两脚之间承受一定的电压,此电压称为跨步电压。跨步电压一般发生在高压设备附近,因此在遇到高压设备时应慎重对待,避免受到伤害。

1.1.4 触电的急救处理

当发生触电事故时,要及时进行必要的急救处理。

1. 脱离电源

具体操作如下:

(1) 如果电源开关就在附近,应立即切断电源。

(2) 如果电源开关离救护人员较远,可用绝缘物体如干燥的木棒或其他带有绝缘手柄的工具迅速使触电者脱离电源,也可用绝缘手钳或带有干燥木柄的刀或其他工具将电线切断,从而使触电者脱离电源。

(3) 救护人员在帮助触电者脱离电源的过程中,切不可直接手拉触电者,也不能用金属等导电物体去做抢救工具,以防救护人员自身触电。

2. 急救处理

当触电者脱离电源后,应立即进行现场急救,同时通知医护人员前来抢救。只有在现场危及安全时,才允许将触电者移至安全的地方进行急救。如果伤者的伤势不重,神志清醒,只是心慌无力,应让伤者平卧休息 1~2 h,有过早搏动者应观察 24 h。对于重伤者,应立即在现场进行抢救,对心跳停而呼吸未停者可做胸外心脏按压,60~70 次/min;对呼吸停止而心跳未停者应进行人工呼吸。如果伤者出现假死现象,千万别放弃,一定要坚持救护,直到伤者复苏或医务人员前来救治为止。

1.1.5　实验室安全用电规则

（1）接线、改线、拆线都必须在切断电源的情况下进行，即先接线后通电，先断电再拆线，不能带电操作。

（2）接线完毕后，认真复查，经老师检查同意后方可接通电源进行实验。

（3）在通电情况下，人体严禁接触电路中不绝缘的金属导线或连接点等带电部位。万一遇到触电事故，应立即切断电源，进行必要的处理。

（4）实验中，特别是设备刚投入运行时，要随时注意仪器设备的运行情况，如发现有过热、异味、异声、冒烟、打火等时，应立即断电，并报告指导老师，切不可惊惶失措，以防事故扩大。

（5）如果实验所用的电源是可调的，应从零缓慢升高电压，同时注意各仪器仪表的指示有无异常，如有异常，应立即切断电源，并报告指导老师。

1.2　实验中常见故障的分析与处理

在电工电子实验中，由于各种各样的原因，常常会出现一些故障，致使实验电路不能正常工作，这些故障轻者造成实验数据的误差，重者有可能会烧坏仪表和元器件，甚至危及实验人员的人身安全。通过对电路故障的分析与处理，能提高学生分析问题与解决问题的能力，增加实践经验，更有利于在以后的实验中减少故障。

1.2.1　故障的类型与原因

实验故障根据其严重性一般可以分为两大类：破坏性故障和非破坏性故障。破坏性故障可造成仪器设备、元器件等损坏，其现象常常是某些元器件过热并伴有刺鼻的异味、局部冒烟、发出吱吱的声音或炮竹似的爆炸声等。非破坏性故障由于暂时不造成元器件的损坏，一般较难发现，其现象是电路中电压或电流的数值不正常或信号波形发生畸变等。如果不能及时发现并排除故障，将会影响实验的正常进行，甚至造成损失。

引起故障的原因大致有以下几种：

（1）电源接错。这是由于实验人员对实验室的供电系统不熟所致，故实验前要先了解实验室的供电系统，选择合适的电源，不能见电源就接。

（2）电路连接错误。这种故障主要是由于实验人员粗心造成的，所以电路连接时要认真细致，连接完成后要仔细检查，切不可马虎。

（3）元器件接错或参数选择不当。这是由于实验人员对所用元件的特征及性能不熟悉。

（4）仪器仪表使用不当或损坏。如量程选择不正确等。

（5）所用导线内部断裂、导线裸露部分因意外相碰而短路或电路连接点接触不良。因此实验前应检查一下所用导线，剔除不合格的导线。电路接完后，应将不用的导线及其他物品移开，以免造成短路事故。

（6）电源、实验电路、测试仪器、仪表之间公共参考点连接错误或参考点位置选择不当。

1.2.2　故障的检测

故障检测的方法很多,不管采取哪种方法都要首先确定发生故障的原因和发生故障的部位,只有找到故障部位,才能排除故障。常用的故障检测方法有两种:通电检测法和断电检测法。

1. 通电检测法

用万用表、电压表、示波器等仪器在接通电源情况下进行电压或波形的测量,若发现异常,则要进一步分析引起异常的原因,找出故障点,加以排除。

2. 断电检测法

对破坏性故障,要采用断电检测法。具体方法是先切断电源,然后用万用表的欧姆挡检查电路中某两点有无短路、开路、元器件参数是否正确等。当发生破坏性故障后,在没排除故障前,不可轻易进行通电检查,以免引起更大的损失。有时电路中可能同时存在多种或多个故障,它们相互影响、相互掩盖,但只要耐心细致去分析查找,是能够检测出来的。

1.2.3　故障的预防

对电路及仪器设备进行必要的检查和调试,可以减少实验故障,使实验能安全、准确地进行。

1. 通电前的检查

在连接电路前,要先对所用元器件、导线等进行检测,保证其完好无损。连完电路后,在通电之前,要再对电路进行检查。

(1) 检查所用设备和元器件是否符合要求,连接是否正确,对有极性的元件如二极晶体管、电解电容等,检查其极性是否接反。

(2) 检查电路的接线是否正确,检查电源线、地线、信号线的连接是否正确,电路中有无短路或接触不良的情况,电路中有无多接或漏接的情况。

(3) 用电压表测量电源电压,检查电源是否正常,是否符合电路的要求。

(4) 对所用仪器仪表进行检查,检查各仪器仪表的工作模式、量程等是否正确。

2. 通电后的检查

在上述检查无误后,接通电源。通电后,首先要观察电路有无异常现象,如电路是否有打火、冒烟等现象,是否有异常气味,是否有异常的声响等,如有异常情况发生,应立即关断电源,检查故障原因,等排除故障后方可通电。

1.3　测量误差及数据处理

在实验过程中,无论用什么样的测量方法,无论多么仔细,由于测量方法不完善、测量仪器不准确、测量环境和测量人员的水平等诸多因素的限制,都会使测量结果与被测量的真值在数量上存在差异,这个差异就是测量误差。因此,分析误差产生的原因,以使人们在实验过程中尽量减少误差,使实验结果更精确,是实验过程中非常重要的环节之一。

1.3.1　产生误差的原因

产生误差的原因主要有以下几个方面:

(1) 仪器误差。这是由仪器本身的性能决定的。

(2) 操作误差。在仪器使用过程中,由于量程使用不当等造成的误差。

(3) 读数误差。由于人的感觉器官的限制所造成的误差。

(4) 理论误差。也称为方法误差,是由于使用的测量方法不完善而引起的误差。比如实验过程中使用了近似计算公式,或忽略了某些分布参数等。

(5) 环境误差。受环境温度、湿度、电磁场等影响而产生的误差。

1.3.2　测量误差的分类

根据误差的性质和来源可以分为系统误差、随机误差和粗差三大类。

1. 系统误差

系统误差是指在相同条件下重复测量同一个量时所出现误差的绝对值和符号保持不变,或按一定规律变化的误差。系统误差产生的原因主要是仪器仪表的制造、安装、使用方法不当、测量环境不同或读数方法不当等原因造成的。在实验过程中,通过实验及分析,查明误差原因,可以减少或消除误差。

2. 随机误差

随机误差也称为偶然误差,是指在测量过程中误差的大小和符号都不固定,由于一些偶发性因素所引起的误差。通常这类误差的变化规律很难发现,一般不能用实验方法消除。但在大量的重复测量中,可以发现随机误差符合正态分布规律,采用统计的方法进行估算。其中最简单的方法就是取多次测量数据的平均值,因为随着测量次数的增加,随机误差的算术平均值趋近于零,所以多次测量结果的算术平均值将更接近于真值。

3. 粗差

粗差也叫疏失误差,是操作者的粗心大意造成的误差。例如把正确的测量方法作不合理的简化、读错或记错数据、仪表量程换算有误等。此类误差没有规律可循,只要细心操作、加强责任感,此误差是可以避免的。

上述 3 种误差与测量结果有着密切关系。系统误差着重说明测量结果的准确度;随机误差是在良好的测量条件下,多次重复测量时,各次测量数据间存在微小的差别,这种误差说明测量结果的精密度;粗差是由测量人员的过失造成,一经发现,数据应作废或重做。

1.3.3　测量误差的表示方法

1. 绝对误差

绝对误差是指测量值 X 与被测量的真值 X_0 之间的差值,用 ΔX 表示,即

$$\Delta X = X - X_0 \tag{1.1}$$

由于被测量的真值一般是无法得到的,所以在实际应用中,一般用高一级标准仪器所测量的值(实际值)来代替真值。

绝对误差反映了测量值与实际值的偏离程度和偏离方向,但不能说明测量的准确程度。

2. 相对误差

相对误差为绝对误差与被测量真值之比，一般用百分数形式表示，即

$$\gamma_0 = \frac{\Delta X}{X_0} \times 100\% \qquad (1.2)$$

这里真值 X_0 也可用测量值 X 代替，即绝对误差与仪器的示值 X 之比，一般用百分数形式表示为

$$\gamma_X = \frac{\Delta X}{X} \times 100\% \qquad (1.3)$$

注意 在误差比较小时，γ_0 和 γ_X 相差不大，无须区分，但在误差比较大时，两者相差悬殊，不能混淆。为了区分，通常把 γ_0 称为真值相对误差或实际值相对误差，而把 γ_X 称为示值相对误差。

在测量实践中，常常使用相对误差来表示测量的准确程度，因为它方便、直观。相对误差愈小，测量的准确度就愈高。

3. 引用误差

引用误差为绝对误差与测量仪表量程 X_m（满刻度值）之比，一般用百分数形式表示，即

$$\gamma_n = \frac{\Delta X}{X_m} \times 100\% \qquad (1.4)$$

4. 仪表的精确度

测量仪表的精确度等级是用最大引用误差（又称允许误差）来划分的，它等于仪表的最大绝对误差与仪表量程范围之比的百分数，即

$$\gamma_{nm} = \frac{|\Delta X|_m}{X_m} \times 100\% \qquad (1.5)$$

仪表的精确度等级是国家统一规定的，把最大引用误差中的百分号去掉，剩下的数字就称为仪表的精确度等级。电工仪表共分 7 级：0.1、0.2、0.5、1.0、1.5、2.5、5.0。引用误差是为了评价测量仪表的准确度等级而引入的，它可以较好地反映仪表的准确度，引用误差越小，仪表的准确度越高。

1.3.4 测量结果的处理

测量结果一般用数字或曲线图表示，测量结果的处理就是要对实验中所测得的数据进行分析，以便得出正确的结论。

1. 测量结果的数字处理

有效数字：实验中从仪表上读取的数值的位数，取决于测量仪表的精度。由于存在误差，测量的数据总是近似值，读数通常由可靠数字和欠准数字两部分组成，统称为有效数字。对于刻度式仪表，一般认为，在仪表最小刻度上直接读出的数值是可靠数字，最小刻度以下还能再估读一位，这一位数字是欠准数字，所以读数的最后一位数字是仪表精度所决定的估计数字，一般为测量仪表最小刻度的 1/10。有效数值是指从左边第一个非零的数字开始，直到右边最后一个数字为止的所有数字。例如 0.005 8 具有两位有效数字；580.0 有四位有效数字，所以在测量仪表上显示的最后一位数是"0"时，这个"0"也是有效数字，也要读出和记录。

有效数字的运算规则如下：

（1）在记录测量数值时，只保留一位有效数字。

（2）当有效数字位数确定后，采用"小于 5 则舍，大于 5 则入，正好等于 5 则奇变偶"的原则。如 5.58 保留两位有效数字则为 5.6，而 5.85 保留两位有效数字为 5.8。

（3）对多个数据进行加减运算时，对于参加运算的多个数据，应保留的有效数字应以各数中小数点后位数最少的那个数为准（如果没有小数点，则以有效数值位数最小的数为准），其余各位数均舍入至比该数多一位。而运算结果应保留的小数点后的位数应与参与运算的各数中小数点后位数最少的那个数相同。如对 18.23、1.2、15.367 这三个数相加，应写为 18.23+1.2+15.37＝34.8，而不是 18.23+1.2+15.367＝34.797。

（4）对多个数据进行乘除运算时，以参与运算数据中有效数值位数最小的那个数为准，其余各数均舍入到比该数多一位，而计算结果应与参加运算数据中有效数值位数最小的相同。

（5）将数据平方或开方时，若作为中间运算结果，可比原数多保留一位。

（6）对参与运算的 e、π、$\sqrt{2}$ 等常数，可取比按有效数字运算规则规定的多保留一位。

（7）为防止多次舍入引起计算误差，当有多个数据参加运算时，在运算中途应比按有效数字运算规则规定的多保留一位，但运算的最后结果这一位仍应作舍入处理。

2. 测量结果的曲线处理

测量结果用曲线表示往往更形象、更直观，但由于各种误差的存在，如果将实际测量的数据直接连接起来，得到的将不是一条光滑的曲线，而是呈波动的折线。而实验曲线的绘制，是将测量的离散数据绘制成一条连续光滑的曲线，并使其误差尽可能的小。在绘制实验曲线时，应注意以下几点：

（1）合理选择坐标和坐标的分度，标明坐标代表的物理量和单位。实验中最常用的是直角坐标系，一般横坐标代表自变量，纵坐标代表因变量。横坐标和纵坐标的分度可以取值不一样。

（2）合理选择测量点的数量。测量点的数量应根据曲线的具体形状而定，对于曲线变化平坦的部分，可以少取几个测量点，而曲线变化较大的部分或某些重要的细节部分，应多测量一些点。各测量点的间隔也要合理，以便能绘制出符合实际情况的曲线。

（3）修匀曲线。修匀曲线就是应用误差理论，把因各种因素引起的曲线波动抹平，使曲线变得光滑均匀。常用的方法有直觉法和分组平均法。

直觉法：是在精度要求不高或者测量点的离散程度不太大时，先将各测量点用折线相连，然后用曲线板凭直觉使曲线变得光滑。这种方法在作图时，不要求曲线通过每一个测试点，而是从整体上看，曲线尽可能靠近各数据点，且曲线两边的数据基本相等，即各数据点均匀、随机地分布在曲线的两侧，并且曲线是光滑的。

分组平均法：适用于测量点的离散程度较大的测量。方法是将测量点分成若干组，每组包含 2～4 个测量点，分别求出各组数据的几何重心的坐标，再将这些重心连成一条光滑曲线。由于取重心的过程是取平均值的过程，所以分组平均法可以减小随机误差的影响。在一般情况下采用分组平均法时，如果曲线斜率变化较大或变化规律较重要的地方可分得细一些，而曲线较为平坦的地方相对分得粗一些。

第2章　常用电子元器件及仪器设备

2.1　常用电子元器件

2.1.1　电阻器

1. 电阻器的作用和分类

（1）电阻器的作用。电阻器通常称为电阻，是一种最常见、广泛应用的电子元器件之一。电阻器是用电阻率较大的材料制成，主要用于控制和调节电路中的电流和电压的大小，或与电容器、电感器组成特殊功能的电路。

（2）电阻器的分类。电阻器分类见表2.1。

表2.1　电阻器分类

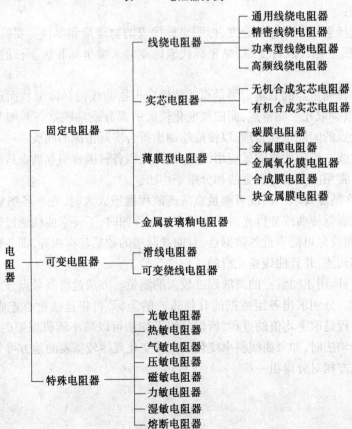

2. 几种常见电阻的外观、制造工艺及用途

(1) 碳膜电阻。碳膜电阻是在高温度的真空炉中分离出有机化合物的碳,然后使碳积淀在陶瓷基体的表面而形成具有一定阻值,阻值大小可通过改变碳膜的厚度或长度得到的碳膜电阻体,最后加以适当的接头后切薄,并在其表面涂上环氧树脂密封保护而生产出来的一种电阻器,因而也称为热分解碳膜电阻器,如图 2.1 所示。碳膜电阻的主要特点是高频特性比较好,阻值范围宽,价格便宜,但精度差。是我国目前生产量最大、用途最广的通用电阻器,广泛应用于收录机、电视机等电子产品中。

(2) 精密型金属膜电阻。精密型金属膜电阻是用镍镉或类似的合金真空电镀技术将电阻材料着膜于白瓷棒表面,经过切割调试阻值,以达到最终要求的精密阻值,如图 2.2 所示。精密型金属膜电阻阻值精密、公差范围小,主要应用在对电阻阻值要求较精密的场合。本产品具有精度高、温度系数小、体积小、负荷功率大、稳定性好、噪声电动势小、耐高温、耐潮湿等特点,广泛应用于电力、传感器、精密仪器仪表等领域。

(3) 玻璃釉电阻。耐冲击型玻璃釉膜功率电阻是用金属玻璃釉镀于磁棒上而生产的一种电阻,如图 2.3 所示。该电阻极佳的耐冲击特性及高温稳定性,温度系数和电流噪声小,高频性能好,耐脉冲负荷强,是新型的性能优良的电阻器,主要应用于彩电、显示器、仪器、仪表等。

　　图 2.1　碳膜电阻　　　　图 2.2　精密型金属膜电阻　　　图 2.3　玻璃釉电阻

(4) 线绕电阻。线绕电阻是将电阻线(康铜丝或锰铜丝)绕在耐热瓷体上,表面涂以耐热、耐湿、无腐蚀的不燃性保护涂料而成,如图 2.4 所示。线绕电阻具有耐热性好、温度系数小、质轻、耐短时间过负载、噪声小、阻值稳定、电感量低等优点,但其高频特性差,因而在低频精密仪器中广泛应用。

(5) 水泥电阻。水泥电阻也是一种绕线电阻,是将电阻线绕于耐热瓷件上,外面加上耐热、耐湿及耐腐蚀材料保护固定而成,如图 2.5 所示。水泥电阻通常是把电阻体放入方形瓷器框内,用特殊不燃性耐热水泥充填密封而成,由于其外形像是一个白色长方形水泥块,故称为水泥电阻。它具有高功率、散热性好、稳定性高、耐湿、耐震等特点,主要应用于大功率电路中,如电源电路的过流检测、保护电路、音频功率放大器的功率输出电路。

(6) 保险电阻。保险电阻又名熔断电阻,保险电阻器兼备电阻与保险丝二者的功能,平时可当做电阻器使用,一旦电流异常时就发挥其保险丝的作用来保护机器设备,如图 2.6 所示。保险电阻在电路中起着保险丝和电阻的双重作用,主要应用在电源输出电路中。保险电阻的阻值一般较小(几欧姆至几十欧姆),功率也较小(1/8 ~ 1 W)。电路负载发生短路故障,出现过流时,保险电阻的温度在很短的时间内就会升高到 500 ~ 600 ℃,这时电阻层便受热剥落而熔断,起到保险丝的作用,达到提高整机安全性的目的。

图 2.4　线绕电阻

图 2.5　水泥电阻

图 2.6　保险电阻器

（7）网路电阻。网路电阻又称排阻。网路电阻是将多个电阻器集中封装在一起组合制成的一种复合电阻，如图 2.7 所示。网路电阻具有装配方便、安装密度高等优点，目前已大量应用于电子电路中。

（8）表面安装电阻。表面安装电阻又称无引线电阻、片状电阻、贴片电阻、SMD 电阻，如图 2.8 所示。表面安装电阻主要有矩形和圆柱形两种形状。矩形表面安装电阻主要由陶瓷基片、电阻膜、保护层、金属端头电极四大部分组成。陶瓷基片一般采用 96% 的三氧化二铝（AL_2O_3）陶瓷制作；电阻膜通常用 RuO_2 组成的电阻浆印制在基片上，再烧结而成；覆盖在电阻膜上的保护层一般采用玻璃浆材料印制后再烧成釉；端头电极由三层材料组成，即内层（即接触电阻膜的部分）采用接触电阻小、附着力强的 Ag-Pd 合金，中层为 Ni，主要用来防止端头电极脱离，外层是由 Sn 或 Sn-Pb 或 Sn-Ce 合金组成的可焊层。

圆柱形表面安装电阻是在高铝陶瓷基体上涂上金属或碳质电阻膜，而后再在两端压上金属电极帽，经过刻螺纹槽的方法确定电阻后再刷一层耐热绝缘漆并在表面喷上色码标志而成。

（9）NTC、PTC 热敏电阻。NTC 热敏电阻是一种具有负温度系数变化的热敏元件，其阻值随温度升高而减小，可用于稳定电路的工作点，如图 2.9 所示。PTC 热敏电阻是一种具有正温度系数变化的热敏元件。在达到某一特定温度前，电阻值随温度升高而缓慢下降，当超过这个温度时，其阻值急剧增大。这个特定温度点称为居里点。PTC 热敏电阻的居里点可通过改变其材料中各成分的比例而变化。它在家电产品中被广泛应用，如彩电的消磁电阻、电饭煲的温控器等。

图 2.7　网路电阻

图 2.8　表面安装电阻

图 2.9　热敏电阻

（10）滑线变阻器。滑线变阻器如图 2.10 所示，其主要技术指标为全电阻和额定电流（功率）。应根据外接负载的大小和调节要求选用，尤其要注意，通过变阻器任一部分的电流均不允许超过其额定电流。实验室常用滑线变阻器来改变电路中的电流或电压。

图 2.10　滑线变阻器

3. 电阻器的命名方法

根据部颁标准（SJ-73）规定，电阻器、电位器的命名由下列 4

部分组成:第1部分是主称;第2部分是材料;第3部分是分类特征;第4部分是序号。它们的型号及意义见图2.11及表2.2。

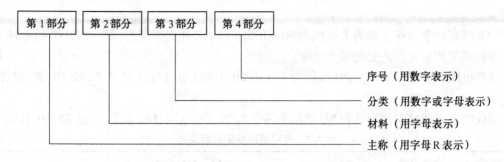

图 2.11　电阻的型号命名方法

表 2.2　电阻器型号第 1、第 2、第 3、第 4 部分文字符号及意义

第 1 部分		第 2 部分		第 3 部分		第 4 部分
用字母表示主称		用字母表示材料		用数字或字母表示特征		序号
符号	意义	符号	意义	符号	意义	
R	电阻器	T	碳膜	1,2	普通	额定功率
RP	电位器	C	沉积膜	3	超高频	阻值
		H	合成膜	4	高阻	允许误差
		I	玻璃釉膜	7	高温	精度等级
		J	金属膜	8	精密	
		Y	氧化膜	9	电阻器-高压	
		S	有机实芯	G	电位器-特殊函数	
		N	无机实芯	T	特殊	
		X	线绕	X	高功率	
		R	热敏	L	可调	
		G	光敏	W	小型	
		M	压敏	D	测量用	

在实际选电阻器时,主要考察的是前3部分,例如某电阻器外壳上标识为"RT-1",其中字母"R"表示电阻器,字母"T"表示碳膜材料,数字"1"表示普通型;该电阻为碳膜普通型电阻器。

4.电阻器的主要参数

(1)标称阻值。为了使工厂生产的电阻符合标准化的要求,同时也为了使电阻的规格不致太多,国家有关部门规定了一系列的阻值作为产品的标准,这一系列的阻值就称为电阻的标称阻值。单位:Ω、$k\Omega$、$M\Omega$。电阻的标称阻值分为E6、E12、E24、E48、E96、E192 六大系列,其中E24 系列为常用数系,E48、E96、E192 系列为高精密电阻数系,普通电器设备一般不常采用。E6、E12、E24 电阻系列的标称阻值见表2.3。

(2)允许偏差。标称阻值与实际阻值的差值跟标称阻值之比的百分数称阻值偏差,它表示电阻器的精度。

允许误差与精度等级对应关系如下:±0.5% — 0.05、±1% — 0.1(或00)、±2% — 0.2(或

0)、±5% — Ⅰ级、±10% — Ⅱ级、±20% — Ⅲ级。

对应 E6、E12、E24、E48、E96、E192 的允许偏差分别是±20%、±10%、±5%、±2%、±1% 和 ±0.5%。

（3）额定功率。在正常的大气压力 90 ~ 106.6 kPa 及环境温度为–55 ~ +70 ℃的条件下，电阻器长期工作所允许耗散的最大功率。

线绕电阻器额定功率系列为（单位为 W）：1/20、1/8、1/4、1/2、1、2、4、8、10、16、25、40、50、75、100、150、250、500。

非线绕电阻器额定功率系列为（单位为 W）：1/20、1/8、1/4、1/2、1、2、5、10、25、50、100。

表 2.3　电阻器的标称阻值系列

系列	允许误差	电阻器的标称阻值
E24	±5%（Ⅰ）	1.0　1.1　1.2　1.3　1.5　1.6　1.8　2.0　2.2　2.4　2.7　3.0 3.3　3.6　3.9　4.3　4.7　5.1　5.6　6.2　6.8　7.5　8.2　9.1
E12	±10%（Ⅱ）	1.0　1.2　1.5　1.8　2.2　2.7　3.3　3.9　4.7　5.6　6.8　8.2
E6	±20%（Ⅲ）	1.0　1.5　2.2　3.3　4.7　6.8

（4）额定电压。由阻值和额定功率换算出的电压。

（5）最高工作电压。允许的最大连续工作电压。在低气压工作时，最高工作电压较低。

（6）温度系数。温度每变化 1 ℃所引起的电阻值的相对变化。温度系数越小，电阻的稳定性越好。阻值随温度升高而增大的为正温度系数，反之为负温度系数。

（7）老化系数。电阻器在额定功率长期负荷下，阻值相对变化的百分数，它是表示电阻器寿命长短的参数。

（8）噪声。产生于电阻器中的一种不规则的电压起伏，包括热噪声和电流噪声两部分，热噪声是由于导体内部不规则的电子自由运动，使导体任意两点的电压不规则变化。

5. 电阻器标识方法

电阻器的标称阻值、允许偏差、额定功率等主要参数一般都直接标识在电阻体表面上，具体方法有三种：直标法、文字符号法、色标法。

（1）直标法。用数字和单位符号在电阻器表面标出阻值，其允许误差直接用百分数表示，若电阻上未注偏差，则均为±20%，如图 2.12 所示。

（2）文字符号法。用阿拉伯数字和文字符号两者有规律的组合来表示标称阻值，其允许偏差也用文字符号表示。符号前面的数字表示整数阻值，后面的数字依次表示第一位小数阻值和第二位小数阻值，如图 2.13 所示。

图 2.12　电阻参数直标法　　　　　　　图 2.13　电阻参数文字符号法

表示允许误差的文字符号及允许偏差如下：

文字符号： D F G J K M

允许偏差：±0.5% ±1% ±2% ±5% ±10% ±20%

（3）色标法。色标法是用不同颜色在电阻器表面标识主要参数和主要性能的一种方法。固定电阻的色环一般采用4色环和5色环标识。

普通电阻一般为4环标识，最后一环必为金色或银色，前两位为有效数字，第三位为乘方数，第四位为偏差。如图2.14所示，该电阻阻值为390 Ω，误差为±5%。

精密电阻为五环标识，最后一环与前面四环距离较大。前三位为有效数字，第四位为乘方数，第五位为偏差。如图2.15所示，该电阻阻值为46 500 Ω，误差为±5%。各种色环电阻器的色标符号意义见表2.4。

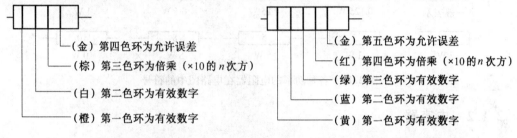

图2.14 普通色环电阻标识方法　　　图2.15 精密电阻标识方法

表2.4 电阻器色标符号的意义

颜色	第一色环 第一位有效数字	第二色环 第二位有效数字	第三色环 应乘的倍率	第四色环 允许偏差
棕	1	1	10^1	
红	2	2	10^2	
橙	3	3	10^3	
黄	4	4	10^4	
绿	5	5	10^5	
蓝	6	6	10^6	
紫	7	7	10^7	
灰	8	8	10^8	
白	9	9	10^9	
黑	0	0	1	
金			0.1	±5%
银			0.01	±10%
无色				±20%

识别色环电阻器阻值首先要确定色环的顺序。判断四环色环顺序的规律有以下几条：

（1）离电阻器引脚最近的色环为第一环，然后依次是第二、三、四环。

（2）第四环与另外三环相距较远。

（3）大多数色环电阻器的第四环颜色往往是金或银色。

确定好色环排列顺序后,再把第一环作为第一位有效数,第二环作为第二位有效数,第三环作为倍乘数,第四环作为误差数,按这个规律对照上表将各颜色色环代表的数值依次列出,得到的数值就是该色环电阻器的阻值。

五环色环电阻器的识读方法与四环色环电阻器基本相同,只是五环色环电阻器的第一、二、三环都是有效数,第四环为倍乘数,第五环为误差数。

对于识别电阻器额定功率大小的方法也有两种。一是 2 W 以上的电阻,其功率直接用阿拉伯数字印在电阻体上;二是 2 W 以下的电阻,根据电阻器的大小识别,一般来说电阻器体积越大,其功率也相对较大。电子电路中大多数小型色环电阻器功率通常在 1/8 ~ 1/2 W。

各种功率的电阻器在电路图中的符号,如图 2.16 所示。

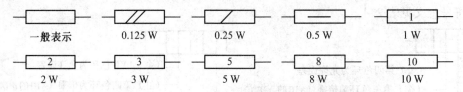

一般表示	0.125 W	0.25 W	0.5 W	1 W
2 W	3 W	5 W	8 W	10 W

图 2.16　各种功率的电阻器在电路图中的符号

2.1.2　电容器

1. 电容器的作用与分类

(1)电容器的作用。电容器是一种能够储藏电荷的元件,通常简称为电容,也是最常用的电子元件之一。最简单的电容器是由两端的极板和中间的绝缘电介质包括空气构成的。概括地说电容器的主要作用有耦合、滤波、旁路、隔直、储能或与其他元件组成特殊电路。

(2)电容器的分类。电容器种类很多,按照结构可分为固定电容器、可变电容器和微调电容器;按电介质材料不同可分为有机介质电容器、无机介质电容器、电解电容器和空气介质电容器等;按用途可分为高频旁路、低频旁路、滤波、调谐、高频耦合、低频耦合、小型电容器;可变电容器可分为空气介质和固体介质两种。

2. 常用电容器

(1)铝电解电容器。铝电解电容器是用浸有糊状电解质的吸水纸夹在两条铝箔中间卷绕而成,薄的氧化膜作介质的电容器,如图 2.17 所示。因为氧化膜有单向导电性质,所以电解电容器具有极性,容量大,能耐受大的脉动电流,容量误差大,泄漏电流大;普通的不适于在高频和低温下应用,不宜使用在 25 kHz 以上频率低频旁路、信号耦合、电源滤波电路中。

(2)钽电解电容器。钽电解电容器用烧结的钽块作正极,电解质使用固体二氧化锰,如图2.18 所示。温度特性、频率特性和可靠性均优于普通电解电容器,特别是漏电流极小,贮存性良好,寿命长,容量误差小,而且体积小,单位体积下能得到最大的电容电压乘积。对脉动电流的耐受能力差,若损坏易呈短路状态。用于超小型高可靠机件中。

(3)薄膜电容器。薄膜电容器由于具有很多优良的特性,因此是一种性能优秀的电容器,如图 2.19 所示。它的主要特性如下:无极性,绝缘阻抗很高,频率特性优异,频率响应宽广,而且介质损失很小。基于以上的优点,所以薄膜电容器被大量使用在模拟电路上。尤其是在信号交连的部分,必须使用频率特性良好,介质损失极低的电容器,方能确保信号在传送时不致有太大的失真情形发生。其结构和纸介电容相同,介质是涤纶或者聚苯乙烯等。涤纶薄膜电容,介电常数较高,体积小,容量大,稳定性比较好,适宜做旁路电容。聚苯乙烯薄膜电容,介质损耗小,绝缘电阻高,但是温度系数大,可用于高频电路。薄膜电容的容量范围为 3 pF ~ 0.1 μF,直流工作电压为 63 ~ 500 V,适用于高频、低频,漏电电阻大于 10 000 Ω。

　　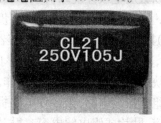

图 2.17　铝电解电容器　　　图 2.18　钽电解电容器　　　图 2.19　薄膜电容器

（4）瓷介质电容器。瓷介质电容器是以陶瓷材料作为电容器的介质,如图 2.20 所示。由于其成本低,绝缘性能优良,种类很多,故应用很广泛。其特点:有很好的绝缘性能,故可制成耐高压型电容器;有很大的介电系数,能使电容器的电容量增大,体积缩小;稳定性好,不因温度变化而改变特性;温度系数宽,耐热,可在 600 K 的高温下长期工作,损耗小;能耐高压,最高工作电压可达 30 kV;瓷介质电容器的不足之处是机械强度低,易碎易裂。而且容量较小,其容量范围为 1 ~ 6 800 pF。穿心式或支柱式结构瓷介电容器,它的一个电极就是安装螺丝。引线电感极小,频率特性好,介电损耗小,有温度补偿作用但不能做成大的容量,受震动会引起容量变化,特别适于高频旁路。

（5）独石电容器。独石电容器具有体积小、电容量大、绝缘电阻、耐温性能好等特点,如图 2.21 所示。以铌镁酸铅和复合钙钛型化合物为主要原料,制成浆料,经轧膜、挤压或流延法形成生坯陶瓷薄膜,再经烘干、印刷内电极、叠片、切割、涂端头电极、烧结而成。烧成温度 880 ~ 1 100 ℃。有带引线树脂包封的和不带引线也无包封的块状裸露的两种。广泛用于印刷电路、厚薄膜混合集成电路中作外贴元件。片状独石陶瓷电容器已广泛用于钟表、电子摄像机、医疗仪器、汽车、电子调谐器等。

（6）纸介质电容器。纸介质电容器一般是用两条铝箔作为电极,中间以厚度为 0.008 ~ 0.012 mm 的电容器纸隔开重叠卷绕而成,如图 2.22 所示。纸介质电容器制造工艺简单,价格便宜,能得到较大的电容量。一般应用在低频电路内,通常不能在高于 3 ~ 4 MHz 的频率上运用。油浸电容器的耐压比普通纸质电容器高,稳定性也好,适用于高压电路。

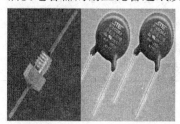　　

图 2.20　瓷介质电容器　　　　图 2.21　独石电容器　　　图 2.22　纸介质电容器

（7）陶瓷电容器。陶瓷电容器用高介电常数的电容器陶瓷钛酸钡—氧化钛挤压成圆管、圆片或圆盘作为介质,并用烧渗法将银镀在陶瓷上作为电极制成,如图 2.23 所示。它又分高频瓷介和低频瓷介两种。具有小的正电容温度系数的电容器,用于高稳定振荡回路中,作为回路电容器及垫整电容器。低频瓷介电容器限于在工作频率较低的回路中作旁路或隔直流用,或应用在包括高频在内对稳定性和损耗要求不高的场合。这种电容器不宜使用在脉冲电路中,因为它们易于被脉冲电压击穿。高频瓷介电容器适用于高频电路。

（8）玻璃釉电容器。玻璃釉电容器由一种浓度适于喷涂的特殊混合物喷涂成薄膜而成,介质再以银层电极经烧结而成,如图2.24所示。其性能可与云母电容器媲美,能耐受各种气候环境,一般可在200 ℃或更高温度下工作,额定工作电压可达500 V。

（9）贴片电容。单片陶瓷电容器(通称贴片电容)是目前用量比较大的常用元件,如图2.25所示,其作用主要是清除由芯片自身产生的各种高频信号对其他芯片的串扰,从而让各个芯片模块能够不受干扰地正常工作。在高频电子振荡线路中,贴片式电容与晶体振荡器等元件一起组成振荡电路,给各种电路提供所需的时钟频率。贴片式电容有贴片式陶瓷电容、贴片式钽电容、贴片式铝电解电容。贴片式陶瓷电容无极性,容量也很小,pF级,一般可以耐很高的温度和电压,常用于高频滤波。陶瓷电容看起来有点像贴片电阻,因此有时候我们也称之为"贴片电容",但贴片电容上没有代表容量大小的数字。

图2.23　陶瓷电容器　　图2.24　玻璃釉电容器　　图2.25　贴片电容

3. 电容器型号命名方法

国产电容器的型号一般由4部分组成,依次分别代表名称、材料、分类和序号,不适用于压敏、可变和真空电容器,如图2.26所示。

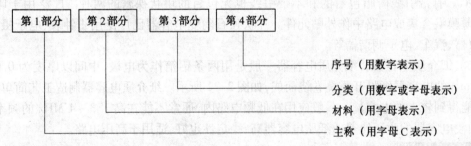

图2.26　电容器型号命名方法

在电容器型号命名中,第2部分、第3部分文字符号及其意义见表2.5及表2.6。

表2.5　电容器第2部分文字符号及意义

字母	介质材料	字母	介质材料	字母	介质材料
A	钽电解	H	复合介质	Q	漆膜
B	聚苯乙烯等	I	玻璃釉	S T	低频陶瓷
C	高频陶瓷	J	金属化纸介	V X	云母纸
D	铝电解	L	涤纶等极性有机薄膜	Y	云母
E	其他材料电解	N	铌电解	Z	纸介
G	合金电解	O	玻璃膜		

表 2.6　电容器第 3 部分文字符号及意义

数字代号	意义				字母符号	意义
	瓷介	云母	有机	电解		
1	圆片	非密封	非密封	箔式	T	铁电
2	管形	非密封	非密封	箔式	W	微调
3	叠片	密封	密封	烧结粉液体	J	金属化
4	独石	密封	密封	烧结粉固体	Y	高压
5	穿心		穿心		G	高功率
6	支柱					
7			无极性			
8	高压	高压	高压			
9			特殊	特殊		

4. 电容器的主要参数

电容器的主要参数有标称容量、允许误差和额定工作电压等。与电阻器一样,电容器也有规定的标称系列,由于电容器的标称容量、允许误差等,与其绝缘介质有密切关系,因此对不同的绝缘介质有不同的标称值。具体识别见表 2.7 ~ 2.9。

表 2.7　瓷片、玻璃釉高频有机膜电容器的标称容量和允许误差

系列	允许误差	标称容量/μF
E24	±5%（J）	1.0, 1.1, 1.2, 1.3, 1.5, 1.6, 1.8, 2.0, 2.2, 2.4, 2.7, 3.0, 3.3, 3.6, 3.9, 4.3, 4.7, 5.1, 5.6, 6.2, 6.8, 7.5, 8.2, 9.1
E12	±10%（K）	1.0, 1.2, 1.5, 1.8, 2.2, 2.7, 3.3, 3.9, 4.7, 5.6, 6.8, 8.2
E6	±20%（M）	1.0, 1.5, 2.2, 3.3, 4.7, 6.8

表 2.8　纸介、金属化纸介、纸膜混合介及低频有机膜介电容器的标称容量和允许误差

允许误差	±5%（J）	±10%（K）　　±20%（M）
容量范围	100 pF ~ 1 μF	
标称容量/μF	1.0, 1.5, 2.2, 3.3, 4.7, 6.8	1, 2, 4, 6, 8, 10, 15, 20, 30, 50, 80, 100

表 2.9　钽、铌、钛、铝电解介质电容器的标称容量和允许误差

标称容量/μF	1, 1.5, 2.2, 3.3, 4.7, 6.8
允许误差	±10%（K）, ±20%（M）, + 50% ~20%（S） +100% ~10%（R）

额定工作电压是指在最低环境温度和额定环境温度下可连续加在电容器上的最高直流电压,如果电容器工作在交流状态,则交流电压的峰值不能超过额定直流工作电压,如果工作电压超过电容器的耐压,电容器会击穿,造成不可修复的永久损坏。

5. 电容器的标识方法

电容器的主要参数有标称容量、允许误差和耐压(额定工作电压),一般直接标识在电容体上,通常有直标法、色码表示法、文字符号法和色标法等。

（1）直标法。直标法是在电容体表面直接标识主要参数和技术性能的一种方法。在标识电容量时,有些电容标识单位,有些电容不标识单位,凡标有单位的可直接读数。

例如:标识"25 V 100 μF"表示耐压 25 V,电容量为 100 μF。

有些电容由于体积较小,在标识时,往往省略单位,可根据下列规则判定:

① 凡整数标识的,若没有标识单位,表示单位为 pF。例如:51 表示 51 pF。

② 凡小数标识的,若没有标识单位,表示单位为 μF。有时小数点前的数字"0"也省略不写。例如:".01"表示 0.01 μF;0.22 表示 0.22 μF。

③ 凡三位整数标识的,第三位表示倍率,即乘以 10^n。n 为第三位数字,若第三位数字是9,则乘 10^{-1}。例如:223 J 代表 $22×10^3$ pF＝22 000 pF＝0.022 μF,允许误差为±5%;又如 479 K 代表 $47×10^{-1}$ pF,允许误差为±10% 的电容。这种表示方法最为常见。

④ 电解电容的正负极性也采用直标法,在对应脚旁标识"−"表示该脚为负极。

（2）色码表示法。这种表示法与电阻器的色环表示法类似,颜色涂于电容器的一端或从顶端向引线排列。色码一般只有 3 种颜色,前两环为有效数字,第 3 环为倍率,单位为 pF。有时色环较宽。

例如:红,红,橙,两个红色环涂成一个宽的,表示 22 000 pF。

（3）文字符号法。用数字、文字符号有规律的组合来表示容量。文字符号表示其电容量的单位:pF、nF、μF、mF、F 等。

例如:2p2 表示电容量为 2.2 pF,4n7 表示电容量为 4.7 nF,有时也用字母 R 表示小数点,标识 R33 表示电容量为 0.33 μF。

（4）色标法。和电阻的表示方法相同,单位一般为 pF。小型电解电容器的耐压也有用色标法的,位置靠近正极引出线的根部,所表示的意义见表 2.10。

表 2.10　色标法颜色所对应的耐压值

颜色	黑	棕	红	橙	黄	绿	蓝	紫	灰
耐压/V	4	6.3	10	16	25	32	40	50	63

2.2　常用仪器设备

2.2.1　直流电流表和电压表

1.磁电系电流表和电压表

（1）磁电系电流表和电压表结构。

磁电系电流表和电压表均采用磁电系测量机构,磁电系测量机构包含固定部分和活动部分。固定部分由永久磁铁、极掌及圆柱形铁芯组成;活动部分包括铝框及绕在铝框上的线圈、前后两根半轴、游丝和指针等。

磁电系测试机构能通过的电流很小,直接用磁电系测试机构测量电流一般只能测微安或毫安级的电流。因此磁电系电流表采用并联分流器扩大量限,采用不同阻值的分流器便可以制成多量限的电流表。将磁电系测量机构并联到被测电压的两端,指针就能与该电压成正比偏转。但由于磁电系测量机构的内阻很小,允许通过的电流极微小,所以能够直接测量的电压一般只有毫伏级。为提高电压表量限,可在测量机构上串联附加电阻,串联不同的附加电阻,就制作成多量限的电压表。

由于永久磁铁的磁感应强度高,导线细,又可采取张丝结构,因此它具有准确度高(可达0.05 级)、灵敏度高(指针式可达 1 μA/格,)、仪表消耗的功率小、刻度均匀、读取方便等良好特性。缺点是过载能力差。其表面结构如图 2.27 所示。

(a)磁电系电流表　　　　　　　　(b)磁电系电压表

图 2.27　磁电系电流表和电压表

(2) 使用方法。

① 磁电系电流表和电压表在测量直流电路的电流和电压时,首先估计被测电路电流和电压的大小,为了测量准确需选合适的量限,选量限的规则是使指针偏转尽可能地大,一般最好超过满偏的三分之二。如果不知被测量的大小,在使用多量程仪表时,先使用高量限挡,然后根据被测值选合适的量限挡。

② 电流表应按参考方向串联在被测线路中,电压表应按参考方向并联在被测线路中。将电流表按线路的参考方向正极接高电位、负极接低电位的方式串入被测电路中,电压表的正极接高电位、负极接低电位的方式并入被测线路中,此时如果指针正偏,说明实际电流跟参考方向一致取正值;如果指针反偏,说明实际电压和电流参考方向相反,此时,将表的正负极反接,将记录的数据前加一负号。

③ 仪表一般作成多量限的,仪表的指示数是偏转格数,因此选的量限不同,每格所代表的数值就不同,仪表的系数为

$$C = 量限/满偏格数$$

读出的格数再乘以系数,就是被测值。

2. 智能直流电压表和电流表

(1) 智能直流电压表和电流表技术指标。

测量精度:电压表 0.5%;电流表不大于 10 mA,1%;电流表大于 10 mA,0.5%。

量程和输入电阻:电压表分 4、40、300 V 三挡,输入电阻均为 10 MΩ;

电流表分 6、60、500 mA 三挡,输入电阻为 30、3、0.3 Ω;

测量范围:电压表 0 ~ 300 V;电流表 0 ~ 500 mA。

电压表和电流表各量程均自动判断,自动切换。其表面结构如图 2.28 所示。

图2.28　智能直流电压表和电流表

（2）使用方法。

① 通电后预热15 min。

② 将电压表（或电流表）按照正确极性并联（或串联）在被测负载两端。

③ 测量：直接按"复位"键，当电压表显示"U"、电流表显示"H"时，这时显示器的右4～1位显示测量值。左1位显示为：如果测量值为负，则显示"－"负号；否则，电压表显示U，电流表显示H。

④ 存储：在测量状态下，按下"功能"键，当显示为"SAVE"时按下"确认"键，可将测量数据存储。

⑤ 查询：在测量状态下，连按两次"功能"键，当显示为"DISP"时按下"确认"键，通过按"数据"或"数位"上下选择需要查询的存储单元，再按"确认"后显示所存储数据。

⑥ 退出：直接按"复位"键，初始化为自动量程、数字显示测量状态。

⑦ 报警：当电压表负电压超过5%或正电压超出测量范围时告警灯亮，此时用户将被测电压调整到仪表规定测量范围即恢复正常测量。当电流表负电流超过2.5%或正电流超出测量范围时告警灯亮，此时用户将被测电流调整到仪表规定测量范围即恢复正常测量。

2.2.2　交流电流表和电压表

1.电磁系交直流两用电流表和电压表

（1）电磁系交直流两用电流表和电压表结构。

电磁系仪表是一种交直流两用的电气测量仪表，其测量机构主要由固定线圈和可动铁片组成。这种仪表具有成本低及、工作可靠等优点，所以在交流测量中得到广泛的应用。特别是开关板式交流电流表和交流电压表，一般都采用电磁系仪表。电磁系仪表可做成电流表也可做成电压表，由于被测电流是通过不动固定线圈，所以可以把这种测试机构直接串在被测电路中去测量较大的电流。量限不太大时，线圈可用绝缘导线，量限大时，可用粗铜条绕制。低量限的导线细匝数多，高量限的导线粗匝数少，利用测量机构本身可测量的最大电流达200 A。一般固定线圈做成两个，利用其可串联和并联做成双量限电流表，其优点是结构简单、生产成本低、交直流两用、承受过载大；其缺点是准确度较低，易受外磁场影响；一般只适用于工频。灵敏度低的仪表消耗较大（电流表一般2～8 W，电压表一般2～5 W），刻度不均匀（平方标尺）。

其表面结构如图 2.29 所示。

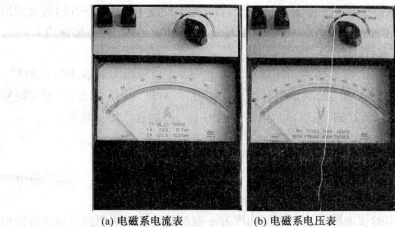

　　(a) 电磁系电流表　　　　　(b) 电磁系电压表

图 2.29　电磁系交直流电流表和电压表

（2）使用方法。

电磁系交直流两用电流表和电压表使用方法同 2.2.1 节磁电系电流表和电压表。

注意　电流表测直流只能测量大小，不能测量方向。读数小时，准确度差，易受外磁场影响，适用于工频。

2. 智能交流电压表和电流表

（1）智能交流电压表和电流表技术指标。

智能交流电压表、电流表，能对正弦波、方波、三角波等信号（40 Hz ~ 1 kHz）的电压、电流进行有效值测量，电压测量范围为 0 ~ 500 V，电流测量范围为 0 ~ 5 A，量程自动判断、自动切换，精度 0.5 级，4 位数码显示。同时能对数据进行存储、查询（共 15 组，掉电保存），带有计算机通信接口，可以对数据进行实时采集和存储采集，其表面结构如图 2.30 所示。

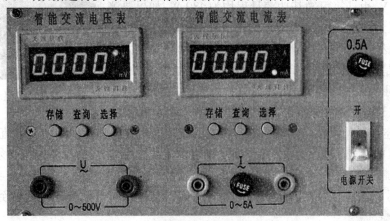

图 2.30　智能交流电压表和电流表

（2）使用方法。

① 将电流表串联在被测线路中，电压表并联在被测线路中。待显示的数据稳定后，读取数据。

② 点击"存储键"将对当前数据进行存储，存储成功后回显当前存储位置，即所存数据的

组号 1 ~ F,约 1 s,然后进入测量状态并显示当前瞬时值。

③ 当存储过数据后,点击"查询键"将根据"后进先出"的原则,显示所存储数据的组号及该组数据。连续点击"查询键",数码显示器将循环显示所存储数据。停止按键约 1 s 后,进入测量状态并显示当前瞬时值。

④ 点击"选择键",数码显示器将循环显示组号 1 ~ F,在显示组号时点击"存储键",即可将当前值存入该组号或用当前值替换该组号的原存储值,然后进入测量状态;在显示组号时点击"查询键",若存储过该组数据,即可显示该组数据约 1 s,然后进入测量状态。

2.2.3 功率表

1.功率表结构及使用方法

(1) 功率表结构。

用来直接测量功率的仪表称为功率表。功率表一般都是交直流两用的。功率表按相数分为单相和三相;按量程分为单量程和多量程;按功率因数分为普通功率表和低功率因数功率表;按传统分为指针式和数字智能功率表。功率表的种类虽不同,但其结构是一样的。功率表主要由一个电流线圈和一个电压线圈组成,电流线圈与负载串联,反映负载的电流;电压线圈与负载并联,反映负载的电压。

(2) 功率表的使用方法。

现以 D77 型 0.5 级电动系单相功率表为例介绍其使用方法,其表面结构如图 2.31 所示。

① 正确选择功率表的量程。选择功率表的量程就是选择功率表中的电流量程和电压量程。使用时应使功率表中的电流量程不小于负载电流,电压量程不低于负载电压,而不能仅从功率量程来考虑。例如,两只功率表,量程分别是 1 A、480 V 和 2 A、240 V,由计算可知其功率量程均为 480 W,如果要测量一负载电压为 380 V、电流为 1 A 的负载功率时应选用 1 A、480 V 的功率表,而 2 A、220 V 的功率表虽然功率量程也大于负载功率,但是由于负载电压高于功率表所能承受的电压 220 V,故不能使用。所以,在测量功率前要根据负载的额定电压和额定电流来选择功率表的量程。

图 2.31　电动系单相功率表

② 正确连接测量线路。电动系测量机构的转动力矩方向和两线圈中的电流方向有关,为了防止电动系功率表的指针反偏,接线时功率表电流线圈标有"*"号的端钮必须接到电源的正极端,而电流线圈的另一端则与负载相连,电流线圈以串联形式接入电路中。功率表电压线圈标有"*"号的端钮可以接到电源端钮的任一端上,而另一电压端钮则跨接到负载的另一端,即非电源端。

当负载电阻远远大于电流线圈的电阻时,应采用电压线圈前接法,如图 2.32(a)所示。这时电压线圈的电压是负载电压和电流线圈电压之和,功率表测量的是负载功率和电流线圈功率之和。如果负载电阻远远大于电流线圈的电阻,则可以忽略电流线圈分压所造成的影响,测量结果比较接近负载的实际功率值。当负载电阻远远小于电压线圈电阻时,应采用电压线圈后接法,如图 2.32(b)所示。这时电压线圈两端的电压虽然等于负载电压,但电流线圈中的电流却等于负载电流与功率表电压线圈中的电流之和,测量时功率读数为负载功率与电压线圈功率之和。由于此时负载电阻远小于电压线圈电阻,所以电压线圈分流作用大大减小,其对测量结果的影响也可以大为减小。如果被测负载本身功率较大,可以不考虑功率表本身的功率对测量结果的影响,则两种接法可以任意选择。但最好选用电压线圈前接法,因为功率表中电流线圈的功率一般都小于电压线圈支路的功率。

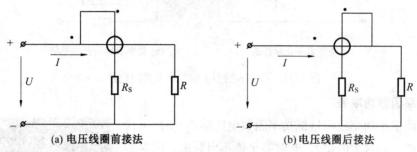

(a) 电压线圈前接法　　　　　　　　　　(b) 电压线圈后接法

图2.32　功率表的接法

③ 正确读数。一般安装式功率表为直读单量程式,表上的示数即为功率数。但便携式功率表一般为多量程式,在表的标度尺上不直接标注示数,只标注分格。在选用不同的电流与电压量程时,每一分格都可以表示不同的功率数。在读数时,应先根据所选的电压量程 U、电流量程 I 及标度尺满量程时的格数 D_{max} 求出每格瓦数(又称功率表常数)C,然后再乘上指针偏转的格数 D,就可得到所测功率 P,即

$$C = \frac{UI}{D_{max}}$$

$$P = CD$$

如果没有按规则接线,即电流线圈的非"＊"端接电源端,这时电流流向与原先规定的方向相反,则指针将反向偏转。如果再把电压支路的接线也换一下,即将电压线圈的"＊"端接非电源端,则指针又会按原来的方向正向偏转。但是电压支路两端的接线是不允许换接的,因为在电压支路中有一个阻值很大的附加电阻 R_F 与电压线圈串联,如将电压支路两端互换,如图2.33(a)所示,则电压线圈和电流线圈将分别接到电源的正极和负极,两组线圈之间就会有较大的电位差,这样一来,由于电场力的作用会引起新的附加误差,而且线圈之间的绝缘也有损坏的危险。

如果测量中功率表的接线是正确的,而仪表指针却反向偏转,那就需要改变电流支路两个端钮的接线,才能得到读数,这时得到的读数应取负数。D77 功率表装有电压线圈的换向开关,如图2.33(b)所示。它可以改变流过电压线圈的电流方向,而不改变电压线圈和附加电阻的相对位置。如果按上述原则接线,这时功率表反偏,读数前边应加一负号。

④ 功率表的过载。测量时应注意,当功率因数小于 1.0 时,特别在测量感性或容性电路时,虽然指针未达到满偏转也可能是仪表过载,此时应注意不能使并联电路的电压或串联电路的电流超过额定值的120% 连续工作2 h。

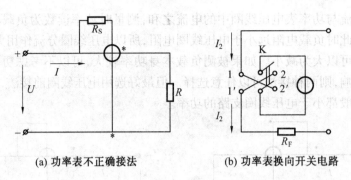

(a) 功率表不正确接法   (b) 功率表换向开关电路

图 2.33　功率表的不正确接法及换向电路

2. 低功率因数功率表

如果要测量小功率或测量低功率因数电路的功率时,用普通功率表将产生非常大的误差,有时甚至读不出数来。这时必须要用低功率因数功率表,如图 2.34 所示。

D34－W 型携带式 0.5 级电动系低功率因数功率表为空气式电动系结构,测量机构由电流电路通过固定线圈产生接近均匀的固定磁场,电压电路的电流通入位于固定线圈中间动圈并使动圈产生偏转,偏转角大小与流经测量机构的电流、电压及二者间相角的余弦乘积成正比,即与功率成正比,因而可借固定于动圈转轴上的指针直接指示功率值。仪表的量限转换,通过改变固定线圈的串联、并联及电压电路的附加电阻实现。仪表转动部分由轴尖及弹簧轴承支撑,除使外动部分的摩擦减至最小外,并具有耐震的性能。测量机构的磁屏蔽能保护仪表达

图 2.34　低功率因数功率表

到防御外磁场能力,整个电气线路具有温度补偿及相位角补偿性能。因此本型仪表不但能在较宽的温度范围内使用,同时能在较低的功率因数 $\cos\varphi = 0.2$ 线路长时期接入线路内使用。仪表指针为对口形,标度盘下备有反光镜,以消除读数时的视差,阻尼为空气式,整个仪表内部的零件均具有优良的涂覆保护层,测量机构四周则利用耐热橡皮衬垫密封以保证仪表在恶劣环境下使用时不致损坏。

接法与普通功率表相同,仪表的系数必须乘以仪表的额定功率因数 $\cos\varphi$,$\cos\varphi$ 的值在刻度盘上表明,D34－W 型携带式 0.5 级电动系低功率因数功率表的 $\cos\varphi = 0.2$。

$$C = \frac{UI\cos\varphi}{D_{\max}}$$

$$P = CD$$

3. 智能交流功率及功率因数表(多功能)

DJG–1 型高性能电工电子实验台上配备了智能交流功率及功率因数表。智能功率、功率因数表是全数字式多功能功率测试仪表,如图 2.35 所示。在技术上采用单片机的智能控制,具有人机对话、智能显示和快速运算等特点。将被测电压、电流瞬时值的取样信号送入 A/D 变换器的输入口,采用 DSP 计算功率,最后将计算结果显示在由 LED 数码管构成的显示器上,

根据数码管的显示值和符号,就可得知某负载的有功功率值。此时,还可通过对面板上键盘的简单操作,以切换数码管所显示的内容:可显示负载的功率因数及负载的性质,交流信号的频率等;还可以贮存、记录 15 组功率和功率因数的测试结果数据,并可逐组查询。这是电动系功率表无可比拟的。其测量精度为 0.5 级,其测量方法与普通功率表相同,甚至更简单,因为其量程范围电压为 0 ~ 450 V、电流为 0 ~ 5 A 且自动转换,测量结果直接读出。

和普通功率表不同的是它面板上有一组 5 个按键,在实际测试过程中只用到"功能"、"确认"和"复位"三个键。

"功能"键:是仪表测试与显示功能的选择键。若连续按动该键,则 5 只 LED 数码管将显示各种不同的功能指示符号,其功能符号分述如下:"P"表示有功功率;"U"表示电压;"I"表示电流;"COS"表示功率因数及负载性质;"F"表示被测信号频率;"DIPL"表示数据查询;"SAVE"表示数据记录。

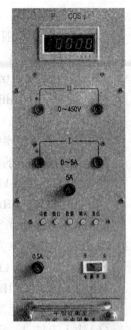

图 2.35　智能功率表

"确认"键:在选定上述前 5 个功能之一后,按一下"确认"键,该组显示器将切换显示该功能下的测试结果数据。

"复位"键:在任何状态下,只要按一下此键,系统便恢复到功率测量状态。

(1) 智能交流功率及功率因数表的使用方法。

① 接好线路→开机(或按"复位"键)→选定功能→按"确认"键→待显示的数据稳定后,读取数据(有功功率单位为 W,频率单位为 Hz)。

② 选定 SAVE 功能→按"确认"键→显示 1(表示第一组数据已经贮存好)。如重复上述操作,显示器将顺序显示 2,3,…,E,F,表示共记录并贮存了 15 组测量数据。

③ 选定 DIPL 功能→按"确认"键,显示最后一组贮存的功率因数值及负载性质(第一位表示贮存数据的组别;第二位显示负载性质,C 表示容性,L 表示感性;后三位为功率因数值),→再按"确认"键→显示最后第一组的功率值→再按"确认"键→显示倒数第二组贮存的功率因数值及负载性质……(显示顺序为从第 F 组到第一组)。可见,在需要查询结果数据时,每组数据需分别按动两次"确认"键,以分别显示功率和功率因数值及负载性质。

(2) 注意事项。

在测量过程中,外来的干扰信号难免要干扰主机的运行,若出现死机,请按"复位"键。

2.2.4　单交流毫伏表(EM2171)

常用的单通道晶体管毫伏表,具有测量交流电压、电平测试、监视输出等三大功能。晶体管毫伏表由输入保护电路、前置放大器、衰减放大器、放大器、表头指示放大电路、整流器、监视输出及电源组成。EM2171 型单交流毫伏表如图 2.36 所示。

1. 技术性能

（1）测量电压范围：1 mV ~ 300 V。

十二档量程：1 mV，3 mV，10 mV，30 mV，100 mV，300 mV，1 V，3 V，10 V，30 V，100 V，300 V。

分贝量程：－60 dB，－5 dB，－40 dB，－30 dB，－20 dB，－10 dB，0 dB，+10 dB，+20 dB，+30 dB，+40 dB，+50 dB。

（2）测量电压频率范围：10 Hz ~ 2 MHz。

（3）基准条件下的频响误差：（以 400 Hz 为基准）

频率 20 Hz ~ 100 kHz　误差±3%

频率 10 Hz ~ 2 MHz　误差±8%

（4）在环境温度 0 ℃ ~ +40 ℃，湿度≤80%，电源电压为 220 V±10%，电源频率为 50 Hz±4% 时的工作误差：

图 2.36　EM2171 单交流毫伏表

频率 20 Hz ~ 100 kHz　工作误差±7%

频率 10 Hz ~ 2 MHz　工作误差±15%

（5）仪器所需的电源，220 V±10%、50 Hz±4%，消耗功率约为 5 W。

（6）输入阻抗：1 ~ 300 mV　输入电阻≥2 MΩ

输入电容≤50 pF

1 ~ 300 V　输入电阻≥8 MΩ

输入电容≤20 pF

（7）噪声电压小于满刻度的 3%。

（8）两通道隔离度：≥110 dB（10 Hz ~ 100 kHz）。

（9）监视放大器

输出电压：1 V±5%

频响误差：10 Hz ~ 2 MHz

±dB（以 400 Hz 为基准）

（10）仪器的过载电压：

①1 ~ 300 mV 各量程交流过载峰值电压为 100 V，1 ~ 300 V 各量程交流过载峰值电压为 660 V。

②最大的直流电压和交流电压叠加总峰值为 660 V。

2. 使用方法

（1）通电前，调整表头的机械零位（已调好），并将量程开关置 300 V 挡。

（2）将测试线连接入 INPUT（即 MAX300V）插座。

（3）接通电源后，表的指针摆动是否正常，稳定后测量。

（4）若被测电压未知时，应将量程开关置最大量程，然后旋转到所需量程进行测量，测量完毕量程开关再置于 300 V 档。

（5）测量表头读数和量程开关选择量程为 1-3 进制，二者一一对应。

3. 注意事项

测量电压未知时将量程开关由大到小慢慢旋转，测试时选择你所需要的量程位置。

2.2.5　万用表

万用表又称多用表、三用表、复用表,是一种多功能、多量程的测量仪表。一般可测量直流电流、直流电压、交流电流、交流电压、电阻和音频电平、电容量、电感量及半导体的一些参数(如 β)。万用表分指针式万用表和数字式万用表,下面主要介绍数字式万用表。

1. 数字式万用表的结构

数字式万用表是一种多功能仪表。它主要由两部分组成:第一部分是输入与变换部分,主要作用是通过电流-电压转换器(I/U 转换器)、交-直流转换器(AC/DC 转换器)、电阻-电压转换器(R/U 转换器)将各被测量转换成直流电压量,再通过量程转换开关,经放大或衰减电路送A/D 转换器后进行测量;第二部分是 A/D 转换电路与显示部分,能将各自对应的电参量高准确度地以数字形式显示出来。VICIOR 数字万用表的面板如图 2.37 所示,各部分作用如下。

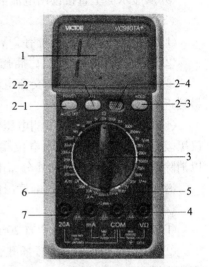

图 2.37　VICIDR 数字万用表

1——液晶显示器:显示仪表测量的数值;

2-1——POWER 电源开关:开启及关闭电源;

2-2——B/L 背光开关:开启背光灯,约 20 s 后自动关闭;

2-3——HOLD 保持开关:按下此功能键,仪表当前所测数值保持在液晶显示器上并出现" HOLD"符号,再次按下,"HOLD"符号消失,退出保持功能状态;

2-4——火线识别指示灯;

3——旋钮开关:用于改变测量功能及量程;

4——电压、电阻及频率插座;

5——公共地,测试附件正极插座;

6——小于 200 mA(VC9801A 为 2 A)电流测试插座,测试附件负极插座;

7——20 A 电流测试插座。

2. 使用方法

(1) 直流电压的测量。

① 将红表笔插入"V·Ω"插孔,黑表笔插入"COM"插孔。

② 测量前,先估计被测电压可能有的最大值,选取比估计电压高并且最接近的电压挡位,这样测量值更准确,若无法估计,可先选最高挡测量,再根据大致测量值重新选取合适挡位进行测量。

③ 测量时,红表笔接被测电压的高电位处,黑表笔接被测电压的低电位处。

④ 读数时,直接从显示屏读出的数字就是被测电压值,读数时要注意负号。

(2) 直流电流的测量。

① 测量直流电流的挡位有 20 μA、200 μA、2 mA、20 mA、200 mA、2 A 和 20 A。

② 将黑表笔插入"COM"插孔,红表笔插入"mA"插孔,如果测量 200 mA ~ 20 A 电流,红

表笔应插入"20 A"插孔。

③ 测量前,先估计被测电流的大小,选取合适的挡位,选取的挡位应大于并且最接近被测电流值。

④ 测量时,要将被测电路断开,再按参考方向将万用表接回线路,即红表笔置于断开位置的高电位处,黑表笔置于断开位置的低电位处。

⑤ 从显示屏上直接读出电流数值。

(3) 交流电压的测量。

① 测量交流电压的挡位有 2 V、20 V、200 V、750 V 和 1 000 V。

② 将红表笔插入"V·Ω"插孔,黑表笔插入"COM"插孔。

③ 测量前,先估计被测交流电压可能的最大值,选取合适的挡位,选取的挡位要大于并且最接近被测电压值。

④ 红、黑表笔分别接被测电压两端;交流电压无正、负之分,故红、黑表笔可随意接,但建议黑表笔接触被测电压的低电位端,例如被测信号源的公共地端,220 V 交流电源的零线等,以消除仪表输入端对地 COM 分布电容的影响,减小测量误差。

⑤ 读数时,直接从显示屏读出的数字就是被测电压值。

(4) 交流电流的测量。

① 测量交流电流的挡位有 20 mA、200 mA、2 A 和 20 A。

② 将黑表笔插入"COM"插孔,红表笔插入"mA"插孔,如果测量 200 mA～20 A 电流,红表笔应插入"20 A"插孔。

③ 测量前,先估计被测电流的大小,选取合适的挡位,选取的挡位大于且最接近被测电流。

④ 测量时,要将被测电路断开,再将红、黑表笔各接断开位置的一端。

⑤ 从显示屏上直接读出电流数值。

(5) 电阻阻值的测量。

① 电阻阻值测量用欧姆挡,欧姆挡的挡位有 200 Ω、2 kΩ、20 kΩ、200 kΩ、2 MΩ 和 20 MΩ。

② 将红表笔插入"V·Ω"插孔,黑表笔插入"COM"插孔。

③ 测量前,估计被测电阻阻值的大小,选取合适的挡位,选取的挡位要大于并且最接近被测电阻值。

④ 红、黑表笔分别接被测电阻两端。

⑤ 从显示屏上直接读出阻值大小。

(6) 用数字万用表检测电容。电容的检测包括容量和好坏检测。

① 电容容量的测量:

a. 将红表笔插入"mACAP"插孔,黑表笔插入"COM"插孔。

b. 测量前,估计被测电容容量的大小,选取合适的挡位,选取的挡位要大于并且最接近被测电容容量值。

c. 对于无极性电容,红、黑表笔不分正、负,分别接被测电容两端;对于有极性电容,红表笔接被测电容正极,黑表笔接被测电容负极。

d. 从显示屏上直接读出电容容量大小。

② 电容的好坏检测:电容的常见故障有开路、短路和漏电。

a. 检测电容的好坏通常采用电阻挡。

大多数数字万用表的电阻挡可以检测容量在 0.1 至几千 μF 的电容。在检测电容时,将挡位选择开关置 2 M 或 20 M 挡(挡位越高,从红表笔流出的电流越小,故容量小的无极性电容通常选择 20 M 挡测量),然后将红、黑表笔分接被测电容的两极,对于有极性电容,要求红表笔接正极、黑表笔接负极,再观察显示屏显示的数值。

若电容正常,显示屏显示的数字由小变大(这是电容充电的表现),最后显示溢出的符号"1"(显示"1"表明阻值大,超出所选挡位最大测量值),电容容量越大,充电时间越长,数字由小到显示为"1"经历的时间越长。

若测量时,显示屏所显示的阻值数字始终为"1"(无充电过程),表明电容开路。

若测量时,显示屏所显示的阻值数字始终为"0",表明电容短路。

若测量时,显示屏所显示的阻值数字能由小变大,但无法达到"1",表明电容漏电。

b. 用数字万用表蜂鸣器挡快速检测电解电容的质量。

利用数字万用表的蜂鸣器挡,可以快速检查电解电容器的质量好坏。蜂鸣器挡内装蜂鸣器,当被测线路的电阻小于某一数值(通常为几十 Ω,视数字万用表型号而定),蜂鸣器即发出振荡声。将被测电容器 C 的正极接红表笔,负极接黑表笔,应能听到一阵短促的蜂鸣声,随即声音停止,同时显示溢出符号"1"。这是因为刚开始对 C 充电时充电电流较大,相当于通路,所以蜂鸣器发声。随着电容器两端电压不断升高,充电电流迅速减小,蜂鸣器停止发声。经上述测量后,再拨至 20 MΩ 或 200 MΩ 高阻挡测电容器的漏电阻,即可判断其好坏。

注意　如果检测时蜂鸣器一直发声,说明电解电容器内部短路;电解电容器的容量愈大,蜂鸣器响的时间就愈长。试验表明,测量 100 ~ 200 pF 电解电容器时,响声持续时间为零点几秒至几秒,低于 4.7 μF 的电容器就听不到响声了;如果被测电容器已经充好电,测量时也就听不到响声。这时可先把电容器短路放电,再进行检测。

(7) 用数字万用表测量三极管极性。

① 判别基极 b。将数字万用表拨至三极管挡,先用红表笔固定接在某个管脚。再用黑表笔依次接触另外两个电极,若两次显示值在 1 V 以下或均为溢出,则红表笔所接即为基极,若一次显示值在 1 V 以下,另一次溢出,则说明红表笔所接不是基极。可另选一管脚测量,直至找到为止。

在上述测量的同时也可判别该三极管是 NPN 型还是 PNP 型。如果两显示值均为 1 V 以下,则属于 NPN 型管;如果两次均显示溢出符号"1",则为 PNP 型管。

② 判别集电极 c 和发射极 e。集电极 c 和发射极 e 的判断需借助于"hFE"插口,将测试附件插入"COM"和"mA"插座中:注意"COM"对应附件正极,"mA"对应负极,如被测管是 NPN 型,需将管脚插入 NPN 型插孔。把基极插入 B 孔,剩下两个电极分别插入 C 孔和 E 孔中,测出的 h_{FE} 为几十至几百,说明管子属于正常接法,放大能力较强,此时 C 孔插的是集电极,E 孔插的是发射极,参见图 2.36(a)。倘若测出的 h_{FE} 值只有几至十几,证明管子的集电极与发射极接反了,这时 C 孔插的是发射极,E 孔插的是集电极,参见图 2.38(b)。

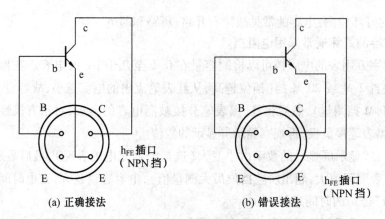

(a) 正确接法   (b) 错误接法

图 2.38 三极管测试

（8）用数字万用表测量二极管极性和二极管材料类型。

① 极性的判别。将万用表拨至二极管挡,此时红表笔带正电,黑表笔带负电。用两支表笔接触二极管的两个极,若显示值在 1 V 以下,说明二极管处于正向导通状态,红表笔接的是正极,黑表笔接的是负极。若显示溢出符号"1",证明二极管处于反向截止状态,黑表笔接的是正极,红表笔接的是负极。

为进一步确定管子的质量好坏,应交换表笔再重测一次。若两次均显示"000",证明二极管已击穿短路;若两次显示溢出符号,说明二极管内部开路。

② 锗管与硅管的判别。锗管与硅管的判别可采用二极管挡进行,对于锗管正向导通显示值应为 0.150 ~ 0.300 V;对于硅管正向导通显示值应为 0.500 ~ 0.700 V。

（9）市电火线和零线的检测。

① 将黑表笔拔出"COM"插孔,红表笔插入"V/Ω"插孔;

② 将量程开关置 ITEST 挡位上将红表笔接在被测线路上;

③ 如果显示器显示"1"且有声光报警,则红表笔所接的被测线为火线。如果没有任何变化,则红表笔所接的被测线为零线。

注意 本功能仅检测交流标准市电火线 AC 110 ~ 380 V。

3. 注意事项

（1）检查万用表是否装好电池及熔丝管。

（2）换功能和量程时,表笔应离开测试点。

（3）每次测量前,应核对测量项目及量限开关是否拨对位置,输入插孔是否选对。

（4）严禁在带电的情况下测量电阻,测量电阻时两手不得碰触表笔的金属端或元器件的引出端,以免引入人体电阻,影响测量结果。

（5）测量电容器之前必须将电容器短路放电,以免损坏仪表。

（6）测量完毕,应将量限开关拨至最高电压挡,防止下次开始测量时不慎损坏仪表。

（7）万用表带读数保持键（HOLD）,按下此键即可将现在的读数保持下来,供读取数值或记录用。做连续测量时不需要使用此键,否则仪表不能正常采样并刷新新值。刚开机时若固定显示某数值且不随被测量发生变化,就是误按下 HOLD 键而造成的,松开此键即转入正常测量状态。

（8）数字式万用表具有自动关机功能,当仪表停止使用或停留在某挡位的时间超过

15 min时,能自动切断主电源,使仪表进入低功率的备用状态。此时仪表不能继续测量,必须按动两次电源开关,才可恢复正常。

2.2.6　直流稳压电源

1. EM1715A 系列稳压电源

EM1715A 系列稳压电源是实验室通用电源。Ⅰ、Ⅱ二路具有恒压、恒流功能,且这两种模式可随负载变化而进行自动转换;具有串联主从工作功能,Ⅰ路为主路,Ⅱ路为从路,在跟踪状态下,从路的输出电压随主路的变化而变化,这对于需要对称且可调双极性电源的场合特别适用。Ⅰ、Ⅱ路每一路均可输出 0 ~ 32 V、0 ~ 3 A 直流电源。串联工作或串联跟踪工作时可输出 0 ~ 64 V、0 ~ 3 A 或 32 V、0 ~ 3 A 的单极性或双极性电源。每一路输出均有一块数字电表指示输出参数,使用方便有效,不怕短路。Ⅲ路固定为 5 V、0 ~ 2 A 直流电源,供 TTL 电路实验、单片机电源。EM1715A 系列直流稳压电源的面板如图 2.39 所示,各部件说明如下。

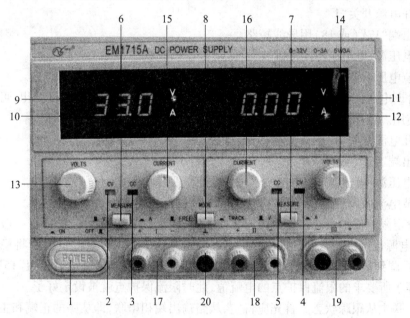

图 2.39　EM1715A 直流稳压电源面板

1——电源开关;

2——主路稳压状态指示灯;

3——主路稳流状态指示灯;

4——从路稳压状态指示灯;

5——从路稳流状态指示灯;

6——主路电压源/电流源转换按键;

7——从路电压源/电流源转换按键;

8——独立工作/跟踪工作转换按键;

9——主路输出电压状态指示灯;

10——主路输出电流状态指示灯;

11——从路输出电压状态指示灯;

12——从路输出电流状态指示灯；

13——主路电压微调旋钮；

14——从路电压微调旋钮；

15——主路电流微调旋钮；

16——从路电流微调旋钮；

17——主路输出端输出正、负端子；

18——从路输出端输出正、负端子；

19——Ⅲ路输出端输出正、负端子；

20——机壳接地端。

（1）可调电源作为双路稳压源使用。图2.39中按键"6"是主路Ⅰ电压源/电流源转换按键、"7"是从路Ⅱ电压源/电流源转换按键、"8"是独立工作/跟踪工作转换按键。此三键全部弹出，可调电源作双路稳压源使用。操作步骤如下：

① 打开电源开关"1"。

② 输出端"17"（或18）用导线短路。

③ 使电压源/电流源转换按键"6"（或7）处于凸起状态。

④ 调节电压微调旋钮 VOLTAGE"13"（或14），至所需数值。

（2）可调电源作为双路稳流源使用。图2.39中"6""7""8"三键全部弹出，可调电源作双路稳流源使用。操作步骤如下：

① 打开电源开关"1"。

② 输出端"17"（或18）开路。

③ 使电压源/电流源转换按键"6"（或7）处于凹陷状态。

④ 调节电流微调旋钮 CURRENT"15"（或16），至所需数值。

（3）设定限流保护点。在作为稳压源使用时，稳流调节旋钮"15"和"16"一般调至最大位置，但是本电源也可以任意设定限流保护点。设定办法为：打开电源，反时针将稳流调节旋钮"15"和"16"调到最小，然后短接输出正、负端子，并顺时针调节稳流调节旋钮"15"和"16"，使输出电流等于所要求的限流保护点的电流值，此时限流保护点就被设定好了。

（4）串联主从跟踪状态。首先应将主、从路输出端相串联，即从路的正端和主路的负端相短接。并将开关"8"按下，此时调节主电压微调旋钮"13"，从路的输出电压严格跟踪主路输出电压，使输出电压最高可达两个单路电压之和。在两路电源串联以前，应先检查主路和从路电源的负端或正端是否有连接片与接地端相连，如有，则应将其断开，否则在两路电源串联时将造成短路。在两路电源处于串联状态时，两路的输出电压由主路控制，但是两路的电流调节仍然是独立的。因此在两路串联时，为了保证有足够的电流输出，一般应将旋钮"15"和"16"顺时针调节至最大。

（5）单独串联使用。将开关"8"弹出，将主路负极和从路正极用导线连接，分别调节主电压微调旋钮"13"和从路电压微调旋钮"14"，使主路和从路显示各自所需要的电压值。此时主路的正极和从路的负极就是串联输出，其输出值是主路和从路所输出的电压之和。

（6）两路可调电源并联使用。先应将主、从路输出端相并联，并将主路电压源/电流源转换按键"6"、从路电压源/电流源转换按键"7"开关全部按下。将开关"8"弹出，输出端短接，打开电源开关，调节主电流微调旋钮"15"、从路电流微调旋钮"16"，使各自电源电流达到所要的数值,此时输出电流为两路电流之和。

2. DF1731SL 双路直流稳压电源

技术性能:电压范围 0 ~ ±32 V;稳压稳流;Ⅰ、Ⅱ 路可跟踪。可并联或串联使用,数字显示。稳流输出电流 0 ~ 3 A。三位半数字电压表和电流表精度:±1% +2 个字。

保护:电流限制保护,并能自动恢复。

DF1731SL 双路直流稳压电源的面板如图 2.40 所示。

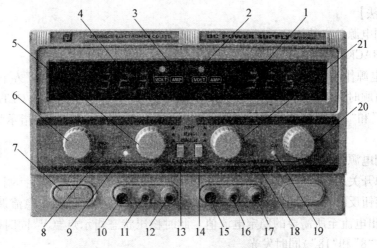

图 2.40   DF1731SL 双路直流稳压电源面板

面板各旋钮控制件的作用如下:

1——数字电表:指示主电路输出电压、电流值。

2——主路输出指示选择开关:选择主路的输出电压或电流值。

3——从路输出指示选择开关:选择从路的输出电压或电流值。

4——数字电表:指示从路输出电压、电流值。

5——从路稳压输出电压调节旋钮:调节从路输出电压值。

6——从路稳流输出电流调节旋钮:调节从路输出电流值。

7——电源开关:当此电源开关被置于"ON"时(即开关被按下时),机器处于"开"状态,此时稳压指示灯亮或稳流指示灯亮。反之,机器处于"关"状态(即开关弹起时)。

8——从路稳流状态或二路电源并联状态指示灯:当从路电源处于稳流工作状态时或二路电源处于并联状态时,此指示灯亮。

9——从路稳压状态指示灯:当从路电源处于稳压工作状态时,此指示灯亮。

10——从路直流输出负接线柱:输出电压的负极,接负载负端。

11——机壳接地端:机壳接大地。

12——从路直流输出正接线柱:输出电压的正极,接负载正端。

13——二路电源独立、串联、并联控制开关。

14——二路电源独立、串联、并联控制开关。

15——主路直流输出负接线柱:输出电压的负极,接负载负端。

16——机壳接地端：机壳接大地。

17——主路直流输出正接线柱：输出电压的正极，接负载正端。

18——主路稳流状态指示灯：当主路电源处于稳流工作状态时，此指示灯亮。

19——主路稳压状态指示灯：当主路电源处于稳压工作状态时，此指示灯亮。

20——主路稳流输出电流调节旋钮：调节主路输出电流值（即限流保护点调节）。

21——主路稳压输出电压调节旋钮：调节主路输出电压值。

【使用方法】

（1）可调电源独立使用。

① 将"TRACKING"（"13"和"14"）开关分别置于弹起位置（即■位置）

② 可调电源作为稳压源使用时，首先应将稳流调节旋钮"CURRENT"左右两个旋钮开关（"6"和"20"）顺时针调节到最大，然后打开电源开关，并调节电压旋钮"VOLTAGE"左右两个旋钮开关（"5"和"21"），使输出电压至需要的电压值，此时两个稳压状态指示灯"CV"（"9"和"19"）发光。

（2）可调电源作为稳流源使用。

打开电源开关后，先将稳压调节"VOLTAGE"左右两个旋钮开关顺时针调节到最大，同时将稳流调节旋钮反时针调节到最小，然后接上所需负载，再顺时针调节稳流调节旋钮"CURRENT"，使输出电流至所需要的稳定电流值。此时稳压状态指示灯"CV"同时熄灭，稳流状态指示灯"CC"（"8"和"18"）同时发光。

（3）作为稳压源使用时稳流电流调节"CURRENT"应该调至最大，但是电源也可以任意设定限流保护点。设定办法为：打开电源，反时针调节旋钮"CURRENT"到最小，然后接上负载，并顺时针调节稳流"CURRENT"，使输出电流等于所要求的限流保护点的电流值，此时限流保护点就被设定好了。

（4）若电源只带一路负载时，为延长机器的使用寿命减少功率管的发热量，请将负载接在主路电源上。

（5）双路可调电源串联使用。

① 将左Ⅰ路"TRACKING"开关按下（即■位置），右Ⅱ路"TRACKING"开关位置弹起（即■位置），此时调节主电源电压调节旋钮右Ⅱ路TRACKING，从路的输出电压严格跟踪主路输出电压，使输出电压最高可达两路电流的额定值之和。

② 在两路电源串联以前应先检查主路和从路电源的负端是否有接片与接地端相连，如有则应将其断开，否则在两路电源串联时将造成从路电源的短路。

③ 在两路电源处于串联状态时，两路的输出电压由主路控制，但是两路的电流调节仍然是独立的。因此在两路串联时应注意"CURRENT"电流调节旋钮的位置，如旋钮"CURRENT"在反时针旋到底的位置或从路输出电流超过限流保护点，此时从路的输出电压将不再跟踪主路的输出电压。所以一般两路串联时应将旋钮"CURRENT"顺时针旋到最大。

④ 在两路电源串联时，如有功率输出则应用与输出功率相对应的导线将主路的负载和从路的正端可靠短接。因为机器内部是通过一个开关短接的，所以当有功率输出时短接开关将通过输出电流，长此下去将无助于提高整机的可靠性。

（6）双路可调电源并联使用。

① 将左Ⅰ路 TRACKING 开关按下（即 ▉ 位置），右Ⅱ路"TRACKING"开关位置弹起（即 ▉ 位置），此时两路电源并联，调节主电源电压调节旋钮 VOLTAGE，两路电源的稳压一样，同时从路稳流指示灯发光。

② 在两路电源处于并联状态时，从路电源的稳流调节旋钮不起作用。当电源做稳流电源使用时，只需调节主路的稳流调节旋钮，此时主、从路的输出电流均受其控制并相同，其输出电流最大可达二路输出电流之和。

③ 当两路电源并联时，如有功率输出则应用与输出功率对应的导线分别将主、从电源的正端和正端、负端和负端可靠短接，以使负载可靠地接在两路输出的输出端子上。否则，如将负载只接在一路电源的输出端子上，将有可能造成两路电源输出电流的不平衡，同时也有可能造成串联开关的损坏。

（7）本电源的输出指示为三位半，如果要想得到更精确值，需在外电路使用更精密的测量仪器校准。

【注意事项】

① 本电源设有完善的保护功能。两路可调电源具有限流保护和短路保护功能，由于电路中设置了调整管功率损耗控制电路，因此当输出发生过载现象时，此时大功率调整管上的功率损耗并不是很大，完全不会对本电源造成任何损坏。但是过载时本电源仍有功率损耗，为了减少不必要的机器老化和能源消耗，所以应尽早发现并关掉电源，将故障排除。

② 输出空载时限流电位器逆时针旋足（调为 0 时），电源即进入非工作状态，其输出端可能有 1 V 左右的电压显示，此属正常现象，非电源之故障。

③ 使用完毕后，请放在干燥通风的地方，并保持清洁，若长期不使用应将电源插头拔下后再存放。

④ 对稳定电源进行维修时，必须将输入电源断开。

⑤ 因电源使用不当或使用环境异常及机内元器件失效等均可能引起电源故障，当电源发生故障时，输出电压有可能超过额定输出最高电压，使用时务请注意，谨防造成不必要的负载损坏。

⑥ 三芯电源线的保护接地端必须可靠接地，以确保使用安全。

2.2.7　函数信号发生器

本节介绍三种型号函数信号发生器：XJ1631 数字函数信号发生器、数控智能函数信号发生器和 EM1642 函数信号发生器。

1. XJ1631 数字函数信号发生器

XJ1631 型数字函数信号发生器是一种小型的、由集成电路与半导体管构成的便携式通用数字函数信号发生器，其函数信号有正弦波、方波、三角波、脉冲和锯齿波 5 种不同波形。信号频率可调范围从 0.1 Hz 到 2 MHz，分 7 个挡级，频率显示由 4 位数码管显示，信号最大幅度可达 20 V_{P-P}，脉冲占空系数由 10% ~ 90% 连续可调，5 种信号均可加 ±10 V 的直流偏置电压，并具有 TTL 电平的同步信号输出、脉冲信号反向、输出幅度衰减及电压控制频率的输入等多种功能。除此以外，还能外接计数输入，做频率计数器使用，其频率范围为 10 Hz ~ 100 MHz，计数频率由 6 位数码管显示发光二极管指示频率范围，读数方便、准确。其面板如图 2.41 所示，

各部分作用如下。

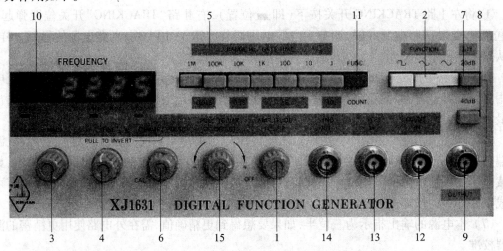

图 2.41　XJ1631 数字函数信号发生器面板

1——电源/幅度(POWER/AMPLITUDE)旋钮:递时针旋足,电源关;顺时针旋足,函数信号幅度最大。

2——函数(FUNCTION)按键:由三个互锁按键开关组成,用于选择输出波形,即选择方波、三角波或正弦波。

3——频率调节(MAIN、FINE)旋钮:"MAIN"为输出频率粗调。

4——频率调节"FINE"为输出频率细调,"FINE"拉出可对脉冲波进行倒相。

5——频率挡级/闸门时间(RANGE Hz/GATE TIME)按键:频率挡级由 7 个(1、10、100、1 K、10 K、100 K、1 MHz)互锁按键开关组成,用于选择信号频率的挡级。

6——占空比锯齿波/脉冲波(DUTY RAMP/PULSE)旋钮:用于调节锯齿波或三角波的占空比,当旋钮递时针转到底置校准位置"CAL",此时占空比为 50%,在非校准位置时,占空比可调范围为 10% ~ 90%。

7——衰减器(ATT)开关 20 dB:开关按下后,函数信号输出衰减约 10 倍,弹出不衰减。

8——衰减器(ATT)开关 40 dB:按下后函数信号输出衰减约 100 倍,弹出不衰减;与 7 同时按下后为 60 dB,衰减约 1 000 倍。

9——信号输出(OUTPUT)端口:可输出正弦波、方波、三角波、脉冲和锯齿波信号。

10——频率显示(FREQUENCY)窗口:当显示函数频率时,用 4 位数码管显示;当显示外接计数频率时,用 6 位数码管显示。

11——函数/计数(FUNC/COUNT)显示控制按键:拉出时,数码管显示函数信号频率;按下时,显示外接计数频率。

12——频率计数输入(COUNT IN)端口:外接频率计数信号的输入端。

13——压控振荡输入(VCFIN)端口:当一个外部直流电压 0 ~ 15 V 由 VCFIN 输入时,函数发生器的信号频率变化为 100∶1。

14——同步信号输出(SYNC OUTPUT)端口:提供一个与 TTL 电平兼容的输出信号,其不受函数开关(FUNCTION)及幅度控制器(AMPLITUDE)的影响,其输出频率与数码管显示频率一致。

15——直流偏置(PULL TO VAR DC OFFSET)旋钮:当该旋钮拉出时,直流偏置电压,加到输出信号上,其范围在-10~+10 V之间变化。

16——发光二极管:频率量程(Hz、KHz)指示,闸门时间(GATE)指示;计数频率量程溢出(OVFL)指示,此指示灯亮,需将频段挡级扩大,直到指示灯熄灭。

（1）使用方法。

① 打开电源开关之前,衰减开关"7""8"应弹出,外测频开关"11"弹出,占空比开关"4"在校准位置,控制键如上设定后,打开电源/幅度(POWER/AMPLITUDE)旋钮"1"。选择函数(FUNCTION)按键"2"（方波、三角波、正弦波）所需信号波形。将电压输出信号由信号输出(OUTPUT)端口"9"通过同轴信号线连接线送入示波器 CH₁ 通道。

② 三角波、方波、正弦波产生:按波形选择开关"2",将分别产生正弦波、方波、三角波。

③ 斜波、锯齿波、脉冲的产生:波形开关"2"置"三角波",调节占空比锯齿波/脉冲波(DUTY RAMP/PULSE)旋钮"6",将产生斜波。

波形开关置"2""正弦波",调节占空比锯齿波/脉冲波(DUTY RAMP/PULSE)旋钮"6",将产生锯齿波。

波形开关置"2""方波",调节占空比锯齿波/脉冲波(DUTY RAMP/PULSE)旋钮"6",将产生脉冲波。注意:此时,脉冲只能按一个方向调节出占空比系数10%~50%的脉冲波,如果要调出占空比系数50%~90%的脉冲波,需要将频率调节"FINE"旋钮"4"拉出,进行倒相。

④ 频率调节先按频率挡级/闸门时间(RANGE Hz/GATE TIME)按键"5"（频率挡级由七个"1、10、100、1 K、10 K、100 K、1 MHz"互锁按键开关组成）某个信号频率的挡级。调节频率时调节(MAIN、FINE)粗调旋钮"3"、细调旋钮"4"达到所需频率值。此时频率在频率显示(FREQUENCY)窗口"10"显示。

⑤ 幅度旋钮"1"顺时针旋转至最大,波形幅度将≥20 V_{p-p}。

⑥ 按下衰减开关,输出波形将被衰减。按下20 dB对外接频率计数信号衰减约10倍,按下40 dB对外接频率计数信号衰减约100倍,20 dB、40 dB一起按下为60 dB,信号衰减约1 000倍。

⑦ 拔出直流偏置(PULL TO VAR DC OFFSET)旋钮,顺时针旋转电平旋钮至最大,示波器波形向上移动,逆时针旋转,示波器波形向下移动,最大变化量±10 V以上。

⑧ 外测频率:按下外测频率开关"11",由高量程向低量程选择合适的频率挡级。被测信号由同轴输入插孔"12"输入,此时显示屏上的数据就是被测信号的频率。

⑨ TTL/CMOS 输出:TTL/CMOS 输出端口"14"用同轴信号线接示波器 CH₁ 通道(DC 输入),示波器将显示 0.2~3.8 V 的方波,该输出端可作一阶电路响应的激励,亦可作 TTL/CMOS 数字电路实验时钟信号源。

⑩ 压控振荡输入(VCFIN)端口:当一个外部直流电压 0~15 V DC 由 VCFIN 输入时,函数发生器的信号频率变化为100:1。

（2）注意事项。

① 对频率调节(MAIN、FINE)旋钮,使用时请不要将电位器旋足,否则会使仪器没有信号输出或输出的信号波形不正常,但不是故障,也不会损伤仪器。

② 高于 10 MHz 计数信号请按频率挡级"1 MHz"。

③ 对信号输出(OUTPUT)端口、同步信号输出(SYNC OUTPUT)端口、压控振荡输入(VC-

FIN)端口,不允许输入大于 10 V(AC+DC),否则会损坏仪器。

2.数控智能函数信号发生器

数控智能函数信号发生器面板如图 2.42 所示,各部分作用如下。

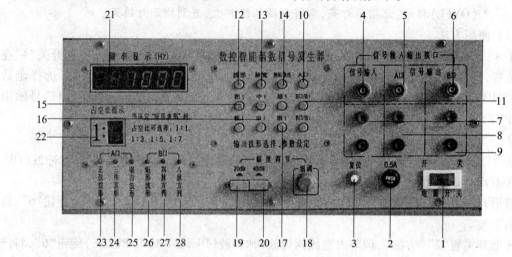

图 2.42 数控智能函数信号发生器面板

1——电源指示开关:按开时指示灯亮,按关时指示灯灭。

2——电源保险管(0.5 A)。

3——复位键。

4——频率计数同轴电缆输入(COUNT IN)端口:外接频率计数信号的输入端。

5——A 口信号输出(OUTPUT)端口:可输出正弦波、三角波、锯齿波信号。

6——B 口信号输出(OUTPUT)端口:可输出方波、脉冲信号。

7——频率计数普通导线输入(COUNT IN)端口:外接频率计数信号的输入端。红接线端为信号输入端,黑接线端为信号接地端。

8——A 口信号普通导线输出(OUTPUT)端口:红接线端为信号输出端,黑接线端为信号接地端。

9——B 口信号普通导线输出(OUTPUT)端口:红接线端为信号输出端,黑接线端为信号接地端。

10——A 口输出选择按键:按下 A 口按键,可输出正弦波、三角波、锯齿波信号,A 口指示灯 23、24、25 中 23 亮(此时为正弦波输出)。

11——B 口输出选择按键:按下 B 口按键,可输出方波、脉冲信号,同时,此按键还是 B 口输出信号幅值增加调整按键,按住按键,信号幅值增加;此按键下方的按键是 B 口输出信号幅值减调整按键,按住按键,信号幅值减少。

12——波形选择开关:按键,可选择需要的波形。对应 A 口:按一次此键输出从正弦波到三角波,再按一次此键输出从三角波到锯齿波,再按一次此键输出从锯齿波回到正弦波。对应 B 口:按一次此键输出从方波到四脉方波,再按一次此键输出从四脉方波到八脉方波,再按一次此键输出从八脉方波回到方波。

13——占空比:将占空比开关按入,占空比指示灯亮,调节占空比旋钮,可改变波形的占空比。对于 A 口可调锯齿波,对于 B 口可调 1∶1、1∶3、1∶5、1∶7 的脉冲。

14——测频按键:按此键后进入测频,再按一次取消测频。

15——频率调节粗调按键:箭头向上为频率增加,箭头向下为频率减少。

16——频率调节中调按键:箭头向上为频率增加,箭头向下为频率减少。

17——频率调节细调按键:箭头向上为频率增加,箭头向下为频率减少。

18——A 口信号幅值调节:顺时针调节此旋钮,增大电压输出幅度。逆时针调节此旋钮可减小电压输出幅度。

19——衰减器开关:按下 20 dB 对外接频率计数信号衰减约 10 倍,弹出不衰减。

20——衰减器开关:按下 40 dB 对外接频率计数信号衰减约 100 倍,一起按下 20 dB、40 dB 为 60 dB,信号衰减约 1 000 倍。

21——频率显示屏:显示输出频率。

22——占空比显示:显示比例。

23——正弦波指示灯。

24——三角波指示灯。

25——锯齿波指示灯。

26——方波指示灯。

27——四脉方波指示灯。

28——八脉方波指示灯。

(1) A 口输出。

① 打开电源开关之前,检查衰减开关"19""20"使其弹出,打开电源"1"。函数信号发生器默认 A 口 1 kHz 正弦波,频率显示屏显示当前输出信号频率 1 000 Hz。

② 将电压输出信号由 A 口信号输出(OUTPUT)端口通过同轴信号线送入示波器 CH$_1$ 输入通道,由 A 口信号普通导线输出(OUTPUT)端口输入交流毫伏表。此时示波器屏幕上显示 1 000 Hz 正弦波。交流毫伏表测出信号输出的有效值。

③ 将波形选择按键"12",按一次此键输出从正弦波到三角波,再按一次此键输出从三角波到锯齿波,再按一次此键输出从锯齿波回到正弦波。信号指示灯也轮流指示在相应波形上。示波器屏幕上将分别显示正弦波、三角波、锯齿波。

④ 调节频率。改变频率选择"15""16""17"三对频率调节开关。"15"为频率调节粗调按键:箭头向上为频率增加,箭头向下为频率减少。"16"为频率调节中调按键:箭头向上为频率增加,箭头向下为频率减少。"17"为频率调节细调按键:箭头向上为频率增加,箭头向下为频率减少。在显示屏上直接看到所需数值。示波器显示的波形也将发生明显变化。

⑤ 幅度旋钮"18"顺时针旋转至最大,示波器显示的波形幅度将 $\geqslant 20\ V_{\text{p-p}}$,交流毫伏表上显示有效值为 8 V,按下衰减开关,输出波形将被衰减。按下 20 dB 对外接频率计数信号衰减约 10 倍;按下 40 dB 对外接频率计数信号衰减约 100 倍;20 dB、40 dB 一起按下为 60 dB,信号衰减约 1 000 倍。

(2) B 口输出。

① 将按键"11"按下,此时信号源将按 B 口输出。

② 电压输出信号由 B 口信号输出(OUTPUT)端口通过同轴信号线送入示波器 CH$_1$ 输入通道,此时示波器屏幕上显示 1 000 Hz 方波。

③ 改变频率选择与 A 口输出相同。

④ 幅值调节,改变信号幅值由按键"11"来完成,此按键同时是 B 口输出信号幅值增加调整按键,按住按键,信号幅值增加;此按键下方的按键是 B 口输出信号幅值减小调整按键,按住按键,信号幅值减少。按下此键后,根据示波器显示的波形高低来调节幅值大小。

⑤ 脉冲调节,在上述状态下,再按下按键"13",占空比可分别调出 1∶1、1∶3、1∶5、1∶7 的脉冲波,其比例显示在窗口"22"上,其幅值调节、频率调节均和方波相同。

⑥ 四脉方波与八脉方波,在上述状态下,再按下按键"12",按一次此键输出从方波到四脉方波,再按一次此键输出从四脉方波到八脉方波,再按一次此键输出从八脉方波回到方波。

（3）外测频率。

① 按入外测开关"14",频率显示窗口马上显示 4 个横线,此时如果没有信号输入,频率显示窗口显示 0。

② 选择适当的频率范围,由高量程向低量程选择合适的有效数,确保测量精度。

③ 被测信号由同轴输入插孔"4"或普通输入接口"7"输入,此时显示屏上的数据就是被测信号的频率。

④ 再按一次外测开关"14",测频取消。

（4）复位。

信号发生器由于各种原因,造成死机,按复位键,恢复初始功能。

3. EM1642 函数信号发生器

（1）技术性能。

输出波形:正弦波,方波,三角波,脉冲波,锯齿波,TTL 波。

频率:0.5 Hz～5 MHz　　　　频率误差:≤±1%

幅度(最大):25 V_{p-p}　　　　功率:≥3 W_{p-p}

衰减器:20 dB+40 dB　　　　直流电平:-10～+10 V

占空比 10%～90%　　　　正弦失真:≤2%

上升时间:≤35 ns　　　　单次脉冲和 TTL 脉冲

（2）EM1642 函数信号发生器面板如图 2.43 所示,各部分作用如下。

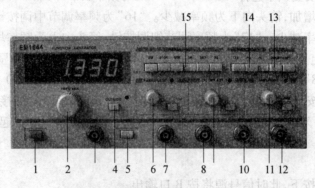

图 2.43　EM1642 函数信号发生器面板

1——电源开关(POWER):按入开。

2——频率微调(FREQVAR):频率覆盖范围 10 倍。

3——INPUT：外测频输入。

4——OUTSIDE：测频方式（内外）。

5——SPSS：单次脉冲开关。

6——占空比调节（RAMP/PULSH）：当开关按入时，占空比为 50%；当开关拉出时，占空比在 10% ~ 90% 内连续可调。频率为指示值÷10。

7——OUT SPSS：单次脉冲输出使用方法。

8——VCF：控制电压输入端。

9——直流偏移调节（DC OFF SET）：当开关拉出时，直流电平-10 V ~ +10 V 连续可调；当开关按入时，直流电平为 0。

10——TTL 电平（TTLOUT）：只有 TTL 电平输出端。幅度 3.5 $V_{\text{p-p}}$。

11——幅度（AMPLITUDE）：幅度可调。

12——输出（OUTPUT）：波形输出端。

13——衰减器（ATT）：开关按入时衰减 20 dB、40 dB、10 dB。

14——功能开关（FUNCTION）：波形选择。～：正弦波；Ω：方波和脉冲波（占空比可变）；∿：三角波和锯齿波（占空比可变）。

15——分挡开关（RANGE-Hz）：50 Hz ~ 5 MHz，分 20 dB、40 dB、-10 dB 挡选择。

（3）使用方法。

① 按下所需选择正弦波、三角波、方波的功能开关，根据被测信号大小确定 20 dB、40 dB、-10 dB 开关，输出幅度（AMPLITUDE）电位器左旋最小，然后再右旋慢调到所需数值。

② 按下所需频率选择开关（50、500、5 K、5 M），频率范围 0 ~ 5 MHz。

③ 将仪器接入 AC 电源，按下红色电源开关。

④ 调节频率微调（FREQVAR）旋钮，在 LED 显示器上显示所需频率值。

⑤ 接输出（OUTPUT）有正弦波、三角波、方波输出，按 TTLOUT 有 TTL 波输出；接 OUT-SPSS 有单次脉冲输出，并按 SPSS 单次脉冲开关，正确选择不同信号的输出波形。

⑥ 接 INPUT 外测频率输入端；VCF 控制电压输入（详细使用参照说明书）。

（4）注意事项。

① 开机前检查电源是否准确无误。先将输出幅度（AMPLITUDE）电位器左旋关上。

② 仪器需要预热 10 min 后方可使用。

2.2.8　双踪示波器

示波器可分为模拟示波器和数字存储示波器两大类。根据其检测信号的带宽，示波器可分为通用示波器、高频示波器、取样示波器，它们可检测的信号带宽依次升高。大多数示波器都具备同时检测两路信号的功能。本节介绍 VD-252 型示波器常用功能及使用方法，其面板如图 2.44 所示，各部分说明如下。

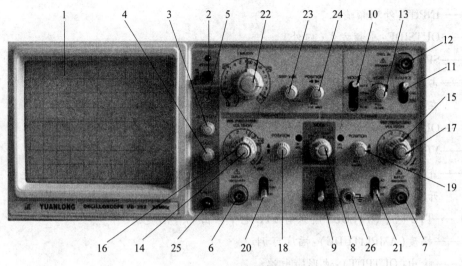

图 2.44　V-252 型双踪示波器面板

1——显示屏。

2——电源开关。

3——辉度调节旋钮。

4——聚焦调节旋钮。

5——基准线调节旋钮。

6——CH$_1$ 通道输出端。

7——CH$_2$ 通道输出端。

8——垂直工作方式选择开关。

9——内部触发信号源选择开关。

10——扫描方式选择开关。

11——触发信号源选择开关。

12——外输入插座。

13——触发电平调节旋钮。

14——CH$_1$ 通道幅度调节旋钮。

15——CH$_2$ 通道幅度调节旋钮。

16——CH$_1$ 通道可变衰减旋钮/增益×5 开关。

17——CH$_2$ 通道可变衰减旋钮/增益×5 开关。

18——CH$_1$ 通道 Y 位移旋钮。

19——CH$_2$ 通道 Y 位移旋钮。

20——CH$_1$ 通道输入耦合开关。

21——CH$_2$ 通道输入耦合开关。

22——扫描速度旋钮。

23——扫描速度可变旋钮。

24——X 位移旋钮。

25——校准信号的输出端。

26——机壳接地端。

1. 测量前准备

（1）调出扫描线。示波器各旋钮应置如表 2.11 所示位置。

表 2.11　双踪示波器各控制旋钮的位置

旋钮名称	旋钮状态	备　注（旋钮作用）
2（POWER） 电源开关	开	按下按键,接通电源,指示灯亮;弹出按键,切断电源,指示灯灭
3（INTENSITY） 辉度	顺时针旋转 到亮度适中	旋转此旋钮能改变光点和扫描线的亮度。顺时针旋转,亮度增大。观察低频信号时可小些,高频信号时可大些,以适合自己的亮度为准,一般不应太亮,以保护荧光屏
4（FOCUS） 聚焦	使扫描线最细	聚焦旋钮调节电子束截面大小,将扫描线聚焦成最清晰状态
20 或 21 （AC-GND-DC） 输入耦合开关	GND	AC:经电容器耦合,输入信号的直流分量被抑制,只显示其交流分量。GND:垂直放大器的输入端被接地,信号被阻止。DC:直接耦合,输入信号的直流分量和交流分量同时显示
18 或 19（POSITION） Y 位移	居中	旋转垂直位移旋钮（标有垂直双向箭头）上下移动信号波形。顺时针旋转辉线上升,逆时针旋转辉线下降。拉出 19 旋钮时,CH2 的信号将被反相,便于比较两个极性相反的信号。调节 CH1、CH2 位移旋钮,移动扫描亮线到示波管中心,于水平刻度线平行。有时,扫描线受大地磁力线及周围磁场的影响,发生一些微小的偏转,此时专用螺丝刀可调节基线旋转电位器 5
8（MODE） 垂直工作方式	CH1	输入通道有五种选择方式:通道 1（CH1）、通道 2（CH2）、双通道交替显示方式（ALT）、双通道断续显示方式（CHOP）、叠加显示方式（ADD）
9（INT　TRIG） 内部触发信号源 选择开关	CH1	当 SOURCE 开关置于 INT 时,用此开关具体选择触发信号源。CH1:以 CH1 的输入信号作为触发信号源。CH2:以 CH2 的输入信号作为触发信号源。VERT MODE:交替地分别以 CH1 和 CH2 两路信号作为触发信号源。观测两个通道的波形时,进行交替扫描的同时,触发信号源也交替地切换到相应的通道上
11（SOURCE） 触发信号源 选择开关	内（INT）	SOURCE 有三种触发源:内触发（INT）、电源触发（LINE）、外触发（EXT）
10（MODE） 扫描方式选择开关	自动（AUTO）	扫描有自动（AUTO）、常态（NORM）、视频-行（TV-H）和视频-场（TV-V）四种扫描方式
22（TIME/DIV） 扫描速度开关	0.5 ms/DIV	控制光点在 X 轴方向扫描的速度扫描速度切换开关通过一个波段开关实现,按 1、2、5 进制把时基分为 19 挡。外加 X、Y 工作方式。扫速开关的指示值代表光点在水平方向移动一格（1 DIV）的时间值

续表 2.11

旋钮名称	旋钮状态	备　注（旋钮作用）
24（POSITION） X 位移	居中	POSITION 旋转水平位移旋钮（标有水平双向箭头）左右移动信号波形，旋钮拔出后处于扫描扩展状态。通常为×10 扩展，即水平灵敏度扩大 10 倍，时基缩小到 1/10。例如在 2 μs/DIV 挡，扫描扩展状态下荧光屏上水平一格（1 cm）代表的时间值等于 2 μs×（1/10）= 0.2 μs
16 或 17 （VAR,PULL×5GAIN） 的可变衰减旋 钮/增益×5 开关	顺时针旋转 到底	16、17（CH$_1$、CH$_2$）的可变衰减旋钮/增益×5 开关（VAR，PULL×5GAIN）；每一个电压灵敏度开关上方还有一个小旋钮，微调每挡垂直偏转因数。将它沿顺时针方向旋到底，处于"校准"位置，此时垂直偏转因数值与波段开关所指示的值一致。逆时针旋转此旋钮，能够微调垂直偏转因数。垂直偏转因数微调后，会造成与波段开关的指示值不一致，这点应引起注意。示波器具有垂直扩展功能，当微调旋钮被拉出时，垂直灵敏度扩大 5 倍（偏转因数缩小 5 倍）。观测小振幅的信号时，拉出此旋钮可对被放大的波形进行观测。通常情况下，应将此旋钮按入
23（SWP VAR） 扫描速度 可变旋钮	顺时针旋转 到底	扫描速度可变旋钮为扫描速度微调，"微调"旋钮用于时基校准和微调。沿顺时针方向旋到底处于校准位置时，屏幕上显示的时基值与波段开关所示的标称值一致。逆时针旋转旋钮，则对时基微调

完成上述准备工作后，扫描线将出现。

（2）示波器自校。示波器刚收到或久置复用时，应用机器内校准信号进行自身的检查，校准方法如下：

将本示波器的探极，接到 CH$_1$ 输出端和校准信号的输出端，示波器各旋钮应置如表 2.12 所示位置。

表 2.12　自校示波器各面板控件位置

面板控制件	作用位置
8（MODE） 垂直工作方式	CH$_1$
20（AC-GND-DC） 输入耦合开关	DC
14（V/DIV） 幅度调节开关	0.1 V/DIV
22（TIME/DIV） 扫描速度开关	1 ms/DIV
18、23 （X、Y 位移）	居中

按上述过程调整示波器，调出波形如图 2.45（a）所示。

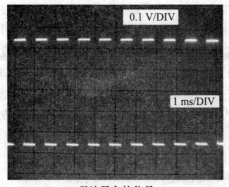
(a) 示波器自校信号

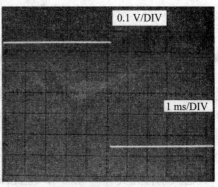
(b) 水平位移旋钮 24 pull×10 拉出

图 2.45　用自校信号检查示波器能正常工作显示的波形

　　将 X 扩展拉出,图形显示一个周期如图 2.45(b) 所示。如此示波器工作正常,可以测量。如果波形形状如图 2.46 中图(a) 与图(b) 所示,则说明探头探针补偿电容需要校正。

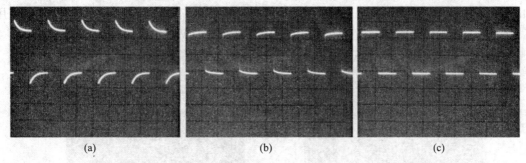
(a)　　　　　　　　　　(b)　　　　　　　　　　(c)

图 2.46　调整示波器探极上的补偿电容得到正常波形

　　将探头拨到×10 挡并接到校正方波 25 输出端,正确的电容值将产生平顶方波图 2.46(c)。如果波形如图 2.46(a)、(b)所示,用起子调整探头校正孔的补偿电容,直到获得正确波形图 2.44(c)。此时,示波器的探极和示波器是匹配的,测量的误差最小。

2. 观测波形

　　(1) 观察一个波形。当不观察两个波形的相位差或除 X-Y 工作方式以外的其他工作状态时,仅用 CH_1 或 CH_2。示波器各旋钮状态见表 2.13。

表 2.13　观测一个波形示波器旋钮状态

旋钮名称	旋钮状态	备注(旋钮作用)
8(MODE)垂直工作方式	CH_1 或 CH_2	
9(INT TRIG)内部触发信号源选择开关	CH_1 或 CH_2	与垂直工作方式一致
10(MODE)扫描方式选择开关	自动(AUTO)	
11(SOURCE)触发信号源	内(INT)	

　　在此情况下,通过 CH_1 或 CH_2 将信号输入,调节触发电平"13"(触发电平)和触发极性选择开关(LEVEL),触发电平调节又称同步调节,它使得扫描与被测信号同步。电平调节旋钮调节触发信号的触发电平,一旦触发信号超过由旋钮设定的触发电平时,扫描即被触发。顺时针旋转旋钮,触发电平上升;逆时针旋转旋钮,触发电平下降。当电平旋钮调到电平锁定位置

时,触发电平自动保持在触发信号的幅度之内,不需要电平调节就能产生一个稳定的触发。极性开关用来选择触发信号的极性。拨在"+"位置上时,在信号增加的方向上,当触发信号超过触发电平时就产生触发。拨在"−"位置上时,在信号减少的方向上,当触发信号超过触发电平时就产生触发。触发极性和触发电平共同决定触发信号的触发点。所有加到 CH_1 或 CH_2 通道上的频率在 25 Hz 以上的重复信号能被同步并观察。无输入信号时,扫描亮线仍然显示。若观察低频信号(大约 25 Hz 以下),则置扫描方式选择开关为常态(NORM),再调节触发电平旋钮能获得同步。

(2) 测量直流电压。

① 置输入耦合开关"20"于 GND 位置,确定零电平位置。

② 置 VOLTS/DIV 开关"14"于适当位置,再置输入耦合开关 AC−GND−DC"20"于 DC 位置。将被测试信号通过探极接入 CH_1 通道(也可选择 CH_2 通道,但此时 VOLTS/DIV 开关选"15"、输入耦合开关选"21"),探极地、电源的地及示波器的地连在一起。扫描亮线随 DC 电压的数值而移动,信号的直流电压可以通过位移幅度与 VOLTS/DIV 开关标称值的乘积获得。如图 2.47 所示,当 VOLTS/DIV 开关指在 5 V/DIV 挡时,则 5 V/DIV×6 DIV = 30 V。(若使用了 10∶1 探头,则信号的实际值是上述值的 10 倍,即 5 V/DIV×5 DIV×10 = 300 V)

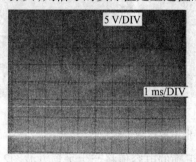 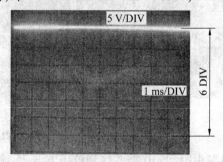

(a) 测量前扫描线所在位置   (b) 测量时扫描线所在位置

图 2.47 直流电压的测量

(3) 测量交流电压。将 VOLTS/DIV 开关"14"置于适当位置,再将输入耦合开关 AC−GND−DC"20"置于 DC 或 AC 位置。将探极接入 CH_1 通道(也可选择 CH_2 通道,但此时 VOLTS/DIV 开关选"15"、输入耦合开关"21"),探极地、电源的地及示波器的地连在一起。扫描亮线随交流电压的数值而移动,要测量交流电压的峰−峰值可以通过位移幅度 VOLTS/DIV 开关标称值和信号波峰与波谷的高度的乘积获得。如有一波形如图2.48 显示那样,此时 VOLTS/DIV 是 1 V/DIV,波峰和波谷的高度是 6 DIV,则此信号的交流电压是 1

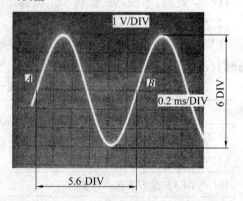

图 2.48 测量交流电压的峰−峰值及周期频率

V/DIV× 6 DIV = 6 V_{P-P}。(使用 10∶1 探头时是 60 V_{P-P})

而 A 点和 B 点的间隔刚好为一个整周期,在屏幕上的间隔为 5.6 DIV,如扫描时间因数为 0.2 ms/DIV 时,则周期 $T = 0.2$ ms/DIV ×5.6 DIV = 1.12 ms,频率 $f = 1/T = 1/1.12 = 892$ Hz。

（当扩展×10 按钮按下时,TIME/DIV 开关的读数要乘以 1/10）。

（4）同时观测两个波形。若同时观测两个波形,则示波器各旋钮应置如表 2.14 所示位置。

表 2.14   同时观测两个波形控制旋钮状态

旋钮名称	旋钮状态	备注（旋钮作用）
8（MODE） 垂直工作方式	交替（ALT） 断续（CHOP）	交替用于观察两个重复频率较高的信号 断续用于观察两个重复频率较低的信号
9（INT TRIG） 内部触发信号源选择开关	CH₁ 或 CH₂ VERT MODE	两个信号频率相同选 CH₁ 或 CH₂ 两个信号频率不相同选 VERT MODE 测量信号相位差时,用相位超前的信号作触发信号
10（MODE） 扫描方式选择开关	自动（AUTO）	频率较高的信号选自动（AUTO） 频率较低（25 Hz 以下）的信号常态（NORM）
11（SOURCE） 触发信号源	内（INT）	

例如:在观测 RC 电路的响应时通过两根同轴电缆线,将激励源 u_i 和响应 u_C 的信号分别连至示波器的两个输入口 CH₁ 和 CH₂ 通道。这时垂直工作方式选择交替（ALT）,两个通道 V/DIV 都选择 1 V/DIV,稳定后可在示波器的屏幕上观察到图 2.49 所显示的波形。

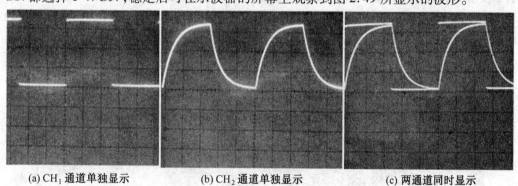

(a) CH₁ 通道单独显示   (b) CH₂ 通道单独显示   (c) 两通道同时显示

图 2.49   示波器同时显示两个波形

（5）测量两个同频率正弦量的相位差。应用双踪示波器测量两个相同频率交流量之间的相位差角,将被测信号 u_1 和 u_2 分别接到示波器 CH₁ 和 CH₂ 通道。各旋钮按表 2.14 进行控制,适当调节各旋钮,当出现在显示屏上的波形稳定,并以同一水平线轴作标准,其图像如图 2.50 所示。测量出图中 ab 及 ac 的格数,即可求出两信号 u_1 和 u_2 间的相位差

$$\varphi = \frac{ab}{ac} \times 360°$$

此外示波器还有 X-Y 工作方式,主要用于观测李萨如信号,这里就不介绍了。

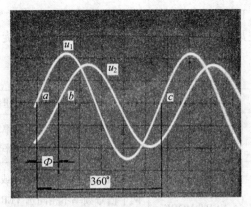

图 2.50 测量两个同频率交流量之间的相位差

2.3 实验装置简介

2.3.1 DGJ-1 型高性能电工技术实验装置

DJG-1 型高性能电工技术实验装置是浙江天煌教仪根据目前"电工技术"、"电工学"、"电路原理"等教学大纲和实验大纲的要求而开发的实验设备。该实验设备由实验屏、实验桌和若干实验组件挂箱等组成。实验设备使用灵活,接线安全,操作快捷,全套设备能满足各类学校"电工学"、"电工原理"和"电子技术"等课程的实验要求。该实验台由电源、测量仪表和定时器兼报警记录仪、实验挂箱三大部分组成,其面板如图 2.51 所示。

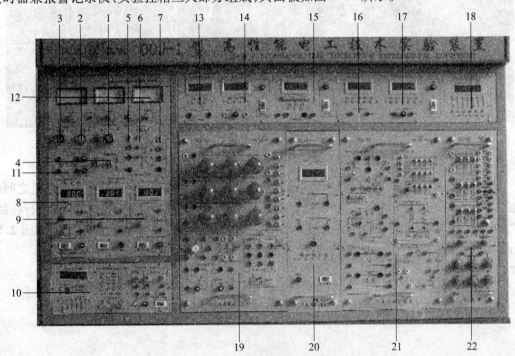

图 2.51 DGJ-1 型高性能电工技术实验装置面板

1. 面板说明

图 2.51 中面板各控制件的作用如下：

1、2、3——电源启动和停止控制。

4——电源切换开关：市电和三相调压输出相互切换。

5、6、7——三相电源调压输出原边和副边。

8——直流电流源，在 0～200 mA 连续可调。

9——两台 30 V 直流稳压电压源，0～30 V 连续可调。

10——智能函数信号发生器，具体使用见 2.2.7 节 2。

11——日光灯管脚插孔。

12——三相电源输出指示电压表(0～450 V)：指示三相交流电源输出线电压数值。

13——智能交流数字电压表。

14——交流数字电流表。

15——交流数字毫伏表。

16——数字直流电压表。

17——数字直流毫安表。

18——定时器兼报警记录仪。

19——交流电路挂箱，可做交流电路阻抗测量、日光灯电路和功率因数提高、三相电路功率的测量、感应耦合电路的研究 4 个实验项目。

20——功率表及功率因数表，具体使用参见 2.2 节。

21——电子实验台基础电路挂箱，可做基尔霍夫定律与电位研究、电源外特性与叠加定理、戴维宁定理与诺顿定理、一阶二阶电路、双口网络测试、RLC 串联谐振电路等实验项目。

22——元件箱，可提供实验所需的电阻、电容、电感、电位器、十进制可变电阻等实验器件。

2. 使用方法

（1）启动实验台。

① 将实验台左后侧的电源线接通三相四芯 380 V 交流电。本装置适用于三相四线制和三相五线制电源。

② 将电压指示切换开关"4"置于"三相电网输入"侧，开启钥匙式开关"1"，然后按下启动按钮"2"（绿色），这时三只三相电源输出指示电压表"12"指示电源电压；面板上与 U1、V1 和 W1 相对应的黄、绿、红三个 LED 指示灯亮；实验屏上的直流电流源、直流稳压电压源、智能数字信号发生器、智能交流数字电压表、交流数字电流表、交流数字毫伏表、数字直流电压表、数字直流毫安表及功率表也都已经供电。至此，实验台启动完毕。此时，实验屏左侧面三相四芯 380 V 电源插座、单相三芯 220 V 电源插座和右侧面的单相三芯 220 V 电源插座均有相应的交流电压输出。

（2）三相可调交流电源输出电压的调节。将实验屏左侧面的三相自耦调压器的手柄按逆时针方向旋转至零位。将电压指示切换开关"4"置于"三相调压输出"侧，三只电压表指针回到零位。按顺时针方向缓缓旋转三相自耦调压器的旋转手柄，三只电压表的指针将随之偏转，即指示出屏上三相可调电压输出端 U、V、W 两两之间的线电压之值，直至调节到所需的电压值。实验完毕，将旋柄调回零位，并将"电压指示切换"开关拨至"三相电网输入"侧。

（3）实验内容操作。电源启动后,根据电工实验指导书的内容,选择不同的模块——基尔霍夫定律与电位研究;电源外特性与叠加定理;戴维宁定理与诺顿定理;一阶、二阶电路;双口网络测试;交流电路阻抗测量;日光灯电路和功率因数提高;三相电路功率的测量;感应耦合电路的研究;RLC串联谐振电路。连接好线路,完成实验任务。

（4）关闭实验台。实验完毕,按下停止按钮"3"（红色）,关闭钥匙式开关"1"。

3. 实验导线

根据不同实验项目的特点,配备两种不同的实验导线。强电部分采用高可靠护套结构手枪插连接线,不存在任何触电的可能。里面采用无氧铜抽丝而成的头发丝般细的多股线,达到超软目的;外包丁氰聚氯乙烯绝缘层,具有柔软、耐压高、强度大、防硬化、韧性好等优点。插头采用实芯铜质件外套铍青铜弹片,接触安全可靠。弱电部分采用弹性铍青铜裸露结构连接线,两种导线都只能配合相应内孔的插座,不能混插,大大提高了实验的安全及合理性。

4. 安全保护系统

（1）三相四线制（或三相五线制）电源输入后经隔离输出（浮地设计）,总电源由断路器和三相钥匙开关控制。

（2）控制屏电源由交流接触器通过启动、停止按钮进行控制。

（3）控制屏上装有两套电压型漏电保护装置,控制屏内或强电输出若有漏电现象,即告警并切断总电源,确保实验进程的安全。

（4）控制屏上装有一套电流型漏电保护装置,控制屏若有漏电现象,漏电流超过一定值,即切断总电源,确保实验进程的安全。

（5）控制屏上原、副边各设有一套过流保护装置。当交流电源输出有短路或负载电流过大、电流超过设定值时,系统即告警并自动切断电源,以保护实验装置。

（6）各种电源及各种仪表均有一定的保护功能。

2.3.2 TPE-D6 型数字电路实验学习机

TPE-D6 型学习机可完成数字电路课程实验。如图 2.52 所示,此学习机由实验板和机箱组成。使用该学习机只需配备示波器即可完成30多种典型数字电路实验,适用于开设数字电路课程的各类学校。

该学习机的实验板采用独特的两用板工艺,正面贴膜,印有原理图及符号,反面为印制导线,并焊有相应元器件,需要测量的部分备有自锁紧式插接件,使用直观、可靠,维修方便、简捷。

本机突出特点是使用灵活,便于管理与维修,并可随意扩充实验内容。

1. 技术性能

（1）电源:输入 AC 220 V±10% ,输出 DC +5 V/1 A,DC ±15 V/0.5 A。有过载保护及自动恢复功能。

（2）信号源:单脉冲 2 组,连续脉冲,固定可调连续脉冲。

① 单脉冲为消抖动脉冲,可同时输出正负两个脉冲,前后沿≤20 ns,脉冲宽度≤0.2 μs,脉冲幅值为 TTL 电平。

② 连续脉冲:一组为 3 路固定频率方波,频率分别为 1 Hz、1 kHz 和 1 MHz;另一组为100 Hz ~1 MHz连续可调方波,分三挡有开关切换,两组输出均为 TTL 电平。

（3）逻辑电平:独立电平开关8组。独立逻辑电平开关可输出"0"、"1"电平:置于 H 时输

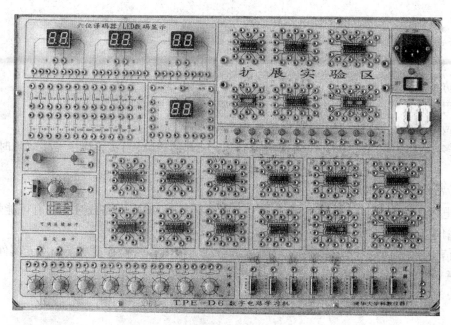

图 2.52　TEP-D6 型数字电路学习机

出为+5 V,置于 L 时输出为 0 V。

（4）十位电平显示:红色发光二极管 10 位电平显示,由红色 LED 及驱动电路组成,当逻辑"1"电平送入时 LED 亮,反之则不亮。

（5）数码显示:共有 8 个数码显示,其中 6 个自带译码器芯片 74LS74,另外两个不带。

① 带译码器的数码显示每组两位,由 7 段 LED 数码管及二–十进制译码器组成。

② 不带译码器的数码显示,每组两位由 7 段 LED 数码管及限流电阻组成。

注意　①使用共阳数码管;②通过改变接线,共阳数码管、共阴数码管均可使用。

（6）元件库:电位器、电阻、电容、晶体管的参数均在面板上标明。

（7）双列直插式集成电路 IC 插座:14 脚 6 组,16 脚 4 组,18 脚 4 组,20 脚 4 组。

（8）面包板:一块面包板的 120 位全部引出,引出端为自锁紧式插接件,以上器件均装配在独立的小板上,可与主板连接。

2. 使用方法

（1）将标有 220 V 的电源线插入电插座,接通开关,面板指示灯亮,表示实验箱电源工作正常。

（2）连接线:本机采用可叠插式专用插接线,连接牢固可靠,且可一点叠插,插入时顺时针向下旋钮即锁紧,拔出时需逆时针向上旋转。

注意　拔出时不要直接拉导线,以免断线。

（3）面板上 IC 插座均未接电源,实验时应插入 IC 的引脚,接好相应电源线才能正常工作。

（4）IC 插入插座前应调整好双列引线间距,仔细对准插座后均匀压入,拔出时需用螺丝刀从两边轻轻翘起,或使用起拔器。

（5）实验前应先阅读指导书,在断开电源开关状态下,按实验线路接好连接线,如果实验中用到可调直流电源,应将该电源调到实验值再接到实验线路中,检查无误后再接入主电源。

（6）实验时若改接线或元器件,应先关掉电源开关,插错或多余的线要拔去,不能一端插在电路上,另一端悬空,防止碰到电路其他部分。

3. 注意事项

（1）维护。

① 防止机箱撞击跌落。

② 用完后拔下电源插头并盖好机箱,防止灰尘、杂物进入机箱。

③ 做完实验后要将面板上插件及连线全部整理好。

④ 多次使用后可能发生连线内部接触不良或断开的故障,当实验连接发生故障时应检查连线。

（2）故障排除。

① 电源无输出:实验箱电源初级接有 0.5 A 熔断管,当输出短路或过载时有可能烧断,更换熔断管时必须保证同规格。

② 信号源、电源、线路区部分异常(不能调节或无输出等),检查或更换相应元器件。

注意 打开实验板时必须拔出电源插头。

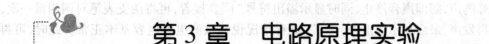

第 3 章　电路原理实验

实验 1　常用电子元器件及电工仪表的使用

一、实验目的

(1) 了解常用电子元器件的一般知识。

(2) 了解直流电源、测量仪表以及数字万用表的使用方法。

(3) 学会使用数字万用表测量电阻、电容的方法。

(4) 掌握测量电压和电流的方法。

(5) 了解测量仪表量程、分辨率、准确度对测量结果的影响。

二、实验原理及说明

1. 电路基本元器件及仪表的一般知识

有关电阻、电容的知识请参考第 2 章第 2.1.1 和 2.1.2 节,有关数字万用表、直流电源使用方法请参考第 2 章第 2.2.5 节和 2.2.6 节。

2. 用数字万用表测量电阻的方法

用万用表 Ω 档测量阻值,合格的电阻值应稳定在允许的误差范围内,如超出误差范围或阻值不稳定,则不能选用。

3. 用数字万用表测量电容的方法

电容是一种最为常用的电子元件。电容主要由金属电极、介质层和电极引线组成,两电极是相互绝缘的,因此,它具有“隔直流通交流”的基本性能。用数字万用表检测电容,可按以下方法进行。

(1) 用电容挡直接测量。某些数字万用表具有测量电容的功能,其量程分为 2 000 pF、20 nF、200 nF、2 μF 和 20 μF 五挡。测量时可将已放电的电容两引脚直接插入表板上的 Cx 插孔,选取适当的量程后就可读取显示数据。

(2) 用电阻挡检测。此法适用于未设置电容挡的数字万用表,适用于测量 0.1 μF 至几千 μF 的大容量电容。选择电阻挡量程的原则是:当电容量较小时宜选用高阻挡,而电容量较大时应选用低阻挡。检测时将数字万用表拨至合适的电阻挡,红表笔和黑表笔分别接触被测电容器 C 的两极,这时显示值将从“000”开始逐渐增加,直至显示溢出符号“1”。若始终显示“000”,说明电容内部短路;若始终显示溢出,则可能是电容内部极间开路,也可能是所选择的电阻挡不合适。检查电解电容时需要注意,红表笔(带正电)接电容器正极,黑表笔接电容器负极。

（3）用蜂鸣器挡检测。利用数字万用表的蜂鸣器挡，可快速检查电解电容的质量好坏。将数字万用表拨至蜂鸣器挡，用两支表笔分别与被测电容器 C 的两个引脚接触，应能听到一阵短促的蜂鸣声，随即声音停止，同时显示溢出符号"1"。接着，再将两支表笔对调测量一次，蜂鸣器应再发声，最终显示溢出符号"1"，此种情况说明被测电解电容基本正常。此时，可再拨至 20 MΩ 或200 MΩ高阻挡测量一下电容的漏电阻，即可判断其好坏。测试时，如果蜂鸣器一直发声，说明电解电容内部已经短路；若反复对调表笔测量，蜂鸣器始终不响，仪表总是显示为"1"，则说明被测电容内部断路或容量消失。

三、实验仪器

（1）可调直流稳压电源：0～30 V，二路。

（2）可调直流恒流源：0～200 mA。

（3）直流毫安表。

（4）直流电压表。

（5）数字万用表。

（6）电阻箱：DGJ–05。

（7）电阻：240 Ω、510 Ω、1 000 Ω 各 1 个。

（8）电容。

四、实验预习要求

（1）预习实验室安全用电规则。

（2）预习第 2 章相关内容。

五、实验内容及步骤

（1）仔细阅读实验室各实验装置、仪器仪表的使用手册，分别记录表3.1～3.3 中本次实验所用的数字万用表、直流电源、直流电压表、直流电流表的技术性能。

表 3.1 _____ 型万用表技术性能

测量类别	量程范围	最小分辨率	准确度
直流电流	例：2 mA～20 mA～200 mA～10 A	1 μA	±(1.0% 读数+3 字)
直流电压			
交流电流			
交流电压			
电 阻			
电 容			

表3.2　直流电源技术性能

	输出电压范围	输出电流范围
直流稳压源		
直流稳流源		

表3.3　直流电表技术性能

	输入阻抗	量程范围	测量精度
直流电压表			
直流毫安表			

（2）用数字万用表分别测量电阻、电容。

① 当精密可调电阻的指示值分别为5 Ω、15 Ω、50 Ω、200 Ω、1 500 Ω、9 999 Ω时,将测量数据记入表3.4。

② 测 DGJ-05 实验组件上的电阻值,将测量数据记入表3.5。

③ 测 DGJ-05 实验组件上的电容值,将测量数据记入表3.6。

表3.4　数字万用表测量精密可调电阻

精密可调电阻指示值/Ω	5	15	50	200	1 500	9 999
测量值/量程（　）						

表3.5　数字万用表测量 DGJ-05 电阻

DGJ-05 上的电阻标称值/Ω					
测量值/量程（　）					

表3.6　数字万用表测量 DGJ-05 电容

DGJ-05 上的电容标称值/μF					
测量值/量程（　）					

（3）用数字万用表和直流电压表测量直流电压。按图3.1接线,将直流稳压电源调至 $U_S \approx 15$ V；R_1、R_2 选用精密可调电阻,R_1 为510 Ω,R_2 为1 kΩ。分别用数字万用表和直流电压表测量 U_S、U_1 和 U_2,将测量数据记入表3.7。

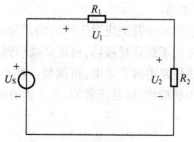

图3.1　测量直流电压电路

表 3.7　测量直流电压

	U_S	U_1	U_2
用数字万用表测量			
用直流电压表测量			

（4）用数字万用表和直流毫安表测量直流电流。按图 3.2 接线，将直流稳流电源调至 $I_S \approx 20$ mA，R_1、R_2 选用精密可调电阻。用数字万用表和直流毫安表分别测量以下两种情况下的 I_S、I_1 和 I_2，将测量数据记入表 3.8。

① $R_1 = 50$ Ω，$R_2 = 240$ Ω。

② $R_1 = 510$ Ω，$R_2 = 1$ Ω。

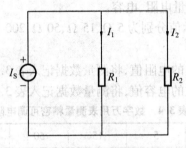

图 3.2　测量直流电流电路

表 3.8　测量直流电流

		I_S/mA	I_1/mA	I_2/mA
用数字万用表测量	$R_1 = 50$ Ω，$R_2 = 240$ Ω			
	$R_1 = 510$ Ω，$R_2 = 1$ kΩ			
用直流毫安表测量	$R_1 = 50$ Ω，$R_2 = 240$ Ω			
	$R_1 = 510$ Ω，$R_2 = 1$ kΩ			

六、注意事项

（1）使用电工仪表时，要注意量程的选择，勿使仪表超量程，仪表的极性也不可接错。

（2）稳压电源输出端切勿短路。

（3）在进行测量时，万用表的转换开关应置于所需的测量功能及量程。若事先无法估计被测量的大小，应将转换开关先置于最高量程挡，再逐渐减小到合适位置。

（4）测量电容时，应用导线短路电容先放电，再测量。在小量程时，由于表笔等分布电容的影响，表笔开路时会有一个小的读数，这是正常的，不会影响测量精度。

七、实验报告要求

（1）根据实验内容完成实验，并将实验数据填入相应的表格中。

（2）分析实验结果，讨论各实验误差产生的原因。

（3）在实验内容（4）中，测量直流电流时，为什么要分两种情况分别测量？会出现什么现象？请说明。

实验2 基尔霍夫定律与电位

一、实验目的

(1) 验证基尔霍夫定律的正确性,加深对基尔霍夫定律的理解。

(2) 学会用电流插头、插座测量各支路电流。

(3) 学会测量电路中各点电位和电压的方法,了解电位与电压的相互关系。

(4) 学会直流稳压电源、直流电流表、直流电压表的使用。

(5) 学习掌握多支路的连接与布局。

(6) 提高分析、检查电路简单故障的能力。

二、实验原理及说明

(1) 基尔霍夫电流定律指出:在集总电路中,任何时刻,对任一节点,所有流出节点的支路电流的代数和恒等于零。所以,对任一节点有 $\Sigma i = 0$。

(2) 基尔霍夫电压定律指出:在集总电路中,任何时刻,沿任一回路,所有支路电压的代数和恒等于零。所以,沿任一回路有 $\Sigma u = 0$。

运用上述定律时必须注意电流的参考方向,此方向可预先任意设定。

(3) 电流与电压的参考方向:参考方向是为了计算电路的方便而人为设定的,在计算结果中若某支路电流或某元件电压为负值,则表明其真实方向与参考方向相反;若为正值,则真实方向与参考方向一致。

(4) 电位与电压:在电路中电位的参考点选择不同,各节点电位也相应改变,而任意的节点间的电位差不变,即电压不变。任意两节点间电压与参考点选择无关。

三、实验仪器

(1) 直流可调稳压电源:0 ~ 30 V,二路。

(2) 直流毫安表。

(3) 直流电压表。

(4) 电阻:240 Ω、300 Ω、510 Ω、1 kΩ 各 1 个。

四、实验预习要求

(1) 根据图3.3的电路,列出节点 A 的电流方程及回路 $ADEFA$、$BADCB$ 和 $FBCEF$ 的电压方程。

(2) 根据图3.3的电路参数,计算出待测的电流和各电阻上的电压值记入表中,以便实验测量时可正确地选定毫安表和电压表的量程。

五、实验内容及步骤

1.验证基尔霍夫定律

(1) 实验线路如图3.3所示。

（2）实验前先任意设定三条支路和三个闭合回路的电流正方向。图 3.3 中的 I_1、I_2、I_3 的方向已设定,三个闭合回路的正方向可设为 *ADEFA*、*BADCB* 和 *FBCEF*。

（3）分别将两路直流稳压电源调至 $U_1 = 8$ V、$U_2 = 16$ V,然后接入电路。

（4）熟悉电流插头的结构,将电流插头的两端接至直流毫安表的"＋"、"－"两端。再将电流插头分别插入三条支路的三个电流插座中,将 I_1、I_2、I_3 测量值记入表 3.9。

（5）用直流电压表分别测量三个闭合回路上的电压值,将测量值记入表 3.10 中。

2. 测量电路中各节点电位

测量电路中各节点电位时,不用改变电路图,分别以 A 点和 B 点作为电位的参考点(零电位),用直流电压表测量 A、B、C、D、E、F 各点的电位,将测量值记入表 3.11。通过计算检验电路中任意两节点间的电压与参考点的选择无关。

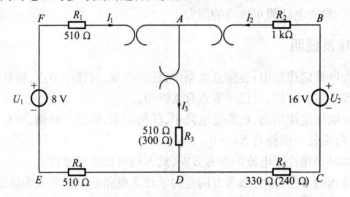

图 3.3　基尔霍夫定律电路

表 3.9　电流实验数据

R_3 支路	I_1/mA	I_2/mA	I_3/mA	ΣI
计算值				
测量值				
相对误差				

表 3.10　电压实验数据

ADEFA 回路	U_{AD}/V	U_{DE}/V	U_{EF}/V	U_{FA}/V	ΣU
计算值					
测量值					
相对误差					
BADCB 回路	U_{BA}/V	U_{AD}/V	U_{DC}/V	U_{CB}/V	ΣU
计算值					
测量值					
相对误差					

续表 3.10

FBCEF 回路	U_{FB}/V	U_{BC}/V	U_{CE}/V	U_{EF}/V	ΣU
计算值					
测量值					
相对误差					

表 3.11 电位实验数据

电位参考点		U_A	U_B	U_C	U_D	U_E	U_F
以 A 点为 零电位 /V	被测量						
	计算值	U_{AB}	U_{BC}	U_{CD}	U_{DE}	U_{EF}	U_{FA}
以 B 点为 零电位 /V	被测量	U_A	U_B	U_C	U_D	U_E	U_F
	计算值	U_{AB}	U_{BC}	U_{CD}	U_{DE}	U_{EF}	U_{FA}

六、实验注意事项

（1）本实验线路板系多个实验通用，DGJ – 03 上的 K_3 应拨向 330 Ω 侧，3 个故障按键均不得按下。

（2）所有需要测量的电压值，均以电压表测量的读数为准。U_1、U_2 也需测量，不应取电源本身的显示值。

（3）防止稳压电源两个输出端碰线短路。

（4）若用指针式电压表或电流表测量电压或电流时，如果仪表指针反偏，则必须调换仪表极性重新测量，此时指针正偏可读得电压或电流值，但读得的值必须加负号。若用数显电压表或电流表测量，则可直接读出电压或电流值。

（5）测量电位时，用负极接参考电位点，正极接被测各点。用指针式的直流电压表或数字直流电压表测量时，若指针正向偏转或数显显示正值，则表明该点电位为正，即高于参考点电位；若指针反向偏转或数显显示负值，此时应调换表的表棒，然后读出数值，此时在电位值之前应加负号，表明该点电位低于参考点电位。数显表也可不调换表棒，直接读出负值。

七、实验报告要求

（1）根据实验原始数据记录，整理实验数据，并按实验要求加以必要处理。

（2）回答思考题

① 用指针式电表测量电路中支路电流、电压或电位时，如何判断测量值的正负号？

② 元件或支路的电压是指元件或支路所联节点间的_____，它是个_____量，与电位参考点选择_____。节点电压_____量，与电位参考点（参考节点）的选择_____。

③ 分别按下 3 个故障按键,根据测量结果判断出故障。写出实验中检查、分析电路故障的方法,总结查找故障的体会。

(3)总结查找故障的体会及产生误差的原因。

实验 3 电源外特性与叠加定理

一、实验目的

(1)掌握电源外特性的测试方法。

(2)验证电压源与电流源等效变换的条件。

(3)验证叠加定理,加深对线性电路的叠加性理解。

(4)进一步掌握直流稳压电源的使用方法,学习直流恒流源的使用。

二、实验原理及说明

(1)理想电压源端电压保持恒定不变,而输出电流的大小取决于外电路。其外特性曲线,即其伏安特性曲线 $U = f(I)$ 是一条平行于 I 轴的直线。

一个直流稳压电源在一定的电流范围内,具有很小的内阻。故在实用中,常将它视为一个理想的电压源。

(2)理想电流源输出电流保持恒定不变,而端电压的大小取决于外电路。其外特性曲线,即其伏安特性曲线 $U = f(I)$ 是一条平行于 U 轴的直线。

一个实用中的直流恒流源在一定的电压范围内,可视为一个理想的电流源。

(3)一个实际的电压源,其端电压不可能不随负载而变,因它具有一定的内阻值。故在实验中,用一个小阻值的电阻与稳压源相串联来模拟一个实际的电压源。

(4)一个实际的电流源,其输出电流不可能不随负载而变,因它具有一定的内阻值。故在实验中,用一个大阻值的电阻与恒流源并联来模拟一个实际的电流源。

(5)一个实际的电源就其外部特性而言,既可以看成是一个电压源,又可以看成是一个电流源。若视为电压源,则可用一个理想的电压源 U_S 与一个电阻 R_0 相串联的组合来表示;若视为电流源,则可用一个理想电流源 I_S 与一电导 G_0 相并联的组合来表示。如果这两种电源能向同样大小的负载提供同样大小的电流和端电压,则称这两个电源是等效的,即具有相同的外特性。一个电压源与一个电流源等效变换的条件为

$$I_S = \frac{U_S}{R_0}, \quad G_0 = \frac{1}{R_0} \tag{3.1}$$

或

$$U_S = I_S R_0, \quad R_0 = \frac{1}{G_0} \tag{3.2}$$

其等效电路如图 3.4 所示。

(6)叠加定理:线性电阻电路中,任一电压或电流都是电路中各个独立电源单独作用时,在该处产生的电压或电流的叠加。

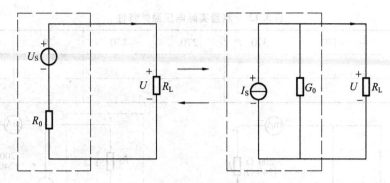

图 3.4　电压源 – 电流源等效电路

三、实验仪器

（1）可调直流稳压电源：0 ~ 30 V。

（2）可调直流恒流源：0 ~ 200 mA。

（3）直流电压表：0 ~ 200 V。

（4）直流毫安表：0 ~ 200 mA。

（5）基尔霍夫定律／叠加原理线路板：DGJ – 03。

（6）电阻器：51 Ω、200 Ω、1 kΩ 各 1 个，DGJ – 05。

（7）可调电阻箱：0 ~ 9 999.9 Ω 1 个，DGJ – 05。

四、实验预习要求

（1）在叠加定理实验中，要令 U_1、U_2 分别单独作用，应如何操作？可否直接将不作用的电源（U_1 或 U_2）短接置零？

（2）复习直流稳压电源使用方法。

五、实验内容及步骤

1. 测量直流稳压电源与实际电压源外特性

（1）测量直流稳压电源外特性（近似理想电压源外特性）。按图 3.5 接线，将直流稳压电源调至 U_S = 6 V。调节 R_L 令其阻值由大至小变化，记录两表的读数，记入表 3.12。

表 3.12　测量直流稳压电源外特性（近似理想电压源外特性）

R_L/Ω	470	370	270	170	70	0
U/V						
I/mA						

（2）测量实际电压源的外特性。按图 3.6 接线，虚线框可模拟为一个实际的电压源。将直流稳压电源调至 U_S = 6 V，调节 R_L 令其阻值由大至小变化，记录两表的读数，记入表 3.13。

表 3. 13　测量实际电压源外特性

R_L/Ω	470	370	270	170	70	0
U/V						
I/mA						

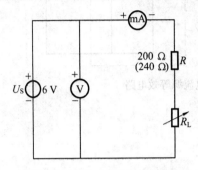

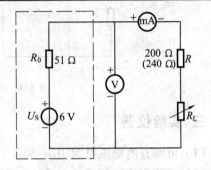

图 3. 5　测量直流稳压电源外特性
（近似理想电压源外特性）

图 3. 6　测量实际电压源外特性

2. 测量直流恒流源外特性与实际电流源外特性

（1）测量直流恒流源外特性（近似理想电流源外特性）。按图 3. 7 接线，将直流恒流源调为 $I_S = 10$ mA，调节 R_L 令其阻值由小至大变化，测出电压表和电流表的读数记入表 3. 14。

表 3. 14　测量直流恒流源外特性（近似理想电流源外特性）

R_L/Ω	0	70	170	270	370	470
U/V						
I/mA						

（2）测量实际电流源的外特性。按图 3. 8 接线，虚线框可模拟为一个实际的电流源。调节 R_L，令其阻值由大至小变化，记录两表的读数记入表 3. 15。

表 3. 15　测量实际电流源的外特性

R_L/Ω	0	70	170	270	370	470
U/V						
I/mA						

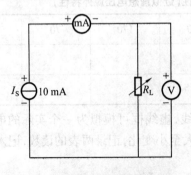

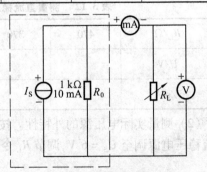

图 3. 7　测量直流恒流源外特性
（近似理想电流源外特性）

图 3. 8　测量实际电流源外特性

3. 测量电源等效变换的条件

按图 3.9(a) 线路接线,将直流稳压电源调至 $U_S = 6$ V,记录线路中两表的读数。然后利用图 3.9(a) 中右侧的元件和仪表,按图 3.9(b) 接线。调节恒流源的输出电流 I_S,使两表的读数与图 3.9(a) 的数值相等,记录 I_S 的值,验证等效变换条件的正确性。

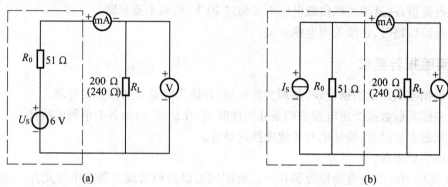

| (a) | (b) |

图 3.9 测量电压源 – 电流源等效变换电路

4. 验证叠加定理

按图 3.10 接线。

(1) 将两路稳压源的输出分别调节为 15 V 和 8 V,接入 U_1 和 U_2 处。

(2) 令 U_1 电源单独作用(将开关 K_1 拨向 U_1 侧,开关 K_2 拨向短路侧)。用直流毫安表和直流电压表测量 AD 支路的电流及 AD 支路电阻两端的电压,将测量数据记入表 3.16。

(3) 令 U_2 电源单独作用(将开关 K_1 拨向短路侧,开关 K_2 拨向 U_2 侧),重复上述的测量,将测量数据记入表 3.16。

(4) 令 U_1 和 U_2 共同作用(开关 K_1 和 K_2 分别拨向 U_1 和 U_2 侧)。重复上述的测量,将测量数据记入表 3.16。

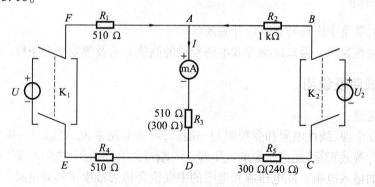

图 3.10 叠加定理电路

表 3.16 叠加定理数据

测量项目	U_1 电源单独作用	U_2 电源单独作用	U_1 和 U_2 共同作用
I/mA			
U_{AD}/V			

六、实验注意事项

（1）直流仪表的接入应注意极性与量程。

（2）在测电压源外特性时，不要忘记测空载时的电压值；测电流源外特性时，不要忘记测短路时的电流值；注意恒流源负载电压不要超过 20 V，负载不要开路。

（3）换接线路时，必须关闭电源开关。

七、实验报告要求

（1）根据实验原始数据记录，整理实验数据，并按实验要求加以必要处理。

（2）根据实验数据绘出电源的四条外特性曲线，并总结、归纳各类电源的特性。

（3）根据实验结果，验证电源等效变换的条件。

（4）回答思考题。

① 直流稳压电源与直流稳流源在一定范围内可以近似看成是理想电源元件。用其组合成实际电源模型测量外特性时，直流稳压源应_____联一个_____电阻，直流稳流源应_____联一个_____电阻。

② 验证叠加定理时，实验电路中选用的元件必须是_____。若含受控源，则受控源也应是_____。

③ 实验电路中，若有一个电阻器改为二极管，试问叠加原理的叠加性还成立吗？为什么？

实验4　戴维宁定理与诺顿定理

一、实验目的

（1）加深对戴维宁定理与诺顿定理的理解。

（2）学习线性含源一端口网络等效电路参数的测量方法及等效变换条件。

二、原理说明及说明

1. 戴维宁定理

一个含独立电源、线性电阻和受控源的一端口，对外电路来说，可以用一个电压源与一个电阻的串联组合等效置换，此电压源的电压等于一端口的开路电压，电阻等于一端口的全部独立电源置零后的输入电阻。此电压源和电阻的串联组合称为戴维宁等效电路。

2. 诺顿定理

一个含独立电源、线性电阻和受控源的一端口，对外电路来说，可以用一个电流源和电导的并联组合等效变换，电流源的电流等于该一端口的短路电流，电导等于把该一端口的全部独立电源置零后的输入电导。此电流源和并联电导组合的电路称为诺顿等效电路。

3. 含源一端口网络等效参数的测量方法

含源一端口网络等效参数有 U_{OC}、R_0、I_{SC}。其测量方法很多，如：开路电压短路电流法、伏安法、半电压法、零示法等，其中最简单又方便的是开路电压短路电流法。

（1）开路电压短路电流法。在含源一端口网络输出端开路时,用电压表直接测量其输出端的开路电压 U_{OC},然后再将其输出端短路,用电流表测其短路电流 I_{SC},则等效内阻为

$$R_0 = \frac{U_{OC}}{I_{SC}} \tag{3.3}$$

若含源一端口网络的内阻很小,则不宜用此法,易损坏其内部元件。

（2）伏安法。用电压表、电流表测出含源一端口网络的外特性曲线,如图 3.11 所示。根据外特性曲线求出斜率 $\tan \varphi$,则

$$R_0 = \tan \varphi = \frac{\Delta U}{\Delta I} = \frac{U_{OC}}{I_{SC}} \tag{3.4}$$

若含源一端口网络的内阻很小时,则不宜测其短路电流,可以先测量开路电压 U_{OC},再测量电流为额定值 I_N 时的输出端电压值 U_N,则内阻为

$$R_0 = \frac{U_{OC} - U_N}{I_N} \tag{3.5}$$

（3）半电压法。当负载电压为被测网络开路电压的一半时,负载电阻（由电阻箱的读数确定）即为被测含源一端口网络的等效内阻值。电路如图 3.12 所示。

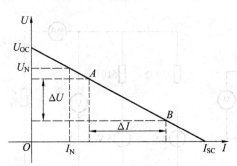

图 3.11　含源一端口网络的外特性曲线

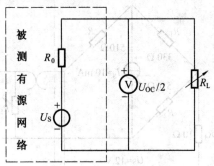

图 3.12　半电压法测量电路

（4）零示法。在测量具有高内阻含源一端口网络的开路电压时,用电压表直接测量会造成较大的误差。为了消除电压表内阻的影响,往往采用零示测量法,如图 3.13 所示。其方法是用一低内阻的稳压电源与被测含源一端口网络进行比较,当稳压电源的输出电压与含源一端口网络的开路电压相等时,电压表的读数将为"0"。然后将电路断开,测量此时稳压电源的输出电压,即为被测含源一端口网络的开路电压。

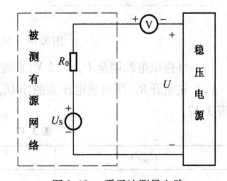

图 3.13　零示法测量电路

三、实验仪器

（1）可调直流稳压电源:0 ~ 30 V。

（2）可调直流恒流源:0 ~ 500 mA。

（3）直流电压表:0 ~ 200 V。

（4）直流毫安表:0 ~ 200 mA。

（5）滑线变阻器：200 Ω/2 A。

（6）可调电阻箱：0 ～ 99 999.9 Ω，DGJ – 05。

（7）电阻：300 Ω、510 Ω 各 1 个。

（8）戴维宁定理／诺顿定理线路板：DGJ – 03。

四、实验预习要求

复习戴维宁定理和诺顿定理，按图 3.14 预先用戴维宁定理和诺顿定理计算出等效电路的开路电压 U_{OC}、短路电流 I_{SC} 和等效电阻 R_0。

五、实验内容及步骤

1. 用开路电压、短络电流法测定戴维宁等效电路

用开路电压、短络电流法测定戴维宁等效电路的 U_{OC}、R_0 和诺顿等效电路的 R_0、I_{SC} 并测量此含源一端口网络的外特性曲线。实验线路采用 DGJ – 03 挂箱的"戴维宁定理／诺顿定理"线路，如图 3.14(a) 所示，或用如图 3.14(b) 所示线路。

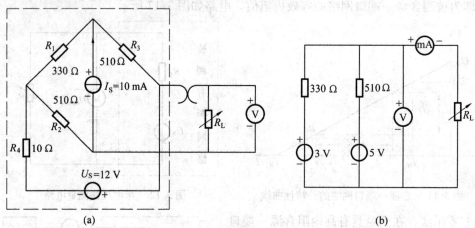

图 3.14   被测含源一端口网络电路

（1）将稳压电源调至 $U_S = 12$ V，直流恒流源调至 $I_S = 10$ mA，并接入线路中。

（2）先断开 R_L，用直流电压表测出 U_{OC}；再短接 R_L，用直流毫安表测出 I_{SC}，并计算出 R_0，记入表 3.17。

表 3.17   开路电压短路电流法

U_{OC}/V	I_{SC}/mA	$R_0 = U_{OC}/I_{SC}$

（3）接入 R_L 改变其阻值，测量含源一端口网络的外特性曲线，将测量值记入表 3.18。

表 3.18   含源一端口网络的外特性曲线

R_L/Ω	0	51	200	1 k	6.2 k	10 k
U/V						
I/mA						

2. 验证戴维宁定理

将电阻箱调到步骤"1"所得的 R_0 值,将直流稳压电源调到步骤"1"时所测得的开路电压 U_{OC} 值,按图3.15所示接线。改变 R_L 阻值测其外特性,对戴氏定理进行验证,将测量数据记入表3.19。

表3.19　验证戴维宁定理

R_L/Ω	0	51	200	1 k	6.2 k	10 k
U/V						
I/mA						

3. 验证诺顿定理

将电阻箱调到步骤"1"所得的 R_0 之值,将直流恒流源调到步骤"1"时所测得的短路电流 I_{SC} 之值,按图3.16所示接线。改变 R_L 阻值测其外特性,对诺顿定理进行验证,将测量数据记入表3.20。

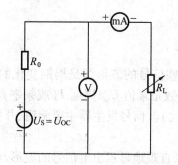

图3.15　验证戴维宁定理电路　　　　图3.16　验证诺顿定理电路

表3.20　验证诺顿定理

R_L/Ω	0	51	200	1 k	6.2 k	10 k
U/V						
I/mA						

4. 选做内容

(1) 用半电压法测 R_0,按图3.12接线。数据表格自拟。

(2) 用零示法测 U_{OC},按图3.13接线。数据表格自拟。

六、实验注意事项

(1) 调节直流稳压电源时,应并联一块电压表,并以电压表读数为准。

(2) 调节直流恒流源时,输出端不能开路,应将输出端短接。

(3) 测量时应注意电流表量程的更换。

(4) 用万用表直接测 R_0 时,网络内的独立源必须先置零,以免损坏万用表。

(5) 用零示法测量 U_{OC} 时,应先将稳压电源的输出调至接近于 U_{OC},再按图3.13所示测量。

(6) 改接线路时,要关掉电源。

七、实验报告要求

（1）根据实验原始数据记录，整理实验数据，并按实验要求加以必要处理。

（2）影响 U_{OC} 和 I_{SC} 测量精度的因素有哪些？根据实验室使用的测试仪表（电流表、电压表），找出最简单适用的提高测量精度的方法。

实验5　典型电信号的观察与测量

一、实验目的

（1）熟悉信号发生器的主要旋钮、开关的作用，初步掌握信号发生器的使用方法。

（2）熟悉示波器的主要旋钮、开关的作用，初步掌握用示波器观察电信号波形，定量测出正弦信号和脉冲信号的波形参数。

（3）掌握交流毫伏表的使用方法。

二、实验原理及说明

（1）信号发生器是提供各种激励波形的信号源。这些信号的波形都是周期变化的，波形参数是幅值 U_m 和周期 T（或频率 f）。正弦信号的波形参数是幅值 U_m、周期 T（或频率 f）和初相；脉冲信号的波形参数是幅值 U_m、周期 T 及脉宽（占空比）。信号发生器主要旋钮、开关的作用请参阅第 2 章 2.2.4 节。

（2）示波器是现代测量中一种最常用的仪器，它可以直观地显示出电信号的波形，可测量其幅度、周期、频率、脉宽及两同频率信号的相位关系。而双踪示波器可以同时观察和测量两个信号波形和参数。示波器主要旋钮、开关的作用请参阅第 2 章 2.2.5 节。

三、实验仪器

（1）双踪示波器。

（2）函数信号发生器。

（3）交流毫伏表：0 ~ 600 V。

四、实验预习要求

（1）查阅相关资料，掌握示波器、信号发生器的基本原理与操作。

（2）参阅第 2 章 2.2.4 节、2.2.5 节，了解示波器、信号发生器面板上各旋钮的作用和调节方法。

五、实验内容及步骤

1. 双踪示波器的自检

将示波器探极接至双踪示波器的 Y 轴输入插口 CH_1（或 CH_2），然后打开电源开关，指示灯亮。调节示波器面板上的"辉度"、"聚焦"、"X 轴位移"、"Y 轴位移"等旋钮，使在荧光屏的中心部分显示出线条细而清晰、亮度适中的直线；然后把探极接至示波器面板部分的"探极校准信号"插口,通过调节幅度开关"V/DIV"和扫描速度开关"T/DIV",并将它们的微调旋钮旋至"校准"位置,从而在荧光屏上读出该"探极校准信号"的幅值与频率,并与标称值作比较,如相差较大,则需校准。

2. 正弦波信号的观测

正弦交流电压的测量:$U_{P-P} = V/DIV \times H$

H:波形在垂直方向的高度 H/DIV

正弦信号周期的测量:$T = T/DIV \times D$

D:波形在水平方向一个周期之间的距离 D/div

(1) 接通信号发生器的电源,选择正弦波输出,同时接通示波器的电源。

(2) 将信号发生器输出的正弦波信号,通过信号线和探极线接入示波器的 CH_1(或 CH_2)端。

(3) 将示波器的"V/DIV"和"T/DIV"微调旋钮旋至"校准"位置。

(4) 调节信号发生器相应旋钮,使信号发生器输出频率和幅值分别为:50 Hz,0.5 V、1 500 Hz,1 V 和 20 kHz,3 V(频率由频率计读出,幅值由交流毫伏表读得)。调节示波器"V/DIV"旋钮和"T/DIV"旋钮至合适的位置,从荧光屏上读得幅值及周期,记入表 3.21。

表 3.21　正弦波信号的测量

正弦波信号频率、幅值的测定			
示波器所测项目	500 Hz、0.5 V	1 500 Hz、1 V	20 kHz、3 V
示波器"T/DIV"旋钮位置			
一个周期占有的格数			
信号周期			
计算所得频率(Hz)			
示波器"V/DIV"位置			
峰－峰值波形格数			
峰－峰值			
计算所得有效值 /V			

3. 方波脉冲信号的观察与测量

(1) 将信号发生器的输出类型选择为方波信号,并将信号线换接在脉冲信号的输出插口上。

(2) 调节信号发生器相应旋钮,使信号发生器输出频率和幅值分别为 100 Hz,2 V、2 kHz,3 V 和 30 kHz,3 V(频率由频率计读出,幅值由交流毫伏表读得)。调节示波器"V/DIV"旋钮和"T/DIV"旋钮至合适的位置,从荧光屏上读得幅值及周期,记入表 3.22。

(3) 使信号频率保持在 3 kHz,选择不同的幅度及脉宽,观测波形参数的变化。(自拟表格)

表 3.22　方波信号的测量

正弦波信号频率、幅值的测定			
示波器所测项目	500 Hz、0.8 V	1 500 Hz、1 V	20 kHz、1.6 V
示波器"T/DIV"旋钮位置			
一个周期占有的格数			
信号周期			
脉宽			
计算所得频率/Hz			
示波器"V/DIV"位置			
峰－峰值波形格数			
峰－峰值			

六、实验注意事项

（1）调节仪器旋钮时，动作不要过快、过猛，示波器的辉度不要过亮。

（2）调节示波器时，要注意触发开关和电平调节旋钮的配合使用，以使显示的波形稳定。

（3）作定量测定时，"T/DIV"和"V/DIV"的微调旋钮应旋至"校准"位置，并且示波器是经过校准的。

（4）为防止外界干扰，信号发生器的接地端与示波器的接地端要相连（称共地）。

七、实验报告要求

（1）示波器面板上"T/DIV"和"V/DIV"的含义是什么？

（2）若示波器屏幕上的信号波形偏向右上方，应调节哪些旋钮才能使波形位于屏幕中央？

（3）若屏幕显示波形幅度过小，波形过宽，应怎样调节才能使波形幅度和宽度适中？

（4）应用双踪示波器观察到如图 3.17 所示的两个波形，CH$_1$ 和 CH$_2$ 轴的"V/DIV"的指示均为 0.5 V，"T/DIV"指示为 20 μs，试写出这两个波形信号的波形参数。

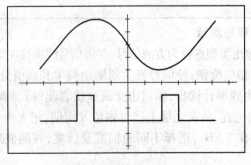

图 3.17

实验 6　RC 电路的响应

一、实验目的

（1）测定 RC 一阶电路的零输入响应、零状态响应及完全响应。

（2）观测电路参数对 RC 电路的影响。

（3）掌握有关微分电路和积分电路的概念，了解微分电路和积分电路的实际应用。

（4）学习用示波器测定时间常数。

（5）进一步学习示波器及信号发生器的使用。

二、实验原理及说明

1. 电路的过渡过程

在含有储能元件（电感或电容）的电路中，当电路的结构或元件的参数发生变化时（例如电路中电源或无源元件的断开或接入，信号的突然注入等），可能使电路改变原来的工作状态，转变到另一个工作状态，这种转变往往需要经历一个过程，在工程上称为过渡过程。

只含有一个独立储能元件的电路，称为一阶电路。描述一阶电路响应和激励关系的电路方程是一阶微分方程。

零输入响应：指动态电路在没有外施激励时，由电路中动态元件的初始储能引起的响应。

零状态响应：指电路在零初始状态下，动态元件初始储能为零，由外施激励引起的响应。

全响应：当一个非零初始状态的一阶电路受到激励时，电路的响应称为全响应。全响应是零输入响应和零状态响应的叠加。

由于电路的过渡过程是十分短暂的单次变化过程，要用普通示波器观察过渡过程和测量有关的参数，就必须使这种单次变化的过程重复出现。为此，我们常利用信号发生器输出的方波来模拟阶跃激励信号，即利用方波输出的上升沿作为零状态响应的正阶跃激励信号；利用方波的下降沿作为零输入响应的负阶跃激励信号。只要选择方波的重复周期远大于电路的时间常数 τ，那么电路在这样的方波序列脉冲信号的激励下，它的响应就和直流电接通与断开的过渡过程是基本相同的。

在阶跃信号下，RC 一阶电路的零输入响应和零状态响应分别按指数规律衰减和增长，其变化的快慢决定于电路的时间常数 τ。

2. RC 电路的应用

积分电路和微分电路是 RC 一阶电路中较典型的应用电路，它对电路时间常数 τ 和输入信号的周期 T 有着特定的要求。

（1）RC 积分电路。RC 串联电路，由 C 端作为响应输出，在方波序列脉冲的重复激励下，当电路参数的选择满足 $\tau = RC \gg T/2$ 时，此时电路的输出信号电压与输入信号电压的积分成正比，输出端得到近似三角波的电压，这种电路称为积分电路。常用这种积分电路把方波变换成三角波，如图3.18 所示。

（2）RC 微分电路。RC 串联电路，由 R 端作为响应输出，在方波序列脉冲的重复激励下，当电路参数满足 $\tau = RC \ll T/2$ 时，此时电路的输出信号电压与输入信号电压的微分成正比，输

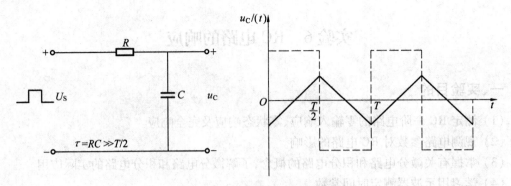

图 3.18　RC 积分电路及其响应波形

出端得到正负交变的尖脉冲,这种电路称为微分电路。常用这种微分电路把方波变换成尖脉冲,如图 3.19 所示。

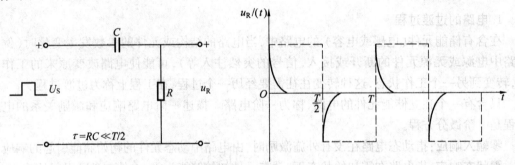

图 3.19　RC 微分电路及其响应波形

从输出波形来看,RC 积分电路、微分电路均起着波形变换的作用,请在实验过程中仔细观察与记录。

3.时间常数 τ 的测量

根据一阶微分方程的求解得知

$$u_C = U_S e^{-\frac{t}{RC}} = U_S e^{-\frac{t}{\tau}} \tag{3.6}$$

当 $t = \tau$ 时,$u_C = 0.368 U_S$,此时所对应的时间就等于 τ,其零输入响应的波形如图 3.20 所示。

亦可用零状态响应波形增加到 $u_C = 0.632 U_S$ 所对应的时间测得,其零状态响应的波形如图 3.21 所示。

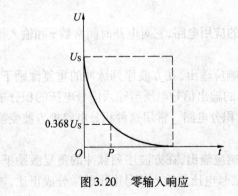

图 3.20　零输入响应

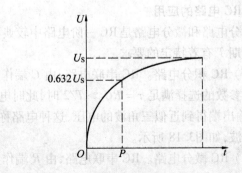

图 3.21　零状态响应

$$\tau = OP \times \text{T/DIV} \tag{3.7}$$

三、实验仪器

（1）函数信号发生器。

（2）双踪示波器。

（3）动态电路实验板：DGJ – 03。

（4）电阻箱。

（5）电容 0.1 μF。

四、实验预习要求

根据实验中使用的方波脉冲（1 kHz，3 V）及实验中所用的 R、C 值，预先计算出方波脉冲的宽度 $T/2$ 及时间常数 τ。

五、实验内容及步骤

实验线路采用如图 3.22 所示的 DGJ – 03 挂箱"一阶、二阶动态电路"或如图 3.23 所示的 RC 电路。

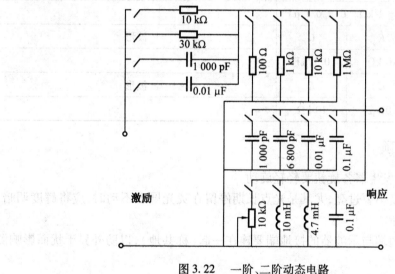

图 3.22　一阶、二阶动态电路

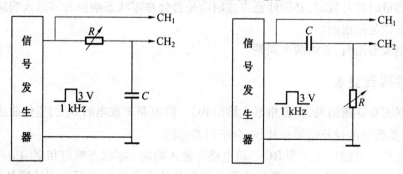

图 3.23　RC 电路

1. 观测 RC 电路的零状态响应和零输入响应

选择 R、C 元件参数,组成如图 3.18 所示的 RC 充放电电路,让信号发生器输出 $U_m = 3\ V$、$f = 1\ kHz$ 的方波信号,并通过两根示波器探极,将激励源 $U_i = U_m$ 和响应 U_C 的信号分别连至示波器的两个通道 CH_1 和 CH_2,这时可在示波器的屏幕上观察到激励与响应的变化规律,用 U_C 的波形求测时间常数 τ,并用方格纸按 1:1 的比例描绘激励与响应波形,记入表 3.23。

2. 观测 RC 积分电路的响应

选择 R、C 元件参数,组成如图 3.18 所示的积分电路,使之满足积分电路的条件 $\tau = RC \gg T/2$,在同样的方波激励信号($U_m = 3\ V$,$f = 1\ kHz$)作用下,观测并描绘激励与响应的波形。

3. 观测 RC 微分电路的响应

选择 R、C 元件参数,组成如图 3.19 所示的微分电路,使之满足积分电路的条件 $\tau = RC \ll T/2$,在同样的方波激励信号($U_m = 3\ V$,$f = 1\ kHz$)作用下,观测并描绘激励与响应的波形。

表 3.23　RC 电路

电路形式	RC		计算值 τ/ms	测量值 τ/ms	波形
RC 过渡过程	$R = 10\ k\Omega$　$C = 6\ 800\ pF$				
	$R = 10\ k\Omega$　$C = 0.01\ \mu F$				
	$R = 1\ k\Omega$　$C = 0.1\ \mu F$				
积分电路	R	C			波形
	10 kΩ	0.1 μF			
微分电路	C	R			波形
	0.01 μF	10 kΩ			

六、实验注意事项

(1)示波器、信号发生器各旋钮要轻轻旋动。

(2)示波器的辉度不要过亮,尤其是光点长期停留在荧光屏上不动时,应将辉度调暗,以延长示波管的使用寿命。

(3)信号源的接地端与示波器的接地端要连在一起(称共地),以防外界干扰而影响测量的准确性。

(4)在测量时间常数时,必须注意方波响应是否处在零状态响应和零输入响应状态,否则测得的时间常数是错误的。

(5)绘制波形图时,要画两个周期。

七、实验报告要求

(1)根据实验观测结果,在方格纸上绘出 RC 一阶电路充放电时 U_C 的变化曲线,由曲线测得 τ 值,并与参数值的计算结果作比较,分析误差原因。

(2)什么样的电信号可作为 RC 一阶电路零输入响应、零状态响应和全响应的激励源?

(3)何谓积分电路和微分电路?它们必须具备什么条件?它们在方波序列脉冲的激励下,其输出信号波形的变化规律如何?这两种电路有何功用?

实验 7　交流电路阻抗测量

一、实验目的

（1）学会用交流电压表、交流电流表和功率表测量元件的交流等效参数方法。
（2）学习使用功率表和自耦调压器。
（3）验证用串、并电容法判别负载性质的正确性。

二、实验原理及说明

1. 三表法

对于交流电路中的元件阻抗值，可以用三表法来测量。所谓三表法就是在被测元件两端加入正弦交流电压，用交流电压表、交流电流表及功率表分别测出元件两端的电压 U、流过该元件的电流 I 和它所消耗的有功功率 P，并根据电源角频率 ω，然后通过计算公式间接求得阻抗参数。这种测量方法称为三表法，它是测量交流阻抗参数的基本方法。计算的基本公式为

阻抗模 $$|Z| = \frac{U}{I} \tag{3.8}$$

电路的功率因数 $$\cos \varphi = \frac{P}{UI} \tag{3.9}$$

等效电阻 $$R = \frac{P}{I^2} = |Z| \cos \varphi \tag{3.10}$$

等效电抗 $$X = |Z| \sin \varphi \tag{3.11}$$

当 X 求出后，可根据被测元件是感性还是容性进行计算：
若被测电路为感性，则

$$X = X_{\mathrm{L}} = \omega L = 2\pi f L \tag{3.12}$$

若被测电路为容性，则

$$X = X_{\mathrm{C}} = \frac{1}{2\pi f C} \tag{3.13}$$

2. 阻抗性质的判别方法

如果被测对象不是一个单一元件，而是一个无源二端网络，也可以用三表法测出 U、I、P 后，由上述公式计算出 R 和 X，但无法判定出电路的性质（即阻抗性质）。阻抗性质的判别方法有并联电容测定法、串联电容测定法和相位关系测量法。

（1）并联电容测定法。在被测电路元件两端并联电容，若串接在电路中电流表的读数增大，则被测阻抗为容性；若电流表读数减小，则被测阻抗为感性。

图 3.24（a）中，Z 为被测元件，C' 为试验电容。图 3.24（b）是图 3.24（a）的等效电路，图中 G、B 为被测阻抗 Z 的电导和电纳，B' 为并联电容 C' 的电纳。在端电压有效值不变的条件下，按下面两种情况进行分析。

设 $B + B' = B''$，若 B' 增大，B'' 也增大，则电路中电流 I 将单调地上升，故可判断 B 为容性元件。

设 $B + B' = B''$，若 B' 增大，而 B'' 先减小后增大，电流 I 也是先减小后上升，如图 3.25 所示，则可判断 B 为感性元件。

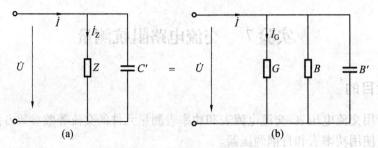

图 3.24　并联电容测量法

由以上分析可见,当 B 为容性元件时,对并联电容 C' 值无特殊要求;而当 B 为感性元件时,$B' < |2B|$ 才有判定为感性的意义。因为 $B' > |2B|$ 时,电流单调上升,与 B 为容性时相同,并不能确定电路是感性的。因此 $B' < |2B|$ 是判断电路性质的可靠条件,由此得判定条件为

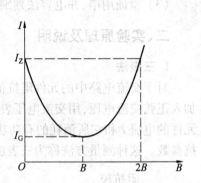

图 3.25　$I - B$ 关系曲线

$$C' < \left| \frac{2B}{\omega} \right| \tag{3.14}$$

(2) 串联电容测定法。与被测元件串联一个适当容量的试验电容,若被测阻抗的端电压下降,则判为容性,若端电压上升,则判为感性。判定条件为

$$\frac{1}{\omega C'} < |2X| \tag{3.15}$$

式中 X 为被测阻抗的电抗值,C' 为串联试验电容值。

(3) 相位关系测量法。利用单相相位表测量电路中电流、电压间的相位关系进行判断,若电流超前于电压,则电路为容性;若电流滞后于电压,则电路为感性。

三、实验仪器

(1) 交流电压表:0 ~ 500 V。

(2) 交流电流表:0 ~ 5 A。

(3) 功率表。

(4) 自耦调压器。

(5) 镇流器(电感线圈):与 30 W 日光灯配用,1 个,DGJ - 04。

(6) 电容:1 μF,4.7 μF/500 V 各 1 个,DGJ - 05。

(7) 白炽灯:15(或 25) W /220 V3 个,DGJ - 04。

(8) 电阻箱。

(9) 电容箱。

(10) 电感箱。

四、实验预习要求

(1) 阅读本实验内容,了解交流电路阻抗的测量方法。

(2) 阅读功率表的工作原理和使用方法。

五、实验内容及步骤

实验线路如图 3.26 所示。

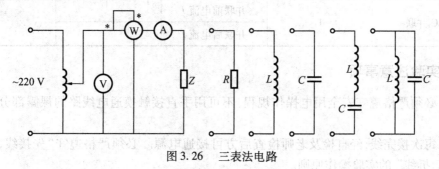

图 3.26　三表法电路

1. 测量单一元件的等效参数

按图 3.26 接线,将电源电压调至 150 V。分别测量电阻 *R*(15 W 白炽灯或电阻箱)、电感 *L*(30 W 日光灯镇流器或电感箱) 和电容 *C*(4.7 μF 电容或电容箱) 的等效参数。测量数据记入表 3.24。

2. 测量 LC 串联与 LC 并联后的等效参数

按图 3.26 接线,将电源电压调至 150 V。分别将元件 *L*、*C* 串联和并联后接入电路,将测量数据记入表 3.24。

表 3.24　测量元件的等效参数

被测阻抗	测量值				计算电路等效参数			
电阻 *R*	*U*/V	*I*/A	*P*/W	cos φ	*Z*/Ω	cos φ	*R*/Ω	*L*/mH	*C*/μF
电感线圈 *L*									
电容器 *C*									
L 与 *C* 串联									
L 与 *C* 并联									

3. 用并联电容的方法来判别 LC 串联和 LC 并联电路的阻抗性质

在 LC 串联和 LC 并联电路中,保持输入电压不变,并联接入不同数值的试验电容,测量电路中总电流的数值,根据电流的变化情况来判别 LC 串联电路和并联后阻抗的性质,将测量数据记入表 3.25。

表 3.25　测量电路的阻抗性质

测量电路	并联电容 *C*/μF	并联电容电路电流 /A		电路性质
LC 串联	2.2	并联前电流 *I*		
		并联后电流 *I*		
	4.7	并联前电流 *I*		
		并联后电流 *I*		

续表 3.25

测量电路	并联电容 $C/\mu F$	并联电容电路电流/A		电路性质
LC 并联	1	并联前电流 I		
		并联后电流 I		

六、实验注意事项

（1）必须严格遵守安全用电操作规程，不可用手直接触摸通电线路的裸露部分，以免触电。

（2）每次接完线，经自检及老师检查后方可接通电源。必须严格遵守"先接线，后通电；先断电，后拆线"的实验操作原则。

（3）自耦调压器在接通电源前，应将其手柄置在零位上，调节时，使其输出电压从零开始逐渐升高。每次改接实验线路或实验完毕，都必须先将其手柄慢慢调回零位，再断电源。

（4）功率表要正确接入电路，并且要有电压表和电流表监测，使两表的读数不超过功率表电压和电流的量限。

七、实验报告要求

（1）根据实验数据，完成各项计算。
（2）实验时误将自耦变压器的输出端接入电源，会产生什么后果？

实验 8　日光灯电路和功率因数提高

一、实验目的

（1）深入理解交流电路中电压、电流的相量关系。
（2）掌握日光灯线路的接线与工作原理，了解各部件的作用。
（3）了解掌握提高功率因数的意义和方法。
（4）验证交流电路的基尔霍夫定律。

二、实验原理及说明

1. 相量形式的基尔霍夫定律适用于正弦交流电路
节点的各支路电流相量和为零，即 $\Sigma \dot{I} = 0$。
闭合回路的各元件两端的电压相量和为零，即 $\Sigma \dot{U} = 0$。

2. 日光灯线路的组成
日光灯线路由日光灯管、镇流器和启辉器组成。

（1）日光灯管。它是一根抽成真空的玻璃管，内壁均匀地涂有一层薄薄的荧光粉，灯管两端各有一个阳极和一根灯丝。灯丝由钨丝制成，其作用是发射电子。阳极是两根镍丝，焊在灯丝上，与灯丝具有相同的电位，其主要作用是当它具有正电位时吸收部分电子，以减少电子对灯丝的撞击。此外，它还具有帮助灯管点燃的作用。灯管内充有惰性气体（如氮气）与水银蒸汽。由于有水银蒸汽,当管内产生辉光放电时会放射紫外线,这些紫外线照射到荧光粉上就会发出可见光。

（2）镇流器。它是绕在硅钢片铁芯上的电感线圈,在电路上与灯管串联。其作用是在日光灯启动时,产生足够的自感电势,使灯管内的气体放电;当日光灯正常工作时,限制灯管电流。不同功率的灯管应配以相应的镇流器。

（3）启辉器。它由一个启辉管和一个小容量的电容组成。管内充有惰性气体（氖气）,并装有两个电极。一个是固定的,另一个是用双金属片制成的倒"U"型可动的。启辉器在电路中起自动开关作用,电容是防止灯管启辉时对无线电干扰。

3. 日光灯工作原理

刚接通电源时,灯管内气体尚未放电,电源电压全部加在启辉器上,使它产生辉光放电并发热,倒"U"形的金属片受热膨胀,由于内层金属的热膨胀系数大,双金属片受热后趋于伸直,使金属片上的触点闭合,将电路接通。电流通过灯管两端的灯丝,灯丝受热后发射电子,而当启辉器的触点闭合后,两电极间的电压降为零,辉光放电停止,双金属片经冷却后恢复原来位置,两触点重新分开。为了避免启辉器断开时产生火花,将触点烧毁,通常在两电极间并联一只极小的电容器。在双金属片冷却后触点断开瞬间,镇流器两端会产生相当高的自感电势,这个自感电势与电源电压一起加到灯管两端,使灯管发生弧光放电,弧光放电所放射的紫外线照射到灯管的荧光粉上,就发出可见光。灯管点亮后,较高的电压降落在镇流器上,灯管电压只有 100 V 左右,这个较低的电压不足以使启辉器放电,因此,它的触点不能闭合。这时,日光灯电路因有镇流器的存在形成一个功率因数很低的感性电路。

日光灯正常工作时,日光灯管相当于纯电阻 R,镇流器是铁心线圈,相当于一个电感线圈元件,日光灯管和镇流器构成一个 RL 串联的感性电路,等效电路如图 3.27 所示。电路中电源电压 U 不等于 U_R 和 U_{rL} 的代数和,而是等于它们的相量和,即 $\dot{U} = \dot{U}_R + \dot{U}_{rL}$。

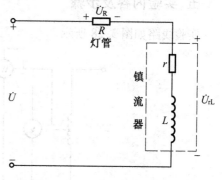

图 3.27　日光灯等效串联电路

4. 提高功率因数的意义

在正弦交流电路中,无源一端口网络吸收的有功功率并不等于 $P = UI$,而是等于 $P = UI\cos\varphi$,其中 $\cos\varphi$ 称为负载的功率因数;φ 是负载电压与电流的相位差,称为功率因数角。功率因数反映负载对电源的利用程度。在电压相同的情况下,线路传输一定的有功功率,如果功率因数 $\cos\varphi$ 越小,则传输的电流就越大,传输线路上的损耗也就越大。负载功率因数过低,一方面不能充分利用电源容量,另一方面又在输电线路中增加了损耗,降低了传输效率。因此在工程上为了减少线路上的损耗,提高设备的利用率,供电部门总是要求用户尽量提高用电设备的功率因数。

负载电压与电流相位差的存在,是因为负载中有电感或电容元件的存在。日常生活中的负载大多是感性负载,例如驱动用的电动机,日光灯中的镇流器等,它们的功率因数一般都较低,因此要提高负载的功率因数。

5.提高功率因数的方法

提高感性负载电路的功率因数,首先应保证原负载能正常工作,所以不能改变原负载的电压、电流和功率。提高负载的功率因数,可以采用在负载两端并联电容器的方法进行补偿(并联电容后,有功功率不改变,因为电容不消耗电能),但补偿电容必须选择合理,不能太大,否则当负载呈现容性时,有可能使功率因数反而降低。

三、实验仪器

(1) 交流电压表:0 ~ 500 V。

(2) 交流电流表:0 ~ 5 A。

(3) 功率表:DGJ – 07。

(4) 自耦调压器。

(5) 镇流器、启辉器:与 30 W 灯管配用,各 1 个,DGJ – 04。

(6) 日光灯管:30 W 1 支。

(7) 电容器:1 μF、2.2 μF、4.7 μF/500 V 各 1 个,DGJ – 04。

四、实验预习要求

(1) 了解日光灯电路的工作原理及镇流器、启辉器的作用。

(2) 了解提高功率因数的意义和方法。

五、实验内容及步骤

实验线路如图 3.28 所示。

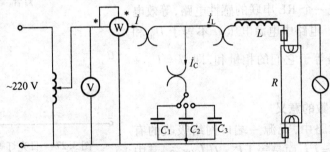

图 3.28   日光灯电路图

(1) 按图 3.28 所示接线,经指导教师检查后接通电源。调节自耦调压器,使其输出电压缓慢增加,直至点亮日光灯后,再将电压升至额定电压 220 V,保持约 10 min,待灯管性能参数渐趋稳定后,开始实验。在未接电容 C 前,测量电路总电压 U、镇流器的端电压 U_L、日光灯的端电压 U_R、负载功率 P、$\cos \varphi$、总电流 I、日光灯支路电流 I_L、电容支路电流 I_C,验证电压、电流相量关系,将测量数据记入表 3.26。

(2) 保持 220 V 电压不变,并联电容 C,改变电容值。观察总电流 I、负载功率 P 的变化。测量并联不同电容时的电路总电压 U、镇流器的端电压 U_L、日光灯的端电压 U_R、负载功率 P、$\cos \varphi$、总电流 I、日光灯支路电流 I_L、电容支路电流 I_C,确定实验最佳补偿电容值,将测量数据记入表 3.26。

表 3.26　日光灯电路的实验数据

电容	测 量 数 值								计 算 值		
$C/\mu F$	U	U_L	U_R	P	$\cos\varphi$	I	I_L	I_C	ΣU	ΣI	$\cos\varphi$
0											
1											
2.2											
3.2											
4.7											
5.7											
6.9											

六、实验注意事项

（1）本实验使用 220 V 的交流电源,故一定要注意安全用电,做到断电接线,断电换线。

（2）灯管一定要与镇流器串联后接到电源上,切勿将灯管直接接到 220 V 电源上。

（3）日光灯启动时,起动电流很大,电流表不能直接连接在电路中,以防止损坏电流表。实验时,用电流插孔替代电流表接入电路;日光灯亮后,再接入电压表与电流表进行测量。

（4）功率表要正确接入电路。要分清功率表的电压线圈和电流线圈。电压线圈要并联在被测电路两端,而电流线圈要接电流插孔。

（5）电工技术实验台控制面板最右侧的旋钮要放于"实验"位置上,切勿放在"照明"位置上,否则会发生事故。

（6）接线正确,日光灯不能启辉时,应检查启辉器及其接触是否良好。

（7）当 $C=0$ 时,只要断开电容的连线即可,千万不要两线连线短路,这样会造成电源短路。

七、实验报告要求

（1）完成数据表格中的计算,进行必要的误差分析。

（2）根据实验数据,分别绘出电压、电流相量图。

（3）并入电容之后日光灯支路的电流、电压、有功功率是否改变? 为什么?

（4）是否并联电容越大,功率因数就越低? 为什么?

实验 9　RLC 串联谐振电路

一、实验目的

（1）观察谐振现象,加深理解电路发生谐振的条件及特点。

（2）学习用实验方法绘制 RLC 串联电路的幅频特性曲线。

（3）掌握电路品质因数的测定方法。

（4）掌握信号发生器、交流毫伏表的使用方法。

二、实验原理及说明

在含有 R、L 和 C 元件的交流电路中，电路端电压与其电流一般是不同相的。若调节电路元件（L 或 C）的参数或电源频率，使电源电压和电流同相，此时整个电路呈电阻性。电路达到这种状态称为谐振。由于是在 RLC 串联电路中发生的，故称为 RLC 串联谐振。谐振现象是正弦交流电路的一种特定现象，它在电子和通信工程中得到广泛应用，但在电力系统中发生谐振有可能破坏系统的正常工作。

1.电路发生谐振的条件

当 $U = U_L$，即 $X_L = X_C$ 时，电路发生谐振，谐振频率为

$$f_0 = \frac{1}{2\pi\sqrt{LC}} \tag{3.16}$$

2.RLC 串联电路谐振时的主要特点

（1）电路发生谐振时，$X_L = X_C$，电路呈纯阻性，电路阻抗为最小值。

（2）电路发生谐振时，在输入电压有效值 U 不变的情况下，电路中的电流 I 和 U_R 为最大值，且同相位。实验时可根据此特点判别串联谐振电路发生谐振与否，即

$$\dot{U}_L + \dot{U}_C = 0 \tag{3.17}$$

（3）电路发生谐振时，电感两端的电压 U_L 与电容两端的电压 U_C 在数值上相等，相位上相反。

3.谐振曲线

在如图 3.29 所示的电路中，当改变正弦交流信号源的频率 f 时，电路中的感抗、容抗、电流随 f 而改变。取电阻 R 上的电压 U_R 作为响应，当输入电压 U 的幅值维持不变时，在不同频率信号激励下，测出 U_R 之值，然后以 f 为横坐标，以 U_R/U 为纵坐标（因 U 不变，故也可直接以 U_R 为纵坐标），绘出光滑的曲线，即为幅频特性曲线，亦称谐振曲线，如图 3.30 所示。

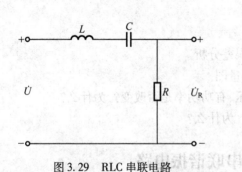

图 3.29　RLC 串联电路

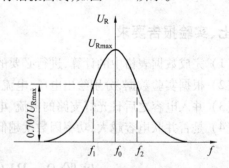

图 3.30　RLC 串联电路幅频特性曲线

4.电路品质因数 Q 值的两种测量方法

（1）根据公式

$$Q = \frac{U_L}{U} = \frac{U_C}{U} \tag{3.18}$$

测定，U_C 与 U_L 分别为谐振时电容 C 和电感线圈 L 上的电压有效值。

（2）通过测量谐振曲线的通频带宽度为

$$\Delta f = f_2 - f_1 \tag{3.19}$$

再根据

$$Q = \frac{f_0}{f_2 - f_1} \tag{3.20}$$

求出 Q 值。

式中: f_0 为谐振频率; f_2 和 f_1 是失谐时,输出电压的幅度下降到最大值的 $1/\sqrt{2}$ ($= 0.707$) 倍时的上、下频率点; $f_2 - f_1$ 称为带宽。

Q 值越大,曲线越尖锐,通频带越窄,电路的选择性越好。在恒压源供电时,电路的品质因数、选择性与通频带只决定于电路本身的参数,而与信号源无关。

三、实验仪器

(1) 双踪示波器。

(2) 函数信号发生器:DGJ – 04。

(3) 交流毫伏表:0 ~ 600 V。

(4) 谐振电路实验电路板:DGJ – 03。

(5) 电阻箱、电感箱、电容箱:各 1 台。

四、实验预习要求

(1) 复习 RLC 串联电路的理论知识。

(2) 掌握串联谐振电路的特点,根据实验线路给出的各元件参数值,算出电路发生谐振时的谐振频率 f_0。

(3) 了解交流毫伏表的使用。

五、实验内容及步骤

实验线路如图 3.31 所示。

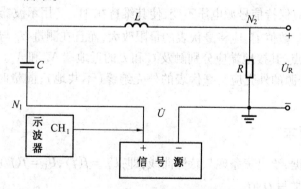

图 3.31　RLC 串联谐振电路

(1) 选用 $C_1 = 0.01 \ \mu F$, $R_1 = 200 \ \Omega$,用示波器监测函数信号发生器输出,令函数信号发生器输出 $U = 3 \ V_{P-P}$ 且保持不变的正弦波。

(2) 找谐振频率 f_0 的方法:将毫伏表接在 $R_1 = 200 \ \Omega$ 两端,令函数信号发生器的频率由小逐渐变大(注意要维持信号源的输出幅度不变),当 U_R 的读数为最大即 U_{Rmax} 时,读得的频率值即为电路的谐振频率 f_0，并用毫伏表测量 U_C 与 U_L 之值（注意及时更换毫伏表的量限）。将测量的 f_0、U_{Rmax}、U_C、U_L 记入表 3.27。

（3）找通频带宽度 $\triangle f = f_2 - f_1$，即在谐振点 f_0 两侧，找出 f_1 和 f_2。将毫伏表接在 $R_1 = 200$ Ω 两端，调信号源频率使频率小于（或大于）f_0，使 $U_R = 0.707 U_{Rmax}$，此时频率即为 f_1（或 f_2）（注意要维持信号源的输出幅度不变）。用毫伏表测量 U_C 与 U_L 之值（注意及时更换毫伏表的量限），将测量的 f_1（或 f_2）、U_R、U_C、U_L 记入表 3.27。

（4）按频率递增或递减 500 Hz 或 1 kHz，依次各取 5 个测量点，逐点测出 U_R、U_L、U_C 之值，记入表 3.27。

表 3.27　串联谐振的实验数据

f/kHz					$f_1 =$	$f_0 =$	$f_2 =$			
U_R/V										
U_L/V										
U_C/V										

$U = 3\ V_{P-P}$　　$C = 0.01\ \mu F$　　$R = 200\ \Omega$　　$f_0 =$　　$f_2 - f_1 =$　　$Q =$

5. 改变电阻值，重复步骤 2、3、4 的测量过程，将数据记入表 3.28。

表 3.28　改变电阻值的串联谐振实验数据

f/kHz					$f_1 =$	$f_0 =$	$f_2 =$			
U_R/V										
U_L/V										
U_C/V										

$U = 3\ V_{P-P}$　　$C = 0.01\ \mu F$　　$R = 1\ k\Omega$　　$f_0 =$　　$f_2 - f_1 =$　　$Q =$

六、实验注意事项

（1）改变频率时应保持信号源电压不变，使其维持在 $3V_{P-P}$（用示波器监视输出幅度）。

（2）测量 U_C 和 U_L 数值前，应将毫伏表的量限改大，而且在测量 U_L 与 U_C 时毫伏表的"+"端应接 C 与 L 的公共点，其接地端应分别触及 C 和 L 的近地端 N_1 和 N_2。

（3）实验中，信号源的外壳应与毫伏表的外壳绝缘（不共地）；测量时应将信号源接地端与毫伏表共地。

七、实验报告要求

（1）根据测量数据，绘出三条幅频特性曲线，即：$U_0 = f(f)$，$U_L = f(f)$，$U_C = f(f)$。

（2）计算出通频带与 Q 值。

（3）对两种不同的测 Q 值的方法进行比较，分析误差原因。

（4）改变电路的哪些参数可以使电路发生谐振？电路中 R 的数值是否影响谐振频率值？

（5）本实验在谐振时，对应的 U_L 与 U_C 是否相等？如有差异，原因何在？

实验 10　互感电路

一、实验目的

（1）掌握互感线圈同名端的判断方法。

（2）学习交流电路中耦合电感线圈的互感系数的测量方法。

（3）理解两个线圈相对位置的改变，以及用不同材料做线圈芯时对互感的影响。

（4）进一步掌握功率表的使用。

二、实验原理及说明

当两个线圈的电流同时由各自的一端流进（或流出）线圈时，两个电流所产生的磁通相互增强，这两个线圈的对应端称为同名端。判别耦合线圈的同名端在理论分析和工程实际中都具有很重要的意义。例如，变压器、电动机的各相绕组，LC 振荡电路中的振荡线圈等都要根据同名端的极性进行连接。在实际中，对于具有耦合关系的线圈，若其绕向和相互位置无法判别时，可以根据同名端的定义，用实验方法加以确定。

1. 互感线圈同名端的判断方法

（1）直流法。如图 3.32 所示，当开关 S 闭合瞬间，若毫安表的指针正偏，则可断定 1、3 为同名端；指针反偏，则 1、4 为同名端。

（2）交流法。如图 3.33 所示，将两个绕组 N_1 和 N_2 的任意两端（如 2、4 端）联在一起，在其中的一个绕组（如 N_1）两端加交流低电压 U_1，另一绕组（如 N_2）开路，用交流电压表分别测出端电压 U_{13}、U_{12} 和 U_{34}。若 $U_{13} = U_{12} - U_{34}$，则 1、3 是同名端；若 $U_{13} = U_{12} + U_{34}$，则 1、4 是同名端。

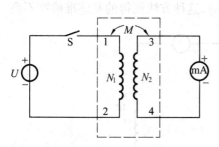

图 3.32　直流法判断同名端电路

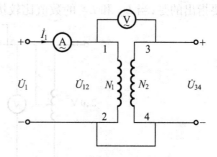

图 3.33　交流法判断同名端电路

2. 两线圈互感系数 M 的测定

（1）互感电势法。在图 3.34 的 N_1 侧施加低压交流电压 U_1，N_2 侧开路，测出 I_1 及 U_2。根据互感电势

$$E_{2M} \approx U_2 = \omega M I_1 \qquad (3.21)$$

可算得互感系数为

$$M = \frac{U_2}{\omega I_1} \qquad (3.22)$$

需要指出的是，为了减少测量误差应尽量选用内阻较大的电压表和内阻较小的电流表。

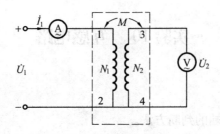

图 3.34 互感电势法测互感 M

（2）等效电感法。电感为 L_1 和 L_2 的两个线圈 N_1 和 N_2：

当其正向串联时，如图 3.35(a) 所示，它的等效电感为

$$L_正 = L_1 + L_2 + 2M \tag{3.23}$$

当其反向串联时，如图 3.35(b) 所示，它的等效电感为

$$L_反 = L_1 + L_2 - 2M \tag{3.24}$$

由正反连接的等效电感，可求得互感系数为

$$M = \frac{L_正 - L_反}{4} \tag{3.25}$$

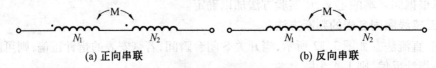

(a) 正向串联   (b) 反向串联

图 3.35 两线圈正向串联和反向串联示意图

依据上述原理，可以采用如图 3.36 所示"三表法"进行测量。经过前后两次测量，根据测量的电压、电流或功率，测出其正向和反向串联时的等效阻抗，再计算出其等效电感，就可求出互感系数 M。

需要指出的是，当 $L_正$ 和 $L_反$ 的数值比较接近时，这种方法测得的互感准确度不高。

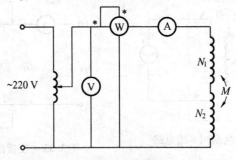

图 3.36 "三表法"测量电路

3.耦合系数 K 的测定

两个互感线圈耦合松紧的程度可用耦合系数 K 来表示

$$K = \frac{M}{\sqrt{L_1 L_2}} \tag{3.26}$$

如图 3.34 所示，先在 N_1 侧加低压交流电压 U_1，N_2 侧开路，测出 I_1；然后再在 N_2 侧加低压交流电压 U_2，N_1 侧开路，测出 I_2，用万用表测出 N_1 和 N_2 的电阻值 R_1 和 R_2；可测出感抗 X_{L1} 和

X_{L2}，再用公式 $L_1 = \dfrac{X_{L1}}{\omega}$ 和 $L_1 = \dfrac{X_{L2}}{\omega}$ 求出各自的自感 L_1 和 L_2，即可算得 K 值。

三、实验仪器

（1）数字直流电压表：0 ～ 200 V。

（2）数字直流电流表：0 ～ 200 mA。

（3）交流电压表：0 ～ 500 V。

（4）交流电流表：0 ～ 5 A。

（5）空心互感线圈：N_1 为大线圈，N_2 为小线圈，1 对，DGJ - 04。

（6）自耦调压器。

（7）直流稳压电源：0 ～ 30 V。

（8）电阻器：30 Ω/2 W 和 510 Ω/2 W 各 1 台，DGJ - 05 电阻箱。

（9）发光二极管：红或绿 1 个，DGJ - 05。

（10）粗、细铁棒、铝棒：各 1 根，DGJ - 04。

（11）变压器：36 V/220 V，DGJ - 04。

四、实验预习要求

（1）熟悉实验任务中的各实验线路。

（2）本实验用直流法判断同名端是用插、拔铁芯时观察电流表的正、负读数变化来确定的，这与实验原理中所叙述的方法是否一致？

五、实验内容

1. 分别用直流法和交流法测定互感线圈的同名端

（1）直流法。实验线路如图 3.37 所示。先将 N_1（大线圈）和 N_2（小线圈）两线圈的 4 个接线端子编以 1、2 和 3、4 号。将 N_1、N_2 同心地套在一起，并放入细铁棒。U 为可调直流稳压电源，调至 8 V，改变电阻箱 R 的阻值（由大到小地调节），使流过 N_1 侧的电流不可超过 0.4 A（选用 5 A 量程的数字电流表）。N_2 侧直接接入 2 mA 量程的毫安表。将铁棒迅速地拔出和插入，观察毫安表读数正、负的变化，来判定 N_1 和 N_2 两个线圈的同名端。若毫安表的指针正偏，则可断定 1、3 为同名端；指针反偏，则 1、4 为同名端。

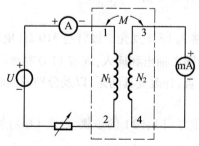

图 3.37　直流法测同名端

（2）交流法。实验线路如图 3.38 所示。先将 N_1 和 N_2 两线圈的四个接线端子编以 1、2 和 3、4 号。将 N_2 放入 N_1 中，并在两线圈中插入铁棒。A 为 2.5 A 以上量程的交流电流表，U 为 0

~30 V 量程的交流电压表。接通电源前,应首先检查自耦调压器是否调至零位,确认后方可接通交流电源,令自耦调压器输出一个很低的电压(约2 V 左右),使流过电流表的电流小于1.5 A。

将两个绕组 N_1 和 N_2 的2、4两端联在一起,在 N_1 绕组两端加交流低电压 $U_1 = 2$ V,N_2 绕组两端开路,如图3.38所示。用交流电压表分别测出端电压 U_{13}、U_{12} 和 U_{34}。若 $U_{13} = U_{12} - U_{34}$,则1、3是同名端;若 $U_{13} = U_{12} + U_{34}$,则1、4是同名端。

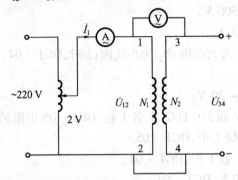

图3.38 交流法测同名端

2.两线圈互感系数 M 的测定

拆除2、4连线,测 I_1、U_2,计算出 M_{13},如图3.39所示。然后将低压交流加在 N_2 侧,测出 I_2、U_1,计算出 M_{31}。比较 M_{13} 和 M_{31} 的大小,并求出算术平均值 M。

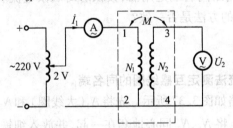

图3.39 互感系数 M 的测定

3.耦合系数 K 的测定

用万用表的 $R \times 1$ 挡分别测出 N_1 和 N_2 线圈的电阻值 R_1 和 R_2,再根据上述测出的 I_1、I_2 值,求出各自的自感 L_1 和 L_2,即可算得 K 值。

4.观察互感现象

如图3.40所示,在 N_1 侧接入 LED 发光二极管与 510 Ω(电阻箱)串联的支路。

(1) 将铁棒慢慢地从两线圈中抽出和插入,观察 LED 亮度的变化。

(2) 将两线圈改为并排放置,并改变其间距,以及分别或同时插入铁棒,观察 LED 亮度的变化。

(3) 改用铝棒替代铁棒,重复(1)、(2)的步骤,观察 LED 的亮度变化,记录现象。

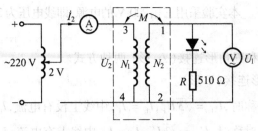

图 3.40　观察互感现象

六、实验注意事项

（1）整个实验过程中,注意流过线圈 N_1 的电流不得超过 1.5 A,流过线圈 N_2 的电流不得超过 1 A。

（2）测定同名端及其他测量数据的实验中,都应将小线圈 N_2 套在大线圈 N_1 中,并插入铁芯。

（3）做交流实验前,首先要检查自耦调压器,要保证手柄置在零位。因实验时加在 N_1 上的电压只有 2 V 左右,因此调节时要特别仔细、小心,要随时观察电流表的读数,不得超过规定值。

七、实验报告要求

（1）总结对互感线圈同名端、互感系数的实验测试方法。

（2）自拟测试数据表格,完成计算任务。

（3）解释实验中观察到的互感现象。

（4）心得体会及其他。

实验 11　三相电路及功率测量

一、实验目的

（1）学会三相负载作星形连接、三角形连接的方法。

（2）掌握三相负载作星形连接、三角形连接时,在对称和不对称情况下线电压与相电压、线电流与相电流之间的关系。

（3）了解三相四线供电系统中,中线的作用。

（4）掌握用一瓦特表法、二瓦特表法测量三相电路有功功率的方法。

（5）进一步熟练掌握功率表的接线和使用方法。

二、实验原理及说明

1. 三相四线制电源

三相四线制电源的线电压 U_L 和相电压 U_P 都是对称的,且 $U_L = \sqrt{3}\,U_P$。

通常三相电源的额定电压值是指其线电压的有效值。如三相 380 V,是指其线电压为

380 V,而相电压为 220 V。本实验采用三相 220 V 的电源,即线电压为 220 V,而相电压为 127 V。

2. 三相负载的连接

有星形连接(Y 形) 和三角形连接(△ 形) 两种方式。

(1) 三相负载的星形连接(Y 形)。

有中线、三相负载对称时,$U_L = \sqrt{3} U_P$,$I_L = I_P$,中线上没有电流,$I_0 = 0$。

有中线、三相负载不对称时,$U_L = \sqrt{3} U_P$,$I_L = I_P$,中线上有电流,$I_0 \neq 0$。

无中线、三相负载对称时,则有 $U_L = \sqrt{3} U_P$,$I_L = I_P$。

无中线、三相负载不对称时,会造成负载相电压不对称,致使负载轻的一相的相电压过高,使负载受到损坏;负载重的一相的相电压又过低,使负载不能正常工作。因此,Y 形连接时,必须采用三相四线制接法,而且中线必须牢固连接,保证三相不对称负载的每相电压保持对称不变。

(2) 三相负载的三角形连接(△ 形)。

三相负载对称时,$I_L = \sqrt{3} I_P$,$U_L = U_P$。

三相不对称负载时,$I_L \neq \sqrt{3} I_P$,$U_L = U_P$。

3. 三相电路功率的测量

(1) 一表法。在三相四线制中,可用一只功率表测量各相的有功功率 P_U、P_V、P_W,则三相负载的总有功功率 $\Sigma P = P_U + P_V + P_W$,这就是一瓦特表法,如图 3.41 所示。若三相负载是对称的,则只需测量一相的功率,再乘以 3 即得三相总的有功功率 $\Sigma P = 3P$。

(2) 二表法。在三相三线制中,不论三相负载对称与否,也不论负载是何种连接,均可以采用二表法测量三相的总功率。二表法就是用两个功率表测量三相功率,如图 3.42 所示。三相负载总有功功率 $\Sigma P = P_1 + P_2$。若负载为感性或容性,且当相位差 $|\varphi| > 60°$ 时,则一只功率表指针将反偏(数字式功率表将出现负读数),这时应将功率表电流线圈的两个端子调换(不能调换电压线圈端子),其读数记为负值。而三相总功率 $\Sigma P = P_1 + P_2$(P_1、P_2 本身不含任何意义)。

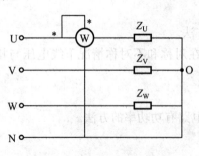

图 3.41　一表法测量电路

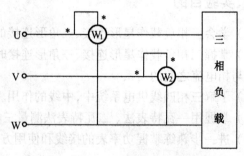

图 3.42　二表法测量电路

三、实验仪器

(1) 交流电压表:0 ~ 500 V,2 台。

(2) 交流电流表:0 ~ 5 A,2 台。

（3）单相功率表:2 台,DGJ – 07。

（4）三相自耦调压器:1 台。

（5）三相灯组负载:220 V、15 W 白炽灯 9 个,DGJ – 04。

四、实验预习要求

（1）复习三相电路的理论知识。

（2）复习功率表的结构和接线原则。

五、实验内容及步骤

1. 三相负载作星形(Y 形) 连接

验证负载作星形(Y 形) 连接时, U_L 与 U_P、I_L 与 I_P 之间的关系。三相灯组负载经三相自耦调压器接通三相对称电源。将三相调压器的旋柄置于输出为 0 V 的位置,合上三相电源开关,调节调压器的输出,使输出的三相线电压为220 V。三相负载由 15 W/220 V 三组灯泡组成(每组三只并联)。负载对称指每相开三只灯,负载不对称指某相关掉一只或两只灯。按图3.43所示接线,观察实验现象,将测量结果记入表3.29。

表 3.29　负载 Y 形连接实验数据

Y 形连接		各相灯数			线电压/V			相电压/V			线电流/A			中性点电流/A	中性点电压/V
		U	V	W	U_{UV}	U_{VW}	U_{WU}	U_{UN}	U_{VN}	U_{WN}	I_U	I_V	I_W	I_O	U_{NO}
有中线	对称	3	3	3											
	不对称	1	2	3											
无中线	对称	3	3	3											
	不对称	1	2	3											

2. 三相负载作三角形(△ 形) 连接

按图 3.44 所示接线,接通三相电源,调节调压器使其输出线电压为 220 V。观察实验现象,将测量结果记入表 3.30。

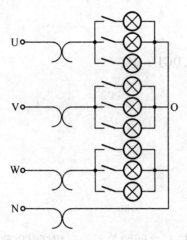
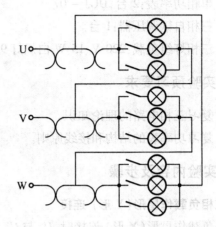

图 3.43 三相负载星形连接电路　　　　图 3.44 三相负载三角形连接电路

表 3.30 负载 △ 形连接实验数据

△ 形 连接	各相灯数			线电流 /A			相电流 /A			线电压 /V		
	U – V 相	V – W 相	W – U 相	I_U	I_V	I_W	I_{UV}	I_{VW}	I_{WU}	U_{UV}	U_{VW}	U_{WU}
对称	3	3	3									
不对称	1	2	3									

3. 用二表法测定三相负载的有功功率

（1）按图 3.45 所示接线,将三相灯组负载接成 Y 形接法。经指导教师检查后,接通三相电源,调节调压器的输出线电压为 220 V,线路中的电流表和电压表用以监视该相的电流和电压,不要超过功率表电压和电流的量程。按表 3.31 的内容进行测量计算。

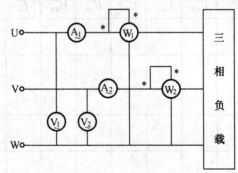

图 3.45 二表法测量有功功率电路

（2）将三相灯组负载改成 △ 形接法,重复(1)的测量步骤,数据记入表 3.31。

表 3.31 二表法测定三相负载的有功功率

负载情况	开灯盏数			测量数据		计算值
	U 相	V 相	W 相	P_1/W	P_2/W	ΣP/W
Y 形连接对称负载	3	3	3			
Y 形连接不对称负载	1	2	3			
△ 形连接对称负载	3	3	3			
△ 形连接不对称负载	1	2	3			

六、实验注意事项

（1）每次实验完毕，均需将三相调压器旋柄调回零位。每次改变接线，均需断开三相电源，以确保人身安全。

（2）在测量不对称负载三线制星形连接电路中，应避免负载长时间过电压，要尽快地测量。

（3）在负载星形四线制或三角形连接电路中，绝对不允许负载短接，否则会烧断熔断器，甚至会烧坏三相电源。

（4）在用二表法测量功率时，两只功率表电压线圈的非 ＊ 端应该共接在没有串接电流线圈的相线上。

七、实验报告要求

（1）完成数据表格中的各项测量和计算任务。

（2）根据实验数据，验证三相对称负载线电压与相电压、线电流与相电流 $\sqrt{3}$ 的关系。

（3）三相星形连接不对称负载在无中线情况下，当某相负载开路或短路时会出现什么情况？如果接上中性线，情况又如何？中性线能否接熔断器？

（4）测量功率时，为什么在线路中通常都接有电流表和电压表？

（5）三相四线制能否用二瓦特表法测有功功率？简要说明原因。

实验 12　二端口网络测试

一、实验目的

（1）加深理解二端口网络的基本理论。

（2）掌握直流二端口网络传输参数的测量技术。

二、实验原理及说明

对于任何一个线性网络，我们所关心的往往只是输入端口和输出端口的电压和电流之间的相互关系，并通过实验测定方法求取一个极其简单的等值双口电路来替代原网络，此即为"黑盒理论"的基本内容。如图 3.46 所示的无源线性二端口网络，又称为四端子网络，其两端口的电压和电流四个变量之间的关系，可以用多种形式的参数方程来表示。

图 3.46　无源线性二端口网络

1. 同时测量法

本实验采用输出口的电压 U_2 和电流 I_2 作为自变量，以输入口的电压 U_1 和电流 I_1 作为应

变量,所得的方程称为二端口网络的传输方程,其传输方程为

$$U_1 = AU_2 + B(-I_2)$$
$$I_1 = CU_2 + D(-I_2)$$

$$(3.27)$$

式中的 A、B、C、D 为二端口网络的传输参数,其值完全决定于网络的拓扑结构及各支路元件的参数值。这 4 个参数表征了该二端口网络的基本特性,它们的含义是

$$A = \frac{U_{10C}}{U_{20C}} \ (令 I_2 = 0,即输出口开路时)$$

$$B = \frac{U_{1SC}}{I_{2SC}} \ (令 U_2 = 0,即输出口短路时)$$

$$C = \frac{I_{10C}}{U_{20C}} \ (令 I_2 = 0,即输出口开路时)$$

$$D = \frac{I_{1SC}}{I_{2SC}} \ (令 U_2 = 0,即输出口短路时)$$

由上可知,只要在网络的输入端加上电压,在两个端口同时测量其电压和电流,即可求出 A、B、C、D 4 个参数,此即为二端口同时测量法。

2. 分别测量法

若要测量一条远距离输电线构成的二端口网络,采用同时测量法就很不方便,这时可采用分别测量法,即先在输入端加电压,而将输出端开路和短路,在输入端测量电压和电流,由传输方程可得

$$R_{10C} = \frac{U_{10C}}{I_{10C}} = \frac{A}{C} \ (令 I_2 = 0,即输出口开路时)$$

$$R_{1SC} = \frac{U_{1SC}}{I_{1SC}} = \frac{B}{D} \ (令 U_2 = 0,即输出口短路时)$$

然后在输出端加电压,而将输入端开路和短路,测量输出端的电压和电流,由传输方程可得

$$R_{20C} = \frac{U_{20C}}{I_{20C}} = \frac{D}{C} (令 I_1 = 0,即输入口开路时)$$

$$R_{2SC} = \frac{U_{2SC}}{I_{2SC}} = \frac{B}{A} \ (令 U_1 = 0,即输入口短路时)$$

其中 R_{10C}、R_{1SC}、R_{20C}、R_{2SC} 分别表示一个端口开路和短路时,另一端口的等效输入电阻,这 4 个参数中只有 3 个是独立的。

因为

$$\frac{R_{10C}}{R_{20C}} = \frac{R_{1SC}}{R_{2SC}} = \frac{A}{D}$$

即

$$AD - BC = 1$$

$$(3.28)$$

至此,可求出 4 个传输参数为

$$A = \sqrt{\frac{R_{10C}}{(R_{20C} - R_{2SC})}}$$

$$B = R_{2SC}A$$

$$C = \frac{A}{R_{10C}}$$ (3.29)

$$D = R_{20C}C$$

3. 级联二端口网络

二端口网络级联后的等效二端口网络的传输参数亦可采用前述的方法之一求得。从理论推得两个二端口网络级联后的传输参数与每一个参加级联的二端口网络的传输参数之间有如下的关系,即

$$A = A_1A_2 + B_1C_2$$
$$B = A_1B_2 + B_1D_2$$
$$C = C_1A_2 - D_1C_2$$
$$D = C_1B_2 + D_1D_2$$ (3.30)

三、实验仪器

(1)可调直流稳压电源:0 ~ 30 V。
(2)直流电压表:0 ~ 200 V。
(3)直流毫安表:0 ~ 200 mA。
(4)双口网络实验电路板:1 块,DGJ - 03。
(5)可变电阻箱:3 台。

四、实验预习要求

(1)掌握各种参数方程以及参数相互转换关系。
(2)熟悉各种参数的物理意义。

五、实验内容及步骤

实验线路如图3.47所示。将直流稳压电源的输出电压调到10 V,作为二端口网络的输入电压。

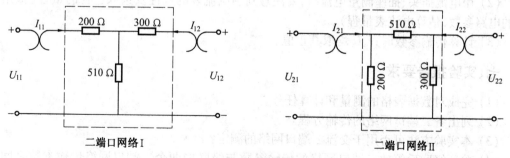

图 3.47 无源线性二端口网络实验电路

(1)用同时测量法分别测定两个二端口网络的传输参数 A_1、B_1、C_1、D_1 和 A_2、B_2、C_2、D_2,并列出它们的传输方程。将实验数据记入表3.32。

表 3. 32　二端口网络实验数据

<table>
<tr><td rowspan="2">二端口网络 Ⅰ</td><td></td><td colspan="3">测量值</td><td colspan="2">计算值</td></tr>
<tr><td>输出端开路
$I_{12} = 0$</td><td>U_{110C}/V</td><td>U_{120C}/V</td><td>I_{110C}/mA</td><td>A_1</td><td>B_1</td></tr>
<tr><td></td><td>输出端短路
$U_{12} = 0$</td><td>U_{11SC}/V</td><td>I_{11SC}/mA</td><td>I_{12SC}/mA</td><td>C_1</td><td>D_1</td></tr>
<tr><td rowspan="2">二端口网络 Ⅱ</td><td></td><td colspan="3">测量值</td><td colspan="2">计算值</td></tr>
<tr><td>输出端开路
$I_{22} = 0$</td><td>U_{210C}/V</td><td>U_{220C}/V</td><td>I_{210C}/mA</td><td>A_2</td><td>B_2</td></tr>
<tr><td></td><td>输出端短路
$U_{22} = 0$</td><td>U_{21SC}/V</td><td>I_{21SC}/mA</td><td>I_{22SC}/mA</td><td>C_2</td><td>D_2</td></tr>
</table>

（2）将两个二端口网络级联，即将网络 Ⅰ 的输出接至网络 Ⅱ 的输入。用分别测量法测量级联后等效二端口网络的传输参数 A、B、C、D，并验证等效二端口网络传输参数与级联的两个二端口网络传输参数之间的关系。将实验数据记入表 3.33。

表 3. 33　二端口网络级联实验数据

<table>
<tr><td colspan="3">输出端开路 $I_2 = 0$</td><td colspan="3">输出端短路 $U_2 = 0$</td><td rowspan="2">计算
传输
参数</td></tr>
<tr><td>U_{10C}/V</td><td>I_{10C}/mA</td><td>$R_{10C}/k\Omega$</td><td>U_{1SC}/V</td><td>I_{1SC}/mA</td><td>$R_{1SC}/k\Omega$</td></tr>
<tr><td></td><td></td><td></td><td></td><td></td><td></td><td>$A =$</td></tr>
<tr><td colspan="3">输入端开路 $I_1 = 0$</td><td colspan="3">输入端短路 $U_1 = 0$</td><td>$B =$</td></tr>
<tr><td>U_{20C}/V</td><td>I_{20C}/mA</td><td>$R_{20C}/k\Omega$</td><td>U_{2SC}/V</td><td>I_{2SC}/mA</td><td>$R_{2SC}/k\Omega$</td><td>$C =$</td></tr>
<tr><td></td><td></td><td></td><td></td><td></td><td></td><td>$D =$</td></tr>
</table>

六、实验注意事项

（1）两个二端口网络级联时，应将一个二端口网络 Ⅰ 的输出端与另一个二端口网络 Ⅱ 的输入端连接。

（2）用电流插头、插座测量电流时，要注意判别电流表的极性及选取适合的量程（根据所给的电路参数，估算电流表量程）。

（3）计算传输参数时，I、U 均取其正值。

七、实验报告要求

（1）完成对数据表格的测量和计算任务。

（2）列出各二端口网络的传输方程。

（3）本实验方法可否用于交流二端口网络的测定？

（4）验证级联后等效二端口网络的传输参数与级联的两个二端口网络传输参数之间的关系。

（5）试述二端口网络同时测量法与分别测量法的测量步骤、优缺点及其适用情况。

第4章 模拟电子技术实验

实验1 常用电子仪器的使用

一、实验目的

（1）熟悉示波器面板上各主要开关、旋钮的作用。

（2）学习用示波器测量波形、幅度、周期和相位等。

（3）熟悉函数信号发生器面板上各主要开关、旋钮的作用,学会调节函数信号发生器的频率、幅度方法。

（4）熟悉直流稳压电源、交流毫伏表、万用表的使用方法。

（5）了解常用电子仪器的主要性能指标。

二、实验原理及说明

在模拟电子技术实验中,经常使用的电子仪器有示波器、函数信号发生器、直流稳压电源、交流毫伏表及频率计等,它们和万用表一起,可以完成对模拟电子电路的静态和动态工作情况的测试。

实验中要对各种电子仪器进行综合使用,可按照信号流向,以连线简捷、调节顺手、观察与读数方便等原则进行合理布局,各仪器与被测实验装置之间的布局与连接如图 4.1 所示。接线时应注意,为防止外界干扰,各仪器的公共接地端应连接在一起,称共地。函数信号发生器和交流毫伏表的引线通常用屏蔽线或专用电缆线,示波器接线使用专用电缆线,直流电源的接线用普通导线。

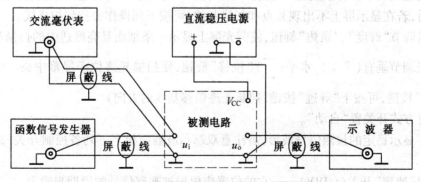

图 4.1 模拟电子电路中常用电子仪器布局图

1. 示波器

一种用于科学实验和工业生产的多功能综合测试仪器,它不但能直接显示电路中各点的波形,以监视电路是否能正常工作,同时又能测量电信号的峰值、周期、相位及观察电路的特性曲线等。

2. 函数信号发生器

函数信号发生器是为电路提供各种频率和幅度的输入信号,按需要可输出正弦波、方波、三角波、方波、TTL 波等信号波形。输出信号电压幅度可在毫伏级到伏级范围内连续变化,输出信号电压频率可以通过频率调节开关进行调节。函数信号发生器作为信号源,它的输出端不允许短路。

3. 交流毫伏表

交流毫伏表用于在其工作频率范围内,用来测量交流电压的有效值。使用前,接通电源后,将输入端短接,进行调零。然后断开短路线,即可进行测量。测量前,为了防止过载而损坏,一般先把量程开关置于量程最大位置处,然后在测量中逐挡减小量程。

4. 直流稳压电源

直流稳压电源是为实验电路提供直流电压的仪器。

三、实验仪器

(1)双踪示波器。

(2)函数信号发生器。

(3)交流毫伏表。

(4)直流稳压电源。

四、实验预习要求

认真阅读实验原理,了解各实验仪器的功能、面板旋钮的使用方法。

五、实验内容及步骤

1. 双踪示波器的使用

(1)用机内校正信号(方波:频率 1 kHz±2% ,电压幅度 2 V±30%)对示波器进行自检。

①扫描基线调节。将示波器 Y 轴显示方式置"CH$_1$"或"CH$_2$",输入耦合方式置"GND",开机预热后,若在显示屏上不出现光点和扫描基线,可按下列操作去找到扫描线。

a.适当调节"辉度"、"聚焦"旋钮,使荧光屏上显示一条细而且亮度适中的扫描基线。

b.适当调节垂直(↑↓)、水平(⇄)"位移"旋钮,使扫描光迹位于屏幕中央。(若示波器设有"寻迹"按键,可按下"寻迹"按键,判断光迹偏移基线的方向)

c.触发方式开关置"自动"。

②为了显示稳定的被测信号波形,需注意双踪示波器面板上下列各控制开关(或旋钮)的位置。

a."扫描速率"开关(t/DIV)——它的位置应根据被观察信号的周期来确定。

b."触发源选择"开关通常选为内触发,使扫描触发信号取自示波器内部的 Y 通道。

　　c. 触发方式开关通常先置于"自动"位置,以便找到扫描线或波形,若被显示的波形不稳定,可置触发方式开关于"常态",通过调节"触发电平"旋钮找到合适的触发电压,使被测试的波形稳定地显示在示波器屏幕上。

　　注意　有时,由于选择了较慢的扫描速率,显示屏上将会出现闪烁的光迹,但被测信号的波形不在 X 轴方向左右移动,这样的现象仍属于稳定显示。

　　双踪示波器一般有五种显示方式,即"CH_1"、"CH_2"、"CH_1+CH_2"三种单踪显示方式和"交替""断续"两种双踪显示方式。"交替"显示一般适宜于输入信号频率较高时使用,"断续"显示一般适宜于输入信号频率较底时使用。

　　③测量"校正信号"波形的幅度、频率。将输入耦合开关置 GND 位置,调节该通道的垂直位移旋钮(POSITION),使扫描线位于显示屏的中心位置,该位置即作为零电平的"基线"。将示波器的"校正信号"通过专用电缆线与 CH_1(或 CH_2)输入插口接通,触发源选择开关置"内",内触发源选择开关置"CH_1"(或"CH_2"),将 Y 轴输入耦合方式开关分别置于"AC"或"DC",适当调节 X 轴"扫描速率"开关(t/DIV)和 Y 轴"输入灵敏度"开关(V/DIV),使示波器显示屏上显示出一个或数个周期稳定的方波波形,记入表4.1。在测量幅值时,应注意将"Y轴灵敏度微调"旋钮置于"校准"位置,即顺时针旋到底,且听到关的声音。在测量周期时,应注意将"X轴扫速微调"旋钮置于"校准"位置,即顺时针旋到底,且听到关的声音。还要注意"扩展"旋钮的位置。

　　a. 校准"校正信号"幅值。将"Y 轴灵敏度微调"旋钮置"校准"位置,"Y 轴灵敏度"开关置适当位置,根据被测波形在屏幕坐标刻度上垂直方向所占的格数(DIV 或 cm)与"Y 轴灵敏度"开关指示值(V/DIV)的乘积,即可算得信号幅值的实测值,记入表4.1。

表 4.1　测量数据表

通道	耦合开关	扫描速率旋钮位置 t/DIV	一个周期 X 轴方向的格数	信号周期 /ms	Y 轴灵敏度旋钮位置 V/DIV	Y 轴方向所占格数	信号幅值 /V	波形
CH_1(CH_2)通道	DC							
	AC							

　　b. 校准"校正信号"频率。将"扫速微调"旋钮置"校准"位置,"扫速"开关置适当位置,根据被测信号波形一个周期在屏幕坐标刻度水平方向所占的格数(DIV 或 cm)与"扫速"开关指示值(t/DIV)的乘积,即可算得信号频率的实测值,记入表4.1。

　　(2) 检查双踪工作方式。垂直方式开关(MODE)置于 ALT 位置,触发开关(INTTRIG)置于 BRTMODE 位置,校正信号分别经过 DC 耦合同时送入 CH_1 通道和 CH_2 通道,使 CH_1 通道和 CH_2 通道的波形分别显示在屏幕中心线的上方和下方,观察并记录波形。

　　(3) 检查波形相加工作方式。垂直方式开关(MODE)置于 ADD 位置,校正信号分别经过 DC 耦合送入 CH_1 通道和 CH_2 通道,观察并记录 CH_2 通道的波形。

（4）测量直流电压。选定示波器基线在屏幕中心的位置为参考点,将被测直流信号送入 CH_1 通道或 CH_2 通道,根据被测信号在屏幕坐标刻度垂直方向跳变的格数(DIV 或 cm)与"Y 轴灵敏度"开关指示值(V/DIV)的乘积,即可测出直流电压的值。

2. 函数信号发生器的使用方法

（1）EE1411 函数信号发生器的使用方法。

① 打开电源开关,机器显示

F0 = 3.000 000 MHz→ 机器自检

② 按数字键机器显示

F0:—

③ 输入 1 000,按 Hz 机器显示

F0 = 1.000 kHz→ 此时确定频率

④ 按幅度键,机器显示

Amp1:1.00Vp-p nl 机器自检

⑤ 按数字键机器显示

Amp1:—

⑥ 输入电压值 28.28 mV,按确认键,机器显示

Amp1:28 mVp-p nl

（2）EM1644 函数信号发生器使用方法。

①打开电源开关,机器显示

MF:3.000 000 MHz→ 机器自检

MAmp:1.00Vp-p nl 机器自检

② 输入 1 000,按 Hz 键,机器显示

MF:1.000 kHz→ 此时确定频率

MAmp:1.00Vp-p nl 机器自检

③ 输入电压值 28.28 mV,按确认键,机器显示

MF:1.000 kHz→ 此时确定频率

MAmp:1.00Vp-p nl 此时确定电压

（3）用双踪示波器观测函数信号发生器的输出波形。

① 函数信号发生器输出频率 $f = 1$ kHz, $V_{p-p} = 1$ V 的正弦波,在示波器上读出其周期及峰值,用示波器观察并记录此时的正弦波波形。

② 函数信号发生器输出频率 $f = 1$ kHz, $V_{p-p} = 1$ V 的三角波,用示波器观察并记录此时的波形。

③ 函数信号发生器输出频率 $f = 2$ kHz, $V_{p-p} = 1$ V 的方波,用示波器观察并记录此时的波形。

4. 交流毫伏表的使用方法

（1）开机前,将"选择量程"开关置较大或最大量程。

（2）调零，将输入端子短接后打开电源，若仪表指针不能稳定在零点，调节调零旋钮，使指针处于零点位置。

（3）测量前，将"选择量程"开关置较大或最大量程。待接入被测信号后逐渐减小量程，调到合适的位置进行读数，测量完毕后再将量程开关拨回到最大挡位处，然后断开连线。

（4）将测试线接入 INPUT 插座，被测信号的公共端子必须与毫伏表的公共端子相接。

（5）准确读数。表头刻度盘上共刻有四条刻度。第一条刻度和第二条刻度为测量交流电压有效值的专用刻度，当量程开关分别选择 1 mV、10 mV、100 mV、1 V、10 V、100 V 挡时就从第一条刻度读数，当量程开关分别选 3 mV、30 mV、300 mV、3 V、30 V、300 V 时，应从第二条刻度读数。

5. 函数信号发生器、示波器、交流毫伏表的使用练习

调节函数信号发生器有关旋钮，使输出频率分别为 100 Hz、1 kHz、10 kHz、100 kHz，$V_{\text{p-p}}$ 均为 1 V 的正弦波信号。改变示波器"扫速"开关及"Y 轴灵敏度"开关等位置，如图 4.2 所示，测量信号源输出电压频率及峰峰值，记入表 4.2。

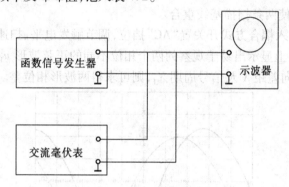

图 4.2　基本电子仪器连接框图

表 4.2　测量数据表

信号频率	信号峰峰值	交流毫伏表读数/V	示波器测量值		示波器波形
			峰峰值/V	频率/Hz	
100 Hz	1 V				
1 kHz	1 V				
10 kHz	1 V				
100 kHz	1V				

6. 测量两波形间相位差

（1）观察双踪显示波形"交替"与"断续"两种显示方式的特点。

"交替"显示一般适宜于输入信号频率较高时使用，"断续"显示一般适宜于输入信号频率较底时使用。CH₁、CH₂ 均不加输入信号，输入耦合方式置"GND"，扫速开关置扫速较低挡位（如 0.5 s/DIV 挡）和扫速较高挡位（如 5 μs/DIV 挡），把显示方式开关分别置"交替"和"断续"位置，观察两条扫描基线的显示特点，记录之。

（2）用双踪显示测量两波形间相位差。

① 按图 4.3 连接实验电路，将函数信号发生器的输出电压调至频率为 1 kHz、幅值为 2 V

的正弦波,经 RC 移相网络获得频率相同但相位不同的两路信号 u_i 和 u_R,分别加到双踪示波器的 CH_1 和 CH_2 输入端。

为便于稳定波形,比较两波形相位差,应使内触发信号取自被设定作为测量基准的一路信号。

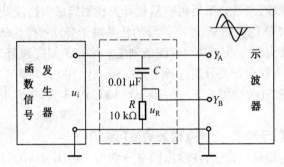

图 4.3　两波形间相位差测量电路

② 把显示方式开关置"交替"挡位,将 Y_1 和 Y_2 输入耦合方式开关置"⊥"挡位,调节 CH_1、CH_2 的 ↑↓ 移位旋钮,使两条扫描基线重合。

③ 将 CH_1、CH_2 输入耦合方式开关置"AC"挡位,调节触发电平、扫速开关及 CH_1、CH_2 灵敏度开关位置,使在荧屏上显示出易于观察的两个相位不同的正弦波形 u_i 及 u_R,如图 4.4 所示。根据两波形在水平方向差距 X 及信号周期 X_T,则可求得两波形相位差。

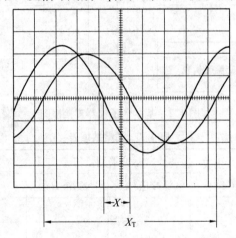

图 4.4　双踪示波器显示两相位不同的正弦波

$$\theta = \frac{X(\mathrm{DIV})}{X_T(\mathrm{DIV})} \times 360° \tag{4.1}$$

式中,X_T 为一周期所占格数;X 为两波形在 X 轴方向差距格数。

记录两波形相位差于表 4.3。

表 4.3　测量数据表

一周期格数	两波形 X 轴差距格数	相　位　差	
		实　测　值	计　算　值
$X_T =$	$X =$	$\theta =$	$\theta =$

为数读和计算方便,可适当调节扫速开关及微调旋钮,使波形一周期占整数格。

六、实验注意事项

（1）使用示波器时,屏幕显示波形不宜太亮,避免损坏荧光屏。

（2）函数信号发生器作为信号源使用时,它的输出端不允许短路。

（3）使用交流毫伏表测量未知电压时,为了防止其过载而损坏,测量前一般先将量程开关置于最大挡位,然后在测量中逐挡减小量程,调到合适的位置进行读数,测量完毕后再将量程开关拨回到最大挡位处,然后断开连线。

（4）拨动仪器面板上的旋钮时,用力要适当,不可过猛,以免造成机械损坏。

七、实验报告要求

（1）整理实验数据,并进行分析。

（2）问题讨论。

① 用示波器观察信号波形时,为了达到下列要求,应调节哪些控制旋钮?

a. 波形清晰,亮暗适中;

b. 波形位于屏幕中央部位,且大小控制在坐标刻度范围内;

c. 波形疏密适当完整;

d. 波形稳定。

② 用双踪显示波形,并要求比较相位时,为在显示屏上得到稳定波形,应怎样选择下列开关的位置?

a. 显示方式选择（CH_1;CH_2;$CH_1 + CH_2$;交替;断续）;

b. 触发方式（常态;自动）;

c. 触发源选择（内;外）;

d. 内触发源选择（CH_1、CH_2、交替）。

（3）示波器"交替 ALT"和"断续 CHOP"挡的作用及区别?

（4）如何用示波器测量正弦电压的 V_{p-p} 值,写出测试步骤。

（5）示波器输入信号耦合开关置"AC"、"DC"、"GND"位置有何不同?

（6）函数信号发生器有哪几种输出波形? 它的输出端能否短接? 如用屏蔽线作为输出引线,则屏蔽层一端应该接在哪个接线柱上?

（7）交流毫伏表是用来测量正弦波电压还是非正弦波电压? 它的表头指示值是被测信号的什么数值? 它是否可以用来测量直流电压的大小? 使用时有哪些注意事项?

（8）用示波器测量正弦波幅值和用交流毫伏表测量正弦波电压有何不同?

实验 2　单级共射基本放大电路

一、实验目的

（1）掌握共射极单管放大器的工作原理。

（2）掌握放大器静态工作点的测量和调试方法,了解电路参数对静态工作点的影响。

（3）学会测量放大器的动态性能指标,掌握放大器电压放大倍数、输入电阻、输出电阻及最大不失真输出电压的测试方法。

（4）进一步掌握双踪示波器、函数信号发生器、交流毫伏表、数字万用表的使用方法。

（5）熟悉模拟电路实验设备的使用。

二、实验原理及说明

1. 单管放大器工作原理

单级共射基本放大电路图如图 4.5 所示。当三极管的发射结正偏、集电结反偏时，三极管对电流有放大作用。β 为电流放大系数，则 $i_C = \beta i_B$。当信号 Δu_i 输入电路后，相当于加在 R_B 和发射结上的电压发生了变化：由 $U_{BB} \rightarrow U_{BB} + \Delta u_i$。于是使晶体管的基极电流发生变化：由 $i_B \rightarrow i_B + \Delta i_B$。基极的电流变化被放大了 β 倍后成为集电极电流的变化：由 $i_c \rightarrow i_c + \Delta i_c$。集电极电流流过电阻 R_C，则 R_C 上的电压也就发生变化：由 $u_{RC} \rightarrow u_{RC} + \Delta u_{RC}$。输出电压等于直流电源电压与 R_C 上电压之差。电阻 R_C 上电压随输入信号变化，则输出电压也就随之变化：由 $U_0 \rightarrow U_0 + \Delta u_0$。如果参数选择合适，就能得到比 Δu_i 大得多的 Δu_0。

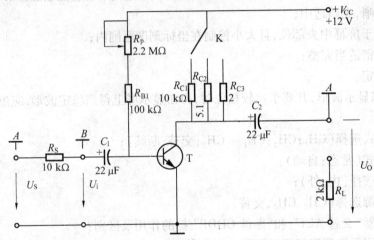

图 4.5　单级共射基本放大电路图

2. 放大器静态工作点的调试

放大器静态工作点是否合适对其性能和输出波形都有很大影响。如工作点偏低则易产生截止失真，即 U_0 的正半周被缩顶，如图 4.6（a）所示；如工作点偏高，放大器在加入交流信号以后易产生饱和失真，此时 U_0 的负半周将被削底，如图 4.6（b）所示（一般截止失真不如饱和失真明显）。这些情况都不符合不失真放大的要求，所以在选定工作点以后还必须进行动态调试。

静态工作点 Q 与输出波形 U_0 失真的关系：

放大器静态工作点的调试是指对管子集电极电流 I_C（或 U_{CE}）的调整与测试。改变电路参数 V_{CC}、R_C、R_B（R_{B1}、R_P）都会引起静态工作点的变化，如图 4.7 所示。但通常多采用调节偏置电阻 R_P 的方法来改变静态工作点，如减小 R_P，则可使静态工作点提高等。

动态调试即在放大器的输入端加入一定的 U_i，调整 R_P，使输出电压 U_0 的大小和波形满足最大不失真的要求，如不满足，则应重新调节静态工作点的位置。

最后还要说明的是，上面所说的工作点"偏高"或"偏低"不是绝对的，应该是相对信号的

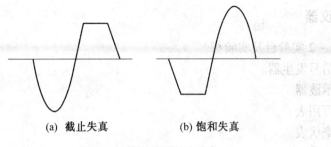

(a) 截止失真   (b) 饱和失真

图 4.6 输出波形的失真

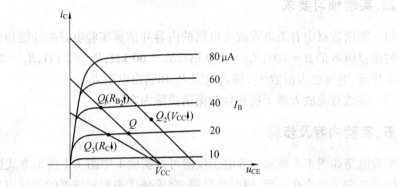

图 4.7 电路参数对静态工作点的影响

幅度而言,如输入信号幅度很小,即使工作点较高或较低也不一定会出现失真。所以确切地说,产生波形失真是信号幅度与静态工作点设置配合不当所致。如需满足较大信号幅度的要求,静态工作点最好尽量靠近交流负载线的中点。

3. 静态工作点的估算

在图 4.5 电路中,$R_B = R_{B1} + R_P$,其静态基极电流 I_B 由电源 V_{CC} 通过 R_B 提供,R_C 为集电极电阻,R_L 为负载电阻,电路的交流负载电阻为 R'_L,即 R_C 与 R_L 的并联,$R'_L = R_C /\!/ R_L$,电路的静态工作点由下列关系式决定,即

$$
\left.
\begin{array}{l}
I_{BQ} = \dfrac{V_{CC} - U_{BE}}{R_B} \\[2mm]
I_{CQ} = \beta I_{BQ} \approx \overline{\beta} I_B \\[2mm]
U_{CEQ} = V_{CC} - I_C R_C
\end{array}
\right\}
\tag{4.2}
$$

式(4.2)中 U_{BE} 对硅管来说一般取 $0.6 \sim 0.8$ V,对于锗管来说则取 $0.2 \sim 0.3$ V,β 为晶体管直流放大倍数。

电压放大倍数

$$
A_V = -\beta \frac{R_C /\!/ R_L}{r_{be}}
\tag{4.3}
$$

其中

$$
r_{be} = 300 + (1 + \beta) \frac{26(\mathrm{mV})}{I_E(\mathrm{mA})}
\tag{4.4}
$$

输入电阻 $R_i = \dfrac{R_B}{r_{be}}$,输出电阻 $R_O \approx R_C$。

三、实验仪器

(1) KHM – 2 实验台及实验板。
(2) 函数信号发生器。
(3) 双踪示波器。
(4) 数字万用表。
(5) 交流毫伏表。

四、实验预习要求

(1) 阅读教材中有关单管放大电路的内容并估算实验电路的性能指标。

假设:3DG6 的 $\beta = 100$, $R_{B1} = 100$ kΩ, $R_P = 60$ kΩ, $R_C = 2$ kΩ, $R_L = 2$ kΩ。估算放大器的静态工作点,电压放大倍数 A_V,输入电阻 R_i 和输出电阻 R_O。

(2) 阅读有关放大器干扰和自激振荡消除内容。

五、实验内容及步骤

实验电路如图 4.5 所示。各电子仪器可按实验 1 中图 4.1 所示方式连接,为防止干扰,各仪器的公共端必须连在一起,同时信号源、交流毫伏表和示波器的引线应采用专用电缆线或屏蔽线。

1. 放大电路静态工作点的测量与调试

先接通直流电源 $V_{CC} = 12$ V,再将放大器输入端与地端短接($U_i = 0$),逐渐调节电阻 R_P,用万用表直流电压挡测量使 $U_{CQ} = 6$ V,即工作点 Q 合适。测量晶体管的各电极对地的电位 U_B、U_C 和 U_E。只要测出 U_E,即可用 $I_C \approx I_E = \dfrac{U_E}{R_E}$ 算出 I_C(也可根据 $I_C = \dfrac{V_{CC} - U_C}{R_C}$,由 U_C 确定 I_C),同时也能算出 $U_{BE} = U_B - U_E$,$U_{CE} = U_C - U_E$。断开电源后用万用表的电阻挡测量出 R_P,记入表 4.4。

表 4.4　测量数据表

测　量　值				计　算　值		
U_B/V	U_E/V	U_C/V	$R_P/kΩ$	U_{BE}/V	U_{CE}/V	I_C/mA

2. 放大电路动态指标测试

放大电路动态指标包括电压放大倍数、输入电阻、输出电阻、最大不失真输出电压(动态范围)和通频带等。

(1) 电压放大倍数 A_V 的测量。调整放大器到合适的静态工作点之后,在输入端 u_i 加入频率为 1 kHz,$U_i \approx 10$ mV 的正弦信号,同时用示波器观察放大器输出电压 U_O 波形,在输出电压 U_O 不失真的情况下,用交流毫伏表测出下述两种情况下 U_i 和 U_O 的有效值,则

$$A_V = \frac{U_O}{U_i} \tag{4.5}$$

并用双踪示波器观察 U_O 和 U_i 的相位关系,记入表 4.5 中。

表 4.5 $f = 1 \text{ kHz}$ $U_i = 10 \text{ mV}$

$R_C/\text{k}\Omega$	$R_L/\text{k}\Omega$	U_0/V	A_V	观察记录一组 U_0 和 U_1 波形
2	∞			
2	2			

（2）输入电阻 R_i 的测量。按图 4.5 电路,将信号源接入 U_S 端,在放大器正常工作的情况下,用交流毫伏表测出 U_S 和 U_i,记入表 4.6,根据输入电阻的定义可得

$$R_i = \frac{U_i}{I_i} = \frac{U_i}{\dfrac{U_R}{R_S}} = \frac{U_i}{U_S - U_i} R_S \tag{4.6}$$

表 4.6   测量数据表

U_S/mV	U_i/mV	$R_i/\text{k}\Omega$		U_L/V	U_0/V	$R_0/\text{k}\Omega$	
		测量值	计算值			测量值	计算值

测量时应注意:

由于电阻 R_S 两端没有电路公共接地点,所以测量 R_S 两端电压 U_R 时必须分别测出 U_S 和 U_i,然后按 $U_R = U_S - U_i$ 求出 U_R 值。

（3）输出电阻 R_0 的测量。按图 4.5 所示电路,在放大器正常工作条件下,测出输出端不接负载 R_L 的输出电压 U_0 和接入负载后的输出电压 U_L,根据

$$U_L = \frac{R_L}{R_0 + R_L} U_0 \tag{4.7}$$

即可求出

$$R_0 = \left(\frac{U_0}{U_L} - 1\right) R_L \tag{4.8}$$

在测试中应注意,必须保持 R_L 接入前后输入信号的大小不变。

（4）最大不失真输出电压 U_{OPP} 的测量（最大动态范围）。如上所述,为了得到最大动态范围,应将静态工作点调在交流负载线的中点,为此在放大器正常工作情况下,逐步增大输入信号的幅度,并同时调节 R_P（改变静态工作点）,用示波器观察 u_0,当输出波形同时出现削底和缩顶现象（图 4.8）时,说明静态工作点已调在交流负载线的中点。然后反复调整输入信号,使波形输出幅度最大,且无明显失真时,用交流毫伏表测出 U_0（有效值）,则动态范围等于 $2\sqrt{2}\,U_0$。或用示波器直接读出 U_{OPP} 来,记入表 4.7。

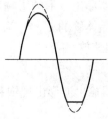

图 4.8   静态工作点正常,输入信号太大引起的失真

表 4.7　测量数据表($R_C = 2\ \text{k}\Omega$　$R_L = 2\ \text{k}\Omega$)

I_C/mA	U_{im}/mV	U_{om}/V	U_{OPP}/V

3. 观察 Q 点对输出波形失真的影响($R_L = \infty$)

(1) 保持 Q 点不变,增大输入信号 U_i 的幅值(调信号源,使输入信号 U_i 幅值逐步增大)观察输出波形 U_0 的变化情况,直到 U_0 出现(先后两种)失真,将 U_0 波形绘入表 4.8 并记录失真性质和出现顺序。

(2) 保持 Q 点不变,逐步减小 U_i 的幅值(直到 $U_i \approx 0$),观察并记录 U_0 的变化情况。

(3) 调节 U_i 幅值,使 U_0 足够大但不失真。保持信号不变,调 Q 点(调 R_P,顺时针调阻值增大,逆时针调阻值减小)使 Q 点降低和升高,观察 U_0 波形失真情况,将波形绘入表 4.8 中,并记录失真情况。

表 4.8　测量数据表($R_C = 2\ \text{k}\Omega$　$R_L = \infty$　$U_i = $　　mV)

R_P	U_i	u_0 波形	失真情况	管子工作状态
不变	增大			
不变	减小			
最大	不变			
最小	不变			

六、实验报告要求

(1) 整理测量结果,并把实测的静态工作点、电压放大倍数、输入电阻、输出电阻之值与理论计算值比较,分析产生误差原因。

(2) 总结 R_C、R_L 及静态工作点对放大器电压放大倍数、输入电阻、输出电阻的影响。

(3) 讨论静态工作点变化对放大器输出波形的影响。

(4) 能否用直流电压表直接测量晶体管的 U_{BE}?　为什么实验中要采用测 U_B、U_E,再间接算出 U_{BE} 的方法?

(5) 怎样测量 R_P 阻值?

(6) 当调节偏置电阻 R_P,使放大器输出波形出现饱和或截止失真时,晶体管的管压降 U_{CE} 怎样变化?

(7) 改变静态工作点对放大器的输入电阻 R_i 有否影响?改变外接电阻 R_L 对输出电阻 R_0 有否影响?

（8）在测试 A_V、R_i 和 R_0 时怎样选择输入信号的大小和频率？为什么信号频率一般选 1 kHz，而不选 100 kHz 或更高？

（9）测试中，如果将函数信号发生器、交流毫伏表、示波器中任一仪器的两个测试端子接线换位（即各仪器的接地端不再连在一起），将会出现什么问题？

实验 3　共集电极基本放大电路

一、实验目的

（1）掌握共集电极放大电路的特点和性能。
（2）进一步熟悉放大电路各项指标的测试方法。
（3）理解射极跟随器电压跟随范围的意义。

二、实验原理及说明

共集电极放大电路原理图如图 4.9 所示。它是一个电压串联负反馈放大电路，具有输入电阻高、输出电阻低、电压放大倍数接近于 1、输出电压与输入电压同相的特点，输出取自发射极，输出电压能够在较大的范围内跟随输入电压作线性变化，又称为射极跟随器。

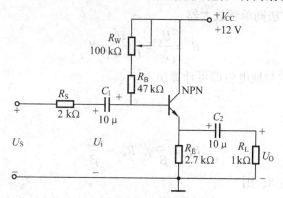

图 4.9　射极跟随器电路图

为了加大输入电阻，同时降低输出电阻，电路中选用 β 值较大的晶体管，且偏置电阻 R_B 应尽可能大，而 R_E 不能太小，使工作电流 i_E 较大为好。电压跟随范围，指跟随器输出电压随输入电压作线性变化的区域。在图 4.10 所示的晶体管输出特性曲线上，如果把静态工作点 Q 取在交流负载线的中点，电压 U_{CE} 可有最大不失真的动态范围，此时输出电压 U_0 的跟随范围可达最大值。

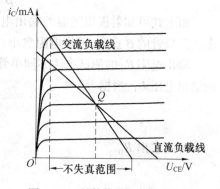

图 4.10　晶体管输出特性曲线

1. 图 4.9 所示实验电路的静态工作点估算

图 4.9 所示实验电路的静态工作点估算公式为

$$I_B = \frac{V_{CC} - U_{BE}}{R_B + R_P + (1 + \beta) R_E} \tag{4.9}$$

$$I_C \approx I_E = (1 + \beta) I_B \tag{4.10}$$

$$U_{CE} = V_{CC} - I_E R_E \tag{4.11}$$

实验中,可在静态($U_i = 0$,即输入信号对地短路)时测得晶体管的各电极电位 U_S、U_C、U_B,然后由下列公式计算出静态工作点的各个参数,即

$$U_{BE} = U_B - U_E \tag{4.12}$$

$$I_C \approx I_E = \frac{U_E}{R_E} \tag{4.13}$$

$$I_B = \frac{V_{CC} - U_B}{R_B + R_P} \quad \text{或} \quad I_B = \frac{I_C}{\beta} \tag{4.14}$$

$$U_{CE} = U_C - U_E = V_{CC} - U_E \tag{4.15}$$

2. 输入电阻 R_i

图 4.9 电路中

$$R_i = r_{be} + (1 + \beta) R_E \tag{4.16}$$

如考虑偏置电阻 R_B 和负载电阻 R_L 的影响,则

$$R_i = R_B \; /\!/ \; [\, r_{be} + (1 + \beta)(R_E \; /\!/ \; R_L)\,] \tag{4.17}$$

由上式可知射极跟随器的输入电阻 R_i 比共射极单管放大器的输入电阻 $R_i = R_B \; /\!/ \; r_{be}$ 要高得多,但由于偏置电阻 R_B 的分流作用,输入电阻难以进一步提高。

输入电阻的测试方法同单管放大器。

$$R_i = \frac{U_i}{I_i} = \frac{U_i}{U_S - U_i} R \tag{4.18}$$

即只要测得 A、B 两点的对地电位即可计算出 R_i。

3. 输出电阻 R_0

根据图 4.9 电路有

$$R_0 = \frac{r_{be}}{\beta} \; /\!/ \; R_E \approx \frac{r_{be}}{\beta} \tag{4.19}$$

如考虑信号源内阻 R_S,则

$$R_0 = \frac{r_{be} + (R_S \; /\!/ \; R_B)}{\beta} \; /\!/ \; R_E \approx \frac{r_{be} + (R_S \; /\!/ \; R_B)}{\beta} \tag{4.20}$$

由上式可知射极跟随器的输出电阻 R_0 比共射极单管放大器的输出电阻 $R_0 \approx R_C$ 低得多。三极管的 β 愈高,输出电阻愈小。

输出电阻 R_0 的测试方法亦同单管放大器,即先测出空载输出电压 U_o,再测接入负载 R_L 后的输出电压 U_L,根据

$$U_L = \frac{R_L}{R_0 + R_L} U_o \tag{4.21}$$

即可求出 R_0

$$R_0 = \left(\frac{U_o}{U_L} - 1\right) R_L \tag{4.22}$$

4. 电压放大倍数

图 4.9 所示实验电路的电压放大倍数估算公式为

$$A_V = \frac{\dot{U}_0}{\dot{U}_S} = \frac{(1+\beta)(R_E /\!/ R_L)}{r_{be} + (1+\beta)(R_E /\!/ R_L)} \leqslant 1 \qquad (4.23)$$

$$\dot{A}_{VS} = \frac{\dot{U}_0}{\dot{U}_S} = \dot{A}_V \frac{R_i}{R_i + R_S} \qquad (4.24)$$

射极跟随器的电压放大倍数小于且接近于 1,输出电压和输入电压相位相同,这是深度电压负反馈的结果;它的射极电流比基极电流大 $(1+\beta)$ 倍,所以它具有一定的电流和功率放大作用。

实验中,放大倍数 A_V 和 A_{VS} 可通过测量 $\dot{U}_S$、$\dot{U}_i$、$\dot{U}_0$ 的有效值计算求出,即

$$A_V = \frac{U_0}{U_i} \qquad (4.25)$$

$$A_{VS} = \frac{U_0}{U_S} \qquad (4.26)$$

5. 电压跟随范围

电压跟随范围是指射极跟随器输出电压 u_0 跟随输入电压 u_i 作线性变化的区域。当 u_i 超过一定范围时,u_0 便不能跟随 u_i 作线性变化,即 u_0 波形产生了失真。为了使输出电压 U_0 正、负半周对称,并充分利用电压跟随范围,静态工作点应选在交流负载线中点,测量时可直接用示波器读取 u_0 的峰峰值,即电压跟随范围;或用交流毫伏表读取 u_0 的有效值,则电压跟随范围:$U_{OPP} = 2\sqrt{2}\, U_0$。

三、实验仪器

(1) KHM - 2 实验台及实验板。

(2) 函数信号发生器。

(3) 双踪示波器。

(4) 数字万用表。

(5) 交流毫伏表。

(6) 3DG12 × 1($\beta = 50 \sim 100$) 或 9013。

(7) 电阻器、电容器若干。

四、实验预习要求

(1) 复习共集电极放大电路的工作原理及分析方法。

(2) 根据所给电路,估算当 $I_C = 1.5$ mA 时的静态工作点,画出直流负载线和交流负载线。

(3) 估算电路的静态工作点、输入电阻、输出电阻、电压放大倍数及输出电压的跟随范围。

五、实验内容及步骤

按图 4.9 所示电路连线。

1. 静态工作点调整

接通 +12 V 直流电源,在 B 点加入 $f = 1$ kHz 正弦信号 u_i,输出端用示波器监视输出波形,反复调整 R_W 及信号源的输出幅度,使在示波器的屏幕上得到一个最大不失真输出波形,然后置 $u_i = 0$,用直流电压表测量晶体管各电极对地电位,将测得数据记入表4.9。

表4.9　静态工作点数据表

测量值			计算值			
U_B/V	U_E/V	U_C/V	U_{BE}/V	U_{CE}/V	I_C/mA	I_B/mA

在下面整个测试过程中应保持 R_P 值不变(即保持静态工作点 I_E 不变)。

2. 电压放大倍数 A_V 的测量

接入负载 $R_L = 1$ kΩ,在 B 点加 $f = 1$ kHz 正弦信号 u_i,调节输入信号幅度,用示波器观察输出波形 u_0,在输出最大不失真情况下,用交流毫伏表测 U_i、U_L 值,记入表4.10。

表4.10　测量数据表

U_i/V	U_L/V	A_V

3. 测量输出电阻 R_0

接上负载 $R_L = 1$ kΩ,在 B 点加 $f = 1$ kHz 正弦信号 $u_i = 100$ mv,用示波器监视输出波形,测空载输出电压 U_0,有负载时输出电压 U_L,记入表4.11。

表4.11　测量数据表

U_0/V	U_L/V	R_0/kΩ

4. 测量输入电阻 R_i

在 A 点加 $f = 1$ kHz 的正弦信号 u_s,用示波器监视输出波形,用交流毫伏表分别测出 A、B 点对地的电位 U_s、U_i,记入表4.12。

表4.12　测量数据表

U_s/V	U_i/V	R_i/kΩ

5. 测试跟随特性

接入负载 $R_L = 1$ kΩ,在电路输入端加入正弦信号 $f = 1$ kHz,并保持频率不变,逐渐增大输入信号 V_S 的幅度,用示波器监视输出波形,直至输出电压幅值最大并且不失真,分别测量 U_i 和 U_0,记入表4.13,分析电路的电压跟随特性。

表 4.13　射级跟随器跟随性数据表

测量值		计算值
U_i/V	U_o	A_V
1		
1.5		
2		
2.5		

6. 测试频率响应特性

保持输入信号 u_i 幅度不变,改变信号源频率,用示波器监视输出波形,用交流毫伏表测量不同频率下的输出电压 U_L 值,记入表 4.14。

表 4.14　测量数据表

信号源频率 f/kHz	
输出电压 U_L/V	

六、实验报告要求

（1）简述图 4.9 所示实验电路的特点,整理测量结果,并把实测的静态工作点、电压放大倍数、输入电阻、输出电阻之值与理论计算值比较,分析产生误差原因。

（2）简要说明射极跟随器的应用。

（3）测量放大器静态工作点时,如果测得 $U_{CE} < 0.5$,说明三极管处于什么工作状态? 如果测得 $U_{CE} \approx V_{CC}$,三极管又处于什么工作状态?

（4）实验电路中,偏置电阻 R_B 起什么作用? 既然有了 R_W,是否可以不要 R_B,为什么?

实验 4　负反馈放大电路

一、实验目的

（1）加深理解放大电路中引入负反馈的方法和负反馈对放大器各项性能指标的影响。

（2）学习负反馈放大电路性能指标的测量方法。

二、实验原理及说明

负反馈在电子电路中有着非常广泛的应用,虽然它使放大器的放大倍数降低,但能在多方面改善放大器的动态指标,如稳定放大倍数,改变输入、输出电阻,减小非线性失真和展宽通频带等。因此,几乎所有的实用放大器都带有负反馈。

负反馈对放大器性能的影响如下。

1. 引入负反馈使电压放大倍数降低

闭环电压放大倍数

$$\dot{A}_{\text{VF}} = \frac{\dot{A}_{\text{V}}}{1 + \dot{A}_{\text{V}}\dot{F}_{\text{V}}} \approx \frac{1}{\dot{F}_{\text{V}}} \tag{4.27}$$

式中,$\dot{A}_{\text{V}}$ 为开环电压放大倍数;$(1 + \dot{A}_{\text{V}}\dot{F}_{\text{V}})$ 为反馈深度,它的大小决定了负反馈对放大器性能改善的程度。

可见,引入反馈后,电压放大倍数 $\dot{A}_{\text{VF}}$ 比开环时的电压放大倍数 $\dot{A}_{\text{V}}$ 降低 $(1 + \dot{A}_{\text{V}}\dot{F}_{\text{V}})$ 倍。

2. 负反馈提高放大倍数的稳定性

$$\frac{\text{d}A_{\text{F}}}{A_{\text{F}}} = \frac{1}{1 + AF} \times \frac{\text{d}A}{A}$$

3. 负反馈扩展放大器的通频带

引入负反馈后,放大器闭环时的上、下限截止频率分别为

$$f_{\text{LF}} = \frac{f_{\text{L}}}{|1 + \dot{A}_{\text{V}}\dot{F}_{\text{V}}|} \tag{4.28}$$

$$f_{\text{HF}} = |1 + \dot{A}_{\text{V}}\dot{F}_{\text{V}}|f_{\text{H}} \tag{4.29}$$

可见,引入负反馈后,f_{LF} 减小为开环 f_{L} 的 $|1 + \dot{A}_{\text{V}}\dot{F}_{\text{V}}|$ 倍,f_{HF} 增加为开环 f_{L} 的 $|1 + \dot{A}_{\text{V}}\dot{F}_{\text{V}}|$ 倍,从而使通频带得以加宽。

4. 负反馈对输入阻抗和输出阻抗的影响

负反馈对放大器输入阻抗和输出阻抗的影响比较复杂。不同的反馈形式,对阻抗的影响不一样。一般而言,串联负反馈可以增加输入阻抗,并联负反馈可以减小输入阻抗;电压负反馈可减小输出阻抗,电流负反馈可以增加输出阻抗。本实验引入的是电压串联负反馈,所以对整个放大器而言,输入阻抗增加了,而输出阻抗降低了。它们增加和降低的程度与反馈深度有关,在反馈环内满足

$$R_{\text{if}} = R_{\text{i}}(1 + \dot{A}_{\text{V}}\dot{F}_{\text{V}}) \tag{4.30}$$

$$R_{\text{OF}} \approx \frac{R_{\text{o}}}{1 + \dot{A}_{\text{V}}\dot{F}_{\text{V}}} \tag{4.31}$$

式中 R_{i}、R_{o} 为开环时的输入、输出电阻。

5. 负反馈能减小反馈环内的非线性失真

综上所述,在图 4.11 的放大器中引入电压串联负反馈后,不仅可以提高放大器放大倍数的稳定性,还可以扩展放大器的通频带,提高输入电阻和降低输出电阻,减小非线性失真。

负反馈放大器有 4 种组态,即电压串联、电压并联、电流串联、电流并联。

图 4.11 为带有负反馈的两级阻容耦合放大电路,在电路中通过 R_{F} 把输出电压 u_0 引回到输入端,加在晶体管 T_1 的发射极上,在发射极电阻 R_{F1} 上形成反馈电压 u_{F}。根据反馈的判断法可知,它属于电压串联负反馈。

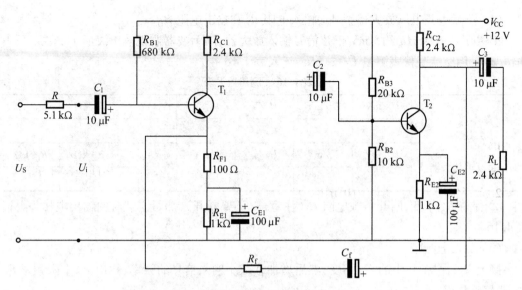

图 4.11　带有电压串联负反馈的两级阻容耦合放大器

三、实验仪器

（1）KHM－2 实验台。

（2）函数信号发生器。

（3）双踪示波器。

（4）数字万用表。

（5）交流毫伏表。

（6）3DG12 × 1(β = 50 ~ 100）或 9013。

（7）电阻器、电容器若干。

四、实验预习要求

（1）复习教材中有关负反馈放大器的内容。

（2）按实验电路 4.11 估算放大器的静态工作点（取 $\beta_1 = \beta_2 = 100$）。

五、实验内容及步骤

1. 测量静态工作点

按图 4.11 连接实验电路，取 $V_{CC} = + 12$ V，$U_i = 0$，用直流电压表分别测量第一级、第二级的静态工作点，记入表 4.15。

表 4.15　静态工作点数据表

	测量值			计算值		
	U_B	U_E	U_C	U_{CE}	U_{BE}	I_C
第一级						
第二级						

2. 测试基本放大器的各项性能指标

将实验电路按图 4.11 改接，即把 R_f 断开后分别并在 R_{F1} 和 R_L 上，其他连线不动。

（1）测量中频电压放大倍数 A_V，输入电阻 R_i 和输出电阻 R_0。

① 以 $f = 1$ kHz，U_S 约 5 mV 正弦信号输入放大器，用示波器监视输出波形 u_0，在 u_0 不失真的情况下，用交流毫伏表测量 U_S、U_i、U_L，记入表 4.16。

表 4.16 测量数据表

基本放大器	U_S/mV	U_i/mV	U_L/V	U_0/V	A_V	R_i/kΩ	R_0/kΩ
负反馈放大器	U_S/mV	U_i/mV	U_L/V	U_0/V	A_V	R_i/kΩ	R_0/kΩ

② 保持 U_S 不变，断开负载电阻 R_L（注意，R_f 不要断开），测量空载时的输出电压 U_0，记入表 4.16。

（2）测量通频带。

接上 R_L，保持 ① 中的 U_S 不变，然后增加和减小输入信号的频率，找出上、下限频率 f_H 和 f_L，记入表 4.17。

3. 测试负反馈放大器的各项性能指标

将实验电路恢复为图 4.11 的负反馈放大电路，适当加大 U_S（约 10 mV），在输出波形不失真的条件下，测量负反馈放大器的 A_{VF}、R_{if} 和 R_{Of}，记入表 4.16；测量 f_{HF} 和 f_{LF}，记入表 4.17。

表 4.17 测量数据表

基本放大器	f_L/kHz	f_H/kHz	Δf/kHz
负反馈放大器	f_{LF}/kHz	f_{HF}/kHz	Δf_F/kHz

4. 观察负反馈对非线性失真的改善

（1）实验电路改接成基本放大器形式，在输入端加入 $f = 1$ kHz 的正弦信号，输出端接示波器，逐渐增大输入信号的幅度，使输出波形开始出现失真，记下此时的波形和输出电压的幅度。

（2）再将实验电路改接成负反馈放大器形式，增大输入信号幅度，使输出电压幅度的大小与（1）相同，比较有负反馈时，输出波形的变化。

六、实验报告要求

（1）将基本放大器和负反馈放大器动态参数的实测值和理论估算值列表进行比较。

（2）根据实验结果，总结电压串联负反馈对放大器性能的影响。

（3）怎样把负反馈放大器改接成基本放大器？为什么要把 R_f 并接在输入和输出端？

（4）估算基本放大器的 A_V、R_i 和 R_0；估算负反馈放大器的 A_{VF}、R_{if} 和 R_{Of}，并验算它们之间的关系。

（5）如按深负反馈估算，则闭环电压放大倍数 $A_{VF} =$？和测量值是否一致？为什么？

（6）如输入信号存在失真，能否用负反馈来改善？

（7）怎样判断放大器是否存在自激振荡？如何进行消振？

实验5　差分放大电路

一、实验目的

（1）加深对差动放大电路工作原理及特点的理解，了解零点漂移产生的原因与抑制零漂的方式。

（2）学习差动放大器主要性能指标的测试方法。

二、实验原理及说明

差动放大电路零点漂移很小，它常用作多级放大电路的前置级，用以放大微弱的直流信号或交流信号。

图4.12是差动放大器的基本结构。它由两个元件参数相同的基本共射放大电路组成。当 C、D 两点相连时，构成典型的差动放大器。调零电位器 R_P 用来调节 T_1、T_2 管的静态工作点，使得输入信号 $U_i = 0$ 时，双端输出电压 $U_0 = 0$。R_E 为两管共用的发射极电阻，它对差模信号无负反馈作用，因而不影响差模电压放大倍数，但对共模信号有较强的负反馈作用，故可以有效地抑制零漂，稳定静态工作点。

当 D、E 两点相连时，构成具有恒流源的差动放大器。它用晶体管恒流源代替发射极电阻 R_E，可以进一步提高差动放大器抑制共模信号的能力。

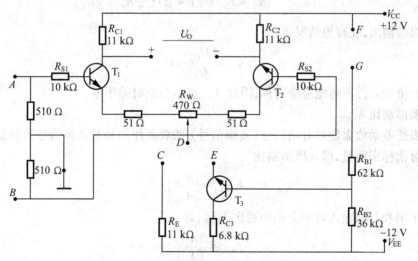

图4.12　差动放大器实验电路

1. 静态工作点的估算

（1）典型电路。

$$I_E \approx \frac{|U_{EE}| - U_{BE}}{R_E} \quad （认为 U_{B1} = U_{B2} \approx 0） \tag{4.32}$$

$$I_{C1} = I_{C2} = \frac{1}{2}I_E \tag{4.33}$$

（2）恒流源电路。

$$I_{C3} \approx I_{E3} \approx \frac{\dfrac{R_2}{R_1 + R_2}(V_{CC} + |V_{EE}|) - U_{BE}}{R_{E3}} \qquad (4.34)$$

$$I_{C1} = I_{C1} = \frac{1}{2}I_{C3} \qquad (4.35)$$

2. 差模电压放大倍数和共模电压放大倍数

当差动放大器的射极电阻 R_E 足够大，或采用恒流源电路时，差模电压放大倍数 A_d 由输出端方式决定，而与输入方式无关。

双端输出：$R_E = \infty$，R_P 在中心位置时，

$$A_{VD} = \frac{\Delta U_{Od}}{\Delta U_{id}} = -\frac{\beta R_C}{R_B + r_{be} + \dfrac{1}{2}(1 + \beta)R_P} \qquad (4.36)$$

单端输出

$$A_{VD1} = \frac{U_{Od1}}{U_{id}} = \frac{1}{2}A_{VD} \qquad (4.37)$$

$$A_{VD2} = \frac{U_{Od2}}{U_{id}} = \frac{1}{2}A_{VD} \qquad (4.38)$$

当输入共模信号时，若为单端输出，则有

$$A_{VC1} = A_{VC2} = \frac{U_{OC}}{U_i} = \frac{-\beta R_C}{R_B + r_{be} + (1 + \beta)\left(\dfrac{1}{2}R_P + 2R_E\right)} \approx \frac{R_C}{2R_E} \qquad (4.39)$$

若为双端输出，在理想情况下

$$A_{VC} = \frac{U_{OC}}{U_{iC}} = 0 \qquad (4.40)$$

实际上由于元件不可能完全对称，因此 A_{VC} 也不会绝对等于零。

3. 共模抑制比 K_{CMR}

为了表征差动放大器对有用信号（差模信号）的放大作用和对共模信号的抑制能力，通常用一个综合指标来衡量，即共模抑制比

$$K_{CMR} = \left|\frac{A_{VD}}{A_{VC}}\right| \qquad (4.41)$$

计算单端和双端输入时的共模抑制比 K_{CMR}，即

$$K_{CMR1} = \left|\frac{A_{VD1}}{A_{VC1}}\right| = \qquad (4.42)$$

$$K_{CMR2} = \left|\frac{A_{VD2}}{A_{VC2}}\right| = \qquad (4.43)$$

$$K_{CMR} = \left|\frac{A_{VD}}{A_{VC}}\right| = \qquad (4.44)$$

差动放大器的输入信号可采用直流信号也可采用交流信号。本实验由函数信号发生器提供频率 $f = 1$ kHz 的正弦信号作为输入信号。

三、实验仪器

（1）KHM – 2 实验台及实验板。

（2）函数信号发生器。

（3）双踪示波器。

（4）数字万用表。

（5）交流毫伏表。

四、实验预习要求

根据实验电路参数,估算典型差动放大器和具有恒流源的差动放大器的静态工作点及差模电压放大倍数(取 $\beta_1 = \beta_2 = 100$)。

五、实验内容及步骤

1. 典型差动放大器性能测试

在双路直流稳压电源上调出 ±12 V 的直流电源,按图4.12连接实验电路,将图4.12中 C、D 两点用导线接通,构成典型差动放大器。

（1）测量静态工作点。

① 调节放大器零点。将放大器输入端 A、B 短接并接地,接通 ±12 V 直流电源,用直流电压表测量输出电压 U_0,调节调零电位器 R_P,使输出电压 $U_0 = 0$。调节要仔细,力求准确。

② 测量静态工作点。零点调好以后,用直流电压表测量 T_1、T_2 管各电极对地电压,并将测量结果记入表 4.18。

表 4.18　测量数据表

测量值	U_{C1}/V	U_{B1}/V	U_{E1}/V	U_{C2}/V	U_{B2}/V	U_{E2}/V
计算值	I_C/mA		I_B/mA		U_{CE}/V	

（2）测量差模电压放大倍数。

① 断开直流电源,在函数信号发生器上调节一个 $U_i = 100$ mV,频率 $f = 1$ kHz 的正弦信号作为输入信号。函数信号发生器输出端接放大器输入 A 端,地端接放大器输入 B 端构成单端输入方式。

接通 ±12 V 直流电源,在输出波形无失真的情况下,用交流毫伏表测 U_{C1}、U_{C2} 的值,记入表 4.19 中,并观察 u_i、u_{c1}、u_{c2} 之间的相位关系。

（3）测量共模电压放大倍数。

① 断开直流电源,在函数信号发生器上调节一个 $U_i = 100$ mV,频率 $f = 1$ kHz 的正弦信号作为输入信号,将输入端 A、B 短接,函数信号发生器接 A 端与地之间,构成共模输入方式。

② 接通 ±12 V 直流电源,在输出电压无失真的情况下,用交流毫伏表测量 U_{C1}、U_{C2} 的值,将测量结果记入表 4.19 中,并观察 u_i、u_{c1}、u_{c2} 之间的相位关系。

计算这两种输入情况下的 A_{VD1}、A_{VD2}、A_{VD},并与理论值进行比较。

表 4.19　测量数据表

电路类型	差模输入						共模输入						共模抑制比
	测量值/V			计算值			测量值/V			计算值			计算值
	U_{C1}	U_{C2}	U_0	A_{VD1}	A_{VD2}	A_{VD}	U_{C1}	U_{C2}	U_0	A_{VD1}	A_{VD2}	A_{VD}	K_{CMR}
典型差动放大器													
恒流源差动放大器													

2. 具有恒流源的差动放大电路性能测试

将图 4.12 电路中 C、E 两点断开,用导线接通 D、E 点与 F、G 点,构成具有恒流源的差动放大电路。重复内容典型差动放大器性能指标的测试过程,将测量结果记入表 4.19 和表 4.20。

表 4.20　测量数据表

测量值/V	U_{C1}	U_{B1}	U_{E1}	U_{C2}	U_{B2}	U_{E2}
计算值	I_C/mA		I_B/mA		U_{CE}/V	

六、实验报告要求

(1) 整理实验数据,列表比较实验结果和理论估算值,分析误差原因。

(2) 计算静态工作点和差模电压放大倍数。

(3) 典型差动放大电路单端输出时的 K_{CMR} 实测值与理论值比较

(4) 典型差动放大电路单端输出时 K_{CMR} 的实测值与具有恒流源的差动放大器 K_{CMR} 实测值比较。

(5) 比较 u_i、u_{C1} 和 u_{C2} 之间的相位关系。

(6) 根据实验结果,总结电阻 R_E 和恒流源的作用。

(7) 测量静态工作点时,放大器输入端 A、B 与地应如何连接?

(8) 实验中怎样获得双端和单端输入差模信号?怎样获得共模信号?画出 A、B 端与信号源之间的连接图。

(9) 怎样进行静态调零点?用什么仪表测 U_0?

(10) 调零时,应该用万用表还是毫伏表来指示放大器的输出电压?为什么?

(11) 差动放大器为什么具有高的共模抑制比?

实验 6　功率放大电路

一、实验目的

（1）进一步理解 OTL 功率放大器的工作原理。
（2）学会 OTL 电路的调试及主要性能指标的测试方法。

二、实验原理及说明

图 4.13 所示为 OTL 低频功率放大器。其中由晶体三极管 T_1 组成推动级，T_2、T_3 是一对参数对称的 NPN 和 PNP 型晶体三极管，它们组成互补推挽 OTL 功放电路。由于每一个管子都接成射极输出器形式，因此具有输出电阻低、负载能力强等优点，适合于作功率输出级。T_1 管工作于甲类状态，它的集电极电流 I_{C1} 的一部分流经电位器 R_{W2} 及二极管 D，给 T_2、T_3 提供偏压。调节 R_{W2}，可以使 T_2、T_3 得到适合的静态电流而工作于甲、乙类状态，以克服交越失真。静态时要求输出端中点 A 的电位 $U_A = 1/2\ V_{CC}$，可以通过调节 R_{W1} 来实现，又由于 R_{W1} 的一端接在 A 点，因此在电路中引入交、直流电压并联负反馈，一方面能够稳定放大器的静态工作点，同时也改善了非线性失真。

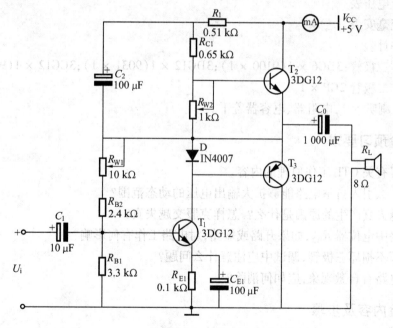

图 4.13　OTL 低频功率放大器实验电路

当输入正弦交流信号 U_i 时，经 T_1 放大。倒相后同时作用于 T_2、T_3 的基极，U_i 的负半周使 T_2 管导通（T_3 管截止），有电流通过负载 R_L，同时向电容 C_0 充电，在 U_i 的正半周，T_3 导通（T_2 截止），则已充好的电容器 C_0 起着电源的作用，通过负载 R_L 放电，这样在 R_L 上就得到完整的正弦波。

C_2 和 R 构成自举电路，用于提高输出电压正半周的幅度，以得到大的动态范围。

OTL 电路的主要性能指标如下。

1.最大不失真输出功率 P_{OM}

理想情况下,$P_{OM} = V_{CC}^2/8R_L$,在实验中可通过测量 R_L 两端的电压有效值,来求得实际的 $P_{OM} = U_0^2/R_L$。

2.效率

$$\eta = P_{OM}/P_V \times 100\%$$

式中,P_V 为直流电源供给的平均功率。

理想情况下,功率 $\eta_{max} = 78.5\%$,在实验中,可测量电源供给的平均电流 I_{dc},从而求得 $P_E = V_{CC}I_{dc}$,负载上的交流功率已用上述方法求出,因而也就可以计算实际效率了。

3.输入灵敏度

输入灵敏度是指输出最大不失真功率时输入信号 U_i 的值。

三、实验仪器

(1) + 5 V 直流电源。

(2) 函数信号发生器。

(3) 双踪示波器。

(4) 直流电压表。

(5) 直流毫安表。

(6) 频率计。

(7) 晶体三极管:3DG6 × 1(9100 × 1);3DG12 × 1(9031 × 1);3CG12 × 1(9012 × 1); 晶体二极管 2CP × 1。

(8) 8 Ω 喇叭 × 1,电阻器、电容器若干。

四、实验预习要求

(1) 复习有关 OTL 工作原理的内容。

(2) 为什么引入自举电路能够扩大输出电压的动态范围?

(3) 交越失真产生的原因是什么? 怎样克服交越失真?

(4) 电路中电位器 R_{W2},如果开路或短路,对电路工作有何影响?

(5) 为了不损坏三极管,调试中应注意什么问题?

(6) 如电路有自激现象,应如何消除?

五、实验内容及步骤

1.静态工作点的测试

按图 4.13 连接实验电路,电源进线中串入直流毫安表,电位器 R_{W2} 置为最小值,R_{W1} 置中间位置。接通 + 5 V 电源,观察毫安表指示,同时用手触摸输出级管子,若电流过大,或管子温升显著,应立即断开电源,检查原因(如 R_{W2} 开路,电路自激,或管子性能不好等)。如无异常现象,可开始调试。

(1) 调节输出端中点电位 U_A。调节电位器 R_{W1},用直流电压表测量 A 点电位,使 $U_A =$

$\dfrac{1}{2}V_{CC}$。

（2）调整输出极静态电流,测试各级静态工作点。

调节 R_{W2},使 T_2、T_2 管的 $I_{C2} = I_{C3} = 5 \sim 10$ mA。从减小交越失真角度而言,应适当加大输出极静态电流,但该电流过大,会使效率降低,所以一般以 $5 \sim 10$ mA 左右为宜。由于毫安表是串在电源进线中,因此测量的是整个放大器的电流。但一般 T_1 的集电极电流 I_{C1} 较小,从而可以把测得的总电流近似当作末级的静态电流。如要准确得到末级静态电流,则可以从总电流中减去 I_{C1} 之值。

调整输出级静态电流的另一方法是动态调试法。先使 $R_{W2} = 0$,在输入端接入 $F = 1$ kHz 的正弦信号 U_i。逐渐加大输入信号的幅值,此时,输出波形应出现较严重的交越失真(注意:没有饱和和截止失真),然后缓慢增大 R_{W2},当交越失真刚好消失时,停止调节 R_{W2},恢复 $U_i = 0$,此时直流毫安表计数即为输出级静态电流。一般数值也应在 $5 \sim 10$ mA 左右,如过大,则要检查电路。

输出级电流调好以后,测量各级静态工作点,记入表 4.21。

表 4.21　OTL 功率放大器静态数据表($I_{C2} = I_{C3} = 5$ mA　$U_A = 2.5$ V)

	测量值			计算值	
	U_B/V	U_C/V	U_E/V	U_{BE}/V	U_{CE}/V
T_1					
T_2					
T_3					

注意

① 在调整 R_{W2} 时,一是要注意旋转方向,不要调得过大,更不能开路,以免损坏输出管。

② 输出管静态电流调好,如无特殊情况,不得随意旋动 R_{W2} 的位置。

2. 最大输出功率 P_{OM} 和效率 η 的测试

（1）测量 P_{OM}。输入端接 $F = 1$ kHz 的正弦信号 U_i,输出端用示波器观察输出电压 U_O 波形。逐渐增大 U_i,使输出电压达到最大不失真输出,用交流毫伏表测出负载 R_L 上的电压 U_{OM},则 $P_{OM} = U_{OM}^2/R_L$。

（2）测量 η。当输出电压为最大不失真输出时,读出直流毫安表中的电流值,此电流即为直流电源供给的平均电流 I_{dc}(有一定误差),因此可近似求得 $P_E = V_{CC}I_{dc}$,再根据上面测得的 P_{OM},即可求出 $\eta = P_{OM}/P_E$。

3. 输入灵敏度测试

根据输入灵敏度的定义,只要测出功率 $P_O = P_{OM}$ 时的输入电压值 U_i 即可。

4. 频率响应的测试

测量电路的上、下限频率 f_H、f_L,计算 $B_W = f_H - f_L$。

在测试时,为保证电路的安全,应在较低电压下进行,通常取输入信号为输入灵敏度的 50%。在整个测试过程中,应保持 U_i 为恒定值,且输出波形不得失真。

5. 研究自举电路的作用

（1）测量有自举电路,且 $P_O = P_{OMAX}$ 时的电压增益 $A_V = U_{OM}/U_i$。

(2) 半 C_2 开路，R 短路(无自举)，再测量 $P_0 = P_{OMAX}$ 的 A_V。

用示波器观察(1)、(2)两种情况下的输出电压波形，并将以上两项测量结果进行比较，分析研究自举电路的作用。

6. 噪声电压的测试

测量时将输入端短路($U_i = 0$)，观察输出噪声波形，并用交流毫伏表测量输出电压，即为噪声电压 U_N，本电路若 $U_N < 15$ mV，即满足要求。

7. 试听

输入信号改为录音机输出，输出端接试听音箱及示波器。开机试听，并观察语言和音乐信号的输出波形。

六、实验报告要求

(1) 整理实验数据，计算静态工作点、最大不失真输出功率 P_{OM}、效率 η 等，并与理论值进行比较。画频率响应曲线。

(2) 分析自举电路的作用。

实验7   集成运算放大器性能指标测试

一、实验目的

(1) 掌握运算放大器主要指标的测试方法。

(2) 通过对运算放大器 μA741 指标的测试，了解集成运算放大器组件的主要参数的定义和表示方法。

二、实验原理及说明

集成运算放大器是一种线性集成电路，和其他半导体器件一样，它用一些性能指标来衡量其质量的优劣。为了正确使用集成运放，就必须了解它的主要参数指标。集成运放组件的各项指标通常是由专用仪器进行测试的，这里介绍的是一种简易测试方法。

本实验采用的集成运放型号为 μA741(或 F007)，引脚排列如图 4.14 所示，它是 8 脚双列直插式组件：2 脚和 3 脚为反相和同相输入端；6 脚为输出端；7 脚和 4 脚为正、负电源端；1 脚和 5 脚为失调调零端，1、5 脚之间可接入一只几十 kΩ 的电位器，并将滑动触头接到负电源端；8 脚为空脚。

1. μA741 主要指标测试

(1) 输入失调电压 U_{OS}。输入失调电压 U_{OS} 是指输入信号为零时，输出端出现的电压折算到同相输入端的数值。

理想运放组件，当输入信号为零时，其输出也为零。但是即使是最优质的集成组件，由于运放内部差动输入级参数的不完全对称，输出电压往往不为零。这种零输入时输出不为零的现象称为集成运放的失调。

失调电压测试电路如图 4.15 所示。闭合开关 K_1 及 K_2，使电阻 R_B 短接，测量此时的输出

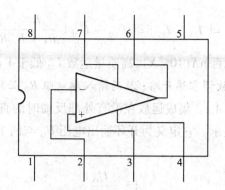

图 4.14 μA741 管脚图

电压 U_{O1} 即为输出失调电压, 则输入失调电压

$$U_{OS} = \frac{R_1}{R_1 + R_F} U_{O1} \tag{4.45}$$

实际测出的 U_{O1} 可能为正, 也可能为负, 一般在 $1 \sim 5$ mV, 对于高质量的运放 U_{OS} 在 1 mV 以下。

测试中应注意: ① 将运放调零端开路。② 要求电阻 R_1 和 R_2, R_3 和 R_F 的参数严格对称。

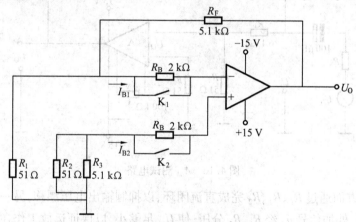

图 4.15 U_{OS}, I_{OS} 测试电路

(2) 输入失调电流 I_{OS}。输入失调电流 I_{OS} 是指当输入信号为零时, 运放的两个输入端的基极偏置电流之差, 即

$$I_{OS} = |I_{B1} - I_{B2}|$$

输入失调电流的大小反映了运放内部差动输入级两个晶体管 β 的失配度, 由于 I_{B1}, I_{B2} 本身的数值已很小(微安级), 因此它们的差值通常不是直接测量的, 测试电路如图 4.15 所示, 测试分两步进行。

① 闭合开关 K_1 及 K_2, 在低输入电阻下, 测出输出电压 U_{O1}, 如前所述, 这是由输入失调电压 U_{OS} 所引起的输出电压。

② 断开 K_1 及 K_2, 两个输入电阻 R_B 接入, 由于 R_B 阻值较大, 流经它们的输入电流的差异将变成输入电压的差异, 因此, 也会影响输出电压的大小, 可见测出两个电阻 R_B 接入时的输出电压 U_{O2}, 若从中扣除输入失调电压 U_{OS} 的影响, 则输入失调电流 I_{OS} 为

$$I_{OS} = |I_{B1} - I_{B2}| = |U_{O2} - U_{O1}| \frac{R_1}{R_1 + R_F} \frac{1}{R_B} \quad (4.46)$$

一般 I_{OS} 约为几十～几百 $nA(10^{-9}A)$,高质量运放 I_{OS} 低于 1 nA。

测试中应注意:① 将运放调零端开路;② 两输入端电阻 R_B 必须精确配对。

(3) 开环差模放大倍数 A_{ud}。集成运放在没有外部反馈时的直流差模放大倍数称为开环差模电压放大倍数,用 A_{ud} 表示。它定义为开环输出电压 U_O 与两个差分输入端之间所加信号电压 U_{id} 之比,即

$$A_{ud} = \frac{U_O}{U_{id}} \quad (4.47)$$

按定义 A_{ud} 应是信号频率为零时的直流放大倍数,但为了测试方便,通常采用低频(几十 Hz 以下)正弦交流信号进行测量。由于集成运放的开环电压放大倍数很高,难以直接进行测量,故一般采用闭环测量方法。A_{ud} 的测试方法很多,现采用交、直流同时闭环的测试方法,如图 4.16 所示。

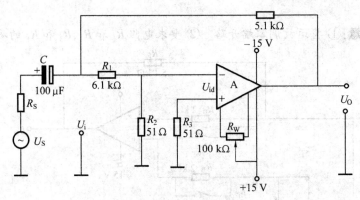

图 4.16 A_{ud} 测试电路

被测运放一方面通过 R_F、R_1、R_2 完成直流闭环,以抑制输出电压漂移,另一方面通过 R_F 和 R_S 实现交流闭环,外加信号 u_S 经 R_1、R_2 分压,使 U_{id} 足够小,以保证运放工作在线性区,同相输入端电阻 R_3 应与反相输入端电阻 R_2 相匹配,以减小输入偏置电流的影响,电容 C 为隔直电容。被测运放的开环电压放大倍数为

$$A_{ud} = \frac{U_O}{U_{id}} = \left(1 + \frac{R_1}{R_2}\right)\frac{U_O}{U_i} \quad (4.48)$$

通常低增益运放 A_{ud} 约为 60～70 dB,中增益运放约为 80 dB,高增益在 100 dB 以上,可达 120～140 dB。

测试中应注意:① 测试前电路应首先消振及调零;② 被测运放要工作在线性区;③ 输入信号频率应较低,一般用 50～100 Hz,输出信号幅度应较小,且无明显失真。

(4) 共模抑制比 K_{CMR}。集成运放的差模电压放大倍数 A_d 与共模电压放大倍数 A_C 之比称为共模抑制比,即

$$K_{CMR} = \left|\frac{A_d}{A_C}\right| \quad (4.49)$$

共模抑制比在应用中是一个很重要的参数,理想运放对输入的共模信号其输出为零,但在实际的集成运放中,其输出不可能没有共模信号的成分,输出端共模信号愈小,说明电路对称性愈好,也就是说运放对共模干扰信号的抑制能力愈强,即 K_{CMR} 愈大。K_{CMR} 的测试电路如图 4.17 所示。

集成运放工作在闭环状态下的差模电压放大倍数为

$$A_d = -\frac{R_F}{R_1} \tag{4.50}$$

当接入共模输入信号 U_{ic} 时,测得 U_{OC},则共模电压放大倍数为

$$A_C = \frac{U_{OC}}{U_{iC}} \tag{4.51}$$

共模抑制比

$$K_{CMR} = \left| \frac{A_d}{A_C} \right| = \frac{R_F}{R_1} \frac{U_{iC}}{U_{OC}} \tag{4.52}$$

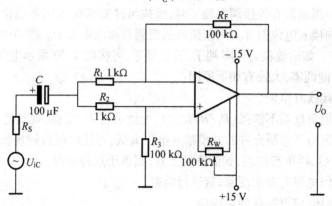

图 4.17　K_{CMR} 测试电路

测试中应注意:①消振与调零;②R_1 与 R_2、R_3 与 R_F 之间阻值严格对称;③输入信号 U_{iC} 幅度必须小于集成运放的最大共模输入电压范围 U_{iCM}。

(5)共模输入电压范围 U_{iCM}。集成运放所能承受的最大共模电压称为共模输入电压范围,超出这个范围,运放的 K_{CMR} 会大大下降,输出波形产生失真,有些运放还会出现"自锁"现象以及永久性的损坏。

U_{icm} 的测试电路如图4.18所示。被测运放接成电压跟随器形式,输出端接示波器,观察最大不失真输出波形,从而确定 U_{iCM} 值。

(6)输出电压最大动态范围 U_{OPP}。集成运放的动态范围与电源电压、外接负载及信号源频率有关。测试电路如图4.19所示。

改变 u_S 幅度,观察 u_O 削顶失真开始时刻,从而确定 u_O 的不失真范围,这就是运放在某一定电源电压下可能输出的电压峰峰值 U_{OPP}。

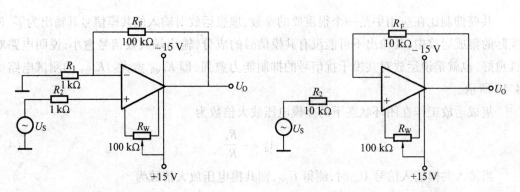

图 4.18 U_{iCM} 测试电路　　　　　　　　　　图 4.19 U_{OPP} 测试电路

2. 集成运放在使用时应考虑的一些问题

（1）输入信号选用交、直流量均可,但在选取信号的频率和幅度时,应考虑运放的频响特性和输出幅度的限制。

（2）调零。为提高运算精度,在运算前,应首先对直流输出电位进行调零,即保证输入为零时,输出也为零。当运放有外接调零端子时,可按组件要求接入调零电位器 R_W,调零时,将输入端接地,调零端接入电位器 R_W,用直流电压表测量输出电压 U_0,细心调节 R_W,使 U_0 为零（即失调电压为零）。如运放没有调零端子,若要调零,可按图 4.20 所示电路进行调零。

一个运放如不能调零,大致有如下原因:

① 组件正常,接线有错误。

② 组件正常,但负反馈不够强（R_F/R_1 太大）,为此可将 R_F 短路,观察是否能调零。

③ 组件正常,但由于它所允许的共模输入电压太低,可能出现自锁现象,因而不能调零。为此可将电源断开后,再重新接通,如能恢复正常,则属于这种情况。

④ 组件正常,但电路有自激现象,应进行消振。

⑤ 组件内部损坏,应更换好的集成块。

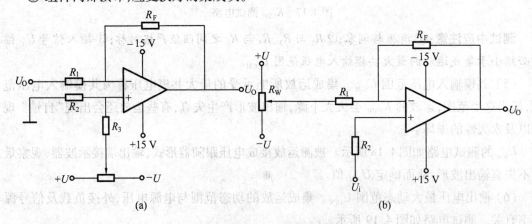

图 4.20   调零电路

（3）消振。一个集成运放自激时,表现为即使输入信号为零,亦会有输出,使各种运算功能无法实现,严重时还会损坏器件。在实验中,可用示波器监视输出波形。为消除运放的自激,常采用如下措施:

① 若运放有相位补偿端子,可利用外接 RC 补偿电路,产品手册中有补偿电路及元件参数

提供。

②电路布线、元器件布局应尽量减少分布电容。

③在正、负电源进线与地之间接上几十μF的电解电容和0.01～0.1μF的陶瓷电容相并联以减小电源引线的影响。

注:自激消除方法请参考实验附录。

三、实验仪器

(1) ±12 V直流电源。

(2) 函数信号发生器。

(3) 双踪示波器。

(4) 交流毫伏表。

(5) 直流电压表。

(6) 集成运算放大器 μA741 × 1。

(7) 电阻器、电容器若干。

四、实验预习要求

(1) 查阅 μA741 典型指标数据及管脚功能。

(2) 测量输入失调参数时,为什么运放反相及同相输入端的电阻要精选,以保证严格对称。

(3) 测量输入失调参数时,为什么要将运放调零端开路,而在进行其他测试时,则要求对输出电压进行调零。

(4) 测试信号的频率选取的原则是什么?

五、实验内容及步骤

实验前看清运放管脚排列及电源电压极性及数值,切忌正、负电源接反。

1. 测量输入失调电压 U_{OS}

按图4.15连接实验电路,闭合开关 K_1、K_2,用直流电压表测量输出端电压 U_{O1},并计算 U_{OS},记入表4.22。

2. 测量输入失调电流 I_{OS}

实验电路如图4.15,打开开关 K_1、K_2,用直流电压表测量 U_{O2},并计算 I_{OS},记入表4.22。

表4.22　测量数据表

U_{OS}/mV		I_{OS}/mA		A_{ud}/dB		K_{CMR}/dB	
实测值	典型值	实测值	典型值	实测值	典型值	实测值	典型值
	2 ～ 10		50 ～ 100		100 ～ 106		80 ～ 86

3. 测量开环差模电压放大倍数 A_{ud}

按图4.16连接实验电路,运放输入端加频率100 Hz,大小约30～50 mV正弦信号,用示波器监视输出波形。用交流毫伏表测量 U_O 和 U_i,并计算 A_{ud},记入表4.22。

4. 测量共模抑制比 K_{CMR}

按图4.17连接实验电路,运放输入端加 $f = 100\ \mathrm{Hz}$,$U_{\mathrm{iC}} = 1 \sim 2\ \mathrm{V}$ 正弦信号,监视输出波形。测量 U_{OC} 和 U_{iC},计算 A_{C} 及 K_{CMR},记入表4.22。

5. 测量共模输入电压范围 U_{iCM} 及输出电压最大动态范围 U_{OPP}。

自拟实验步骤及方法。

六、实验报告要求

(1)将所测得的数据与典型值进行比较。

(2)对实验结果及实验中碰到的问题进行分析、讨论。

实验8   集成运放的基本运算电路

一、实验目的

(1)研究由集成运算放大器组成的比例、加法、减法和积分等基本运算电路的功能。

(2)了解运算放大器在实际应用时应考虑的一些问题。

二、实验原理及说明

1. 集成运算放大器

集成运算放大器是用集成工艺制成的、具有高增益的直接耦合多级放大电路。它具有开环增益高、输入阻抗高、输出阻抗低、共模抑制比高、温度飘逸小等特点,因此获得广泛应用。当集成运放以外部接入不同的线性或非线性元器件组成输入和负反馈电路时,可以灵活地实现各种特定的函数关系。在线性应用方面,可组成比例、加法、减法、积分、微分、对数等模拟运算电路。

(1)理想运算放大器特性。在大多数情况下,将运放视为理想运放,就是将运放的各项技术指标理想化,满足下列条件的运算放大器称为理想运放。

开环电压增益 $\qquad A_{\mathrm{ud}} = \infty$ $\qquad$ (4.53)

输入阻抗 $\qquad r_{\mathrm{i}} = \infty$ $\qquad$ (4.54)

输出阻抗 $\qquad r_{0} = 0$ $\qquad$ (4.55)

带宽 $\qquad f_{\mathrm{BW}} = \infty$ $\qquad$ (4.56)

失调与漂移均为零等。

(2)运放在线性应用时的两个重要特性:

① 输出电压 U_{0} 与输入电压之间满足关系式:$U_{0} = A_{\mathrm{ud}}(U_{+} - U_{-})$,由于 $A_{\mathrm{ud}} = \infty$,而 U_{0} 为有限值,因此,$U_{+} - U_{-} \approx 0$。集成运放两个输入端之间的电压通常接近于零,即 $U = U_{+} - U_{-} \approx 0$,若把它理想化,则有 $U = 0$,但不是短路,故称为虚短。

② 由于 $r_{\mathrm{i}} = \infty$,集成运放两个输入端几乎不取用电流,故流进运放两个输入端的电流可视为零,即 $i \approx 0$,如把它理想化,则有 $i = 0$,但不是断开,故称虚断。

上述两个特性是分析理想运放应用电路的基本原则,可简化运放电路的计算。

本实验采用的集成运算放大器的型号为 μA741,它是8脚双列直插式组件,引脚排列如图

4.21 所示。图中 1 脚、5 脚为调零端,2 脚为反相输入端,3 脚为同相输入端,6 脚为输出端,7 脚为正电源输入端,4 脚为负电源输入端,8 脚为空脚。

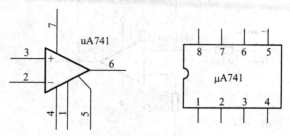

图 4.21　μA741 管脚图

2. 基本运算电路

（1）反相比例运算电路。电路如图 4.22 所示,对于理想运放,该电路的输出电压与输入电压之间的关系为

$$U_0 = -\frac{R_F}{R_1}U_i \tag{4.57}$$

为了减小输入级偏置电流引起的运算误差,在同相输入端应接入平衡电阻 $R_2 = R_1 /\!/ R_F$。

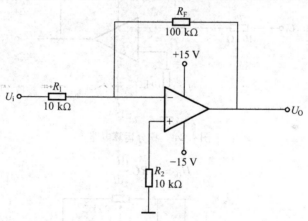

图 4.22　反相比例运算电路

（2）同相比例运算电路。图 4.23 是同相比例运算电路,它的输出电压与输入电压之间的关系为

$$U_0 = (1 + \frac{R_F}{R_1})U_i \tag{4.58}$$

（3）积分运算电路。反相积分运算电路如图 4.24 所示,在理想化条件下,输出电压 u_0 等于

$$u_0(t) = -\frac{1}{R_1 C}\int_0^t u_i dt + u_C(0) \tag{4.59}$$

式中,$u_C(0)$ 是 $t = 0$ 时刻电容 C 两端的电压值,即初始值。

即输出电压 $u_0(t)$ 随时间增长而线性下降。显然 RC 的数值越大,达到给定的 U_0 值所需的时间就越长。积分输出电压所能达到的最大值受集成运放最大输出范围的限制。

（4）微分运算电路。微分这样运算电路如图 4.25 所示。在理想条件下,输出电压为

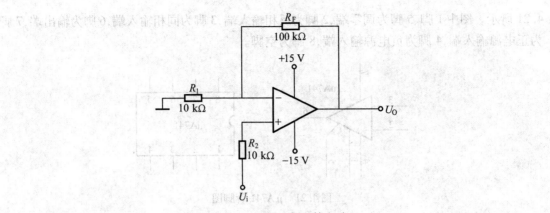

图 4.23　同相比例运算电路

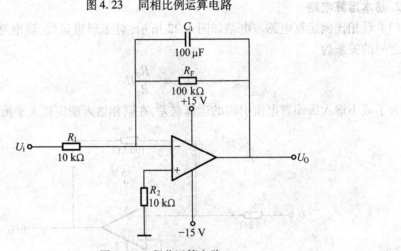

图 4.24　积分运算电路

$$U_O = -RC\frac{\mathrm{d}U_i}{\mathrm{d}t}$$

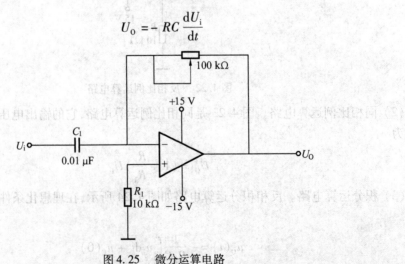

图 4.25　微分运算电路

三、实验仪器

（1）　±15 V 直流电源。

（2）函数信号发生器。

（3）交流毫伏表。

（4）直流电压表。

（5）集成运算放大器 μA741 × 1。

（6）电阻器、电容器若干。

四、实验预习要求

（1）复习教材中有关集成运算放大器构成的运算电路的相关内容,简述各实验电路的工作原理。

（2）根据实验内容计算各电路输出电压的理论值。

五、实验内容及步骤

实验前要看清运放各管脚的位置,切忌正、负电源极性接反和输出端短路,否则将会损坏集成块。

1. 反相比例运算电路

（1）按图 4.21 连接实验电路,接通 ± 15 V 电源,输入端对地短路,进行调零和消振。

（2）输入 $f = 100$ Hz, $U_i = 0.5$ V 的正弦交流信号,测量相应的 U_0,并用示波器观察 u_0 和 u_i 的相位关系,记入表 4.23。

表 4.23　$U_i = 0.5$ V　$f = 100$ Hz

	测量值	波形		A_V	
				实测值	计算值
U_i/V	0.5 V				
U_0/V					

2. 同相比例运算电路

按图 4.23 连接实验电路。实验步骤同内容 1,将结果记入表 4.24。

表 4.24　$U_i = 0.5$ V　$f = 100$ Hz

	测量值	波形		A_V	
				实测值	计算值
U_i/V	0.5 V				
U_0/V					

3. 积分运算电路

按图 4.24 连接实验电路。在 U_i 处输入 $f = 1\ 000$ Hz, $U_i = 1$ V 的方波信号,然后用双踪示波器观察输入、输出波形,并记录下来。

4. 微分运算电路

按图 4.24 连接实验电路,在 U_i 处输入 $f = 1\ 000$ Hz, $U_i = 1$ V 的方波信号,用双踪示波器观察输入、输出波形。改变 v_i 的频率,观察输出波形的变化,并记录下各输入、输出波形。

六、实验报告要求

(1) 整理实验数据,画出波形图(注意波形间的相位关系)。

(2) 将理论计算结果和实测数据相比较,分析产生误差的原因。

(3) 分析讨论实验中出现的现象和问题。

(4) 在反相加法器中,如 U_{i1} 和 U_{i2} 均采用直流信号,并选定 $U_{i2} = -1$ V,当考虑到运算放大器的最大输出幅度(± 12 V)时,$|U_{i1}|$ 的大小不应超过多少伏?

(5) 在积分电路中,如 $R_1 = 100$ kΩ,$C = 4.7$ μF,求时间常数。假设 $U_i = 0.5$ V,问要使输出电压 U_o 达到 5 V,需多长时间(设 $u_C(0) = 0$)?

(6) 为了不损坏集成块,实验中应注意什么问题?

实验9　RC 正弦波发生电路

一、实验目的

(1) 掌握桥式 RC 正弦波振荡电路的构成及工作原理。

(2) 熟悉正弦波振荡电路的调整、测试方法。

(3) 观察 RC 参数对振荡频率的影响,学习振荡频率的测定方法。

二、实验原理及说明

从结构上看,正弦波振荡器是没有输入信号的带选频网络的正反馈放大器。若用 R、C 元件组成选频网络,就称为 RC 振荡器,一般用来产生 1 Hz ~ 1 MHz 的低频信号。

图 4.26 为 RC 桥式正弦波振荡器。其中,RC 串、并联电路构成正反馈支路,同时兼作选频网络 R_1、R_2、R_F 及 2DW231 等元件构成负反馈和稳幅环节。调节电位器 R_F,可以改变负反馈深度,以满足振荡的振幅条件和改善波形,利用 2CW3 × 2 稳压管来实现稳幅。

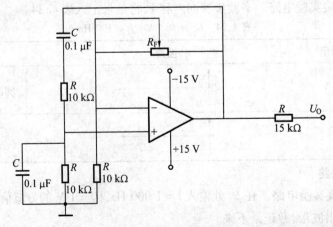

图 4.26　集成运放构成的文氏电桥正弦波振荡电路

电路的振荡频率为

$$f = \frac{1}{2\pi RC} \tag{4.60}$$

调整反馈电阻 R_F，使电路起振，且波形失真最小。如不能起振，则说明负反馈太强，应适当加大 R_F。如波形失真严重，则应适当减小 R_F。电路如图 4.27 所示。

图中 T1、T2 构成两级基本放大电路，R、C 构成串并联选频网络。振荡频率为 $f = \frac{1}{2\pi RC}$，起振条件为基本放大器的电压放大倍数 $\dot{A}_V > 3$。

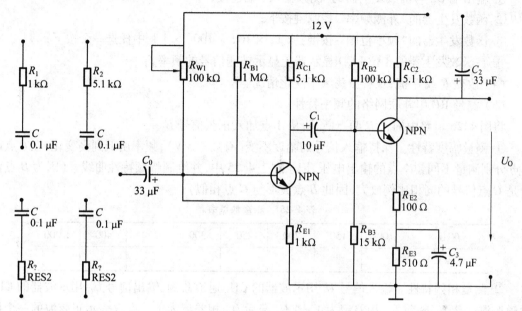

图 4.27　分立元件构成的文氏电桥正弦波振荡电路

三、实验仪器

（1）KHM – 2 实验台及实验板。

（2）函数信号发生器。

（3）双踪示波器。

（4）数字万用表。

（5）交流毫伏表。

四、实验预习要求

（1）复习教材中有关 RC 振荡器的相关内容，理解实验电路的工作原理。

（2）根据给定的参数，理论计算实验电路的振荡频率。

五、实验内容及步骤

连接图 4.26 所示电路。

（1）接通 ±15 V 电源，调节电位器 R_F，使电路起振，用示波器观测输出电压波形，直至在示波器荧光屏上出现不失真且稳定的正弦波形（若 R_F 太大，输出电压波形出现严重的失真；若

R_F 太小,则负反馈过强,振荡器停振),记录输出电压幅值最大且不失真时的输出电压 U_0、反馈电压 U_P 和 U_N,分析三者之间的关系。

(2) 断开 2CW3 × 2,重复 1 的内容,将测试结果与 1 进行比较,分析 2CW3 × 2 的稳幅作用。

(3) 测量振荡频率 f_0(接上 2CW3 × 2)并与计算值相比较。

用函数发生器的内测频率计测量振荡频率 f_0,步骤如下:

① 输出端 U_0 与函数发生器的"测频输入"端连接;

② 函数发生器的"外测频率"控制键按下;

③ 函数发生器的"频率范围"按键: × 1, × 10, × 100, × 1 k 中任选一个按下;

④ 在函数发生器的 4 位 LED 显示器上显示被测信号的频率 f_0。

(4) 改变 R 或 C 值,观察振荡频率变化情况。

(5) 测量 RC 串并联网络的频率特性。

将图 4.26 电路中的 A、B 两点断开,从 A 点加入正弦信号 U_i。

① 测量幅度特性。保持输入信号的幅度不变(有效值 3 V),频率由低到高变化,在 B 点或 C 点分别测量不同频率点的输出电压,记录在表 4.25 中,并绘制幅频特性曲线。(因为 B 点信号是 C 点信号的同相比例放大,因此 B 点波形与 C 点相似)

表 4.25　测量数据表

f/Hz	100	150	200	250	300	350	400	1 000
U_0/V								

② 测量相频特性。输入信号 U_i 用示波器的 CH_1 通道监测,输出信号 U_0 用示波器的 CH_2 通道监测。若 U_0 超前 U_i,相差记为正;若 U_0 滞后 U_i,相差记为负。设 N 表示正弦波的一个周期所占有的格数,X 表示 U_i 与 U_0 相位相差的格数,则 $\Delta\varphi = \dfrac{X}{N} \times 360°$ 将所测得的数据记入表 4.26,并绘制相频特性曲线。

表 4.26　测量数据表

f/Hz	100	150	200	250	300	350	400	1 000
N/ 格数								
N/ 格数								
$\Delta\varphi$								

六、实验报告要求

(1) 由给定电路参数计算振荡频率,并与实测值比较,分析误差产生的原因。

(2) 电路中哪些参数与振荡频率有关? 将振荡频率的实测值与理论估算值比较,分析产生误差的原因。

(3) 总结改变负反馈深度对振荡电路起振的幅值条件及输出波形的影响。

(4) 作出 RC 串并联网络的幅频特性曲线及相频特性曲线。

(5) 分析负反馈强弱对起振条件及输出波形的影响。

实验 10　　直流稳压电源

一、实验目的

（1）熟悉整流、滤波、稳压电路的工作原理。

（2）熟悉单相半波、全波、桥式整流电路。

（3）观察了解电容滤波作用。

（4）了解并联稳压、集成稳压电路。

（5）熟悉与使用集成稳压器 78XX 系列。

（6）掌握直流稳压源几项主要技术指标的测试方法。

二、实验原理及说明

电子设备一般都需要直流电源供电。这些直流电除了少数直接利用干电池和直流发电机外，大多数是采用把交流电（市电）转变为直流电的直流稳压电源。直流稳压电源由电源变压器、整流、滤波和稳压电路四部分组成，其原理框图如图 4.28 所示。电网供给的交流电压 u_i（220 V，50 Hz）经电源变压器降压后，得到符合电路需要的交流电压 u_2，然后由整流电路变换成方向不变、大小随时间变化的脉动电压 u_3，再用滤波器滤去其交流分量，就可得到比较平直的直流电压 u_L。但这样的直流输出电压，还会随交流电网电压的波动或负载的变动而变化。在对直流供电要求较高的场合，还需要使用稳压电路，以保证输出直流电压更加稳定。

1. 稳压电源的主要性能指标

（1）输出电压 U_0 和输出电压调节范围调节 R_W 可以改变输出电压 U_0。

（2）最大负载电流 I_{OM}。

（3）输出电阻 R_0。输出电阻 R_0 定义为：当输入电压 U_i（指稳压电路输入电压）保持不变，由于负载变化而引起的输出电压变化量与输出电流变化量之比，即

$$R_0 = \frac{\Delta U_0}{\Delta I_0}\bigg|_{U_i = 常数} \tag{4.61}$$

（4）稳压系数 S（电压调整率）。稳压系数定义为：当负载保持不变，输出电压相对变化量与输入电压相对变化量之比，即

$$S = \frac{\Delta U_0 / U_0}{\Delta U_i / U_i}\bigg|_{R_i = 常数} \tag{4.62}$$

由于工程上常把电网电压波动 ±10% 作为极限条件，因此也有将此时输出电压的相对变化 $\Delta U_0 / U_0$ 作为衡量指标，称为电压调整率。

（5）纹波电压。输出纹波电压是指在额定负载条件下，输出电压中所含交流分量的有效值（或峰值）。

2. 直流稳压电源

直流稳压电源框图如图 4.28 所示。

（1）电源变压器：将交流电网电压 u_1 变为合适的交流电压 u_2。

（2）整流电路：利用二极管的单相导电性，把二极管当作理想元件处理，即正向电阻为零，

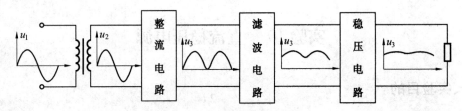

图 4.28　直流稳压电源框图

反向电阻无穷大的作用,将交流电压 u_2 变为脉动的直流电压 u_3。

① 单相半波整流电路,如图 4.29 所示。

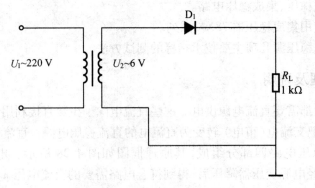

图 4.29　单相半波整流电路

平均电压:

$$U_0 = \frac{1}{2\pi} \int_0^{2\pi} u_0 \mathrm{d}(\omega t) = \frac{\sqrt{2}\, U_2}{\pi} = 0.45 U_2 \qquad (4.63)$$

二极管上的平均电流:

$$I_D = I_0 = \frac{0.45 U_2}{R_L} \qquad (4.64)$$

二极管上承受的最高电压:

$$U_{RM} = \sqrt{2}\, U_2 \qquad (4.65)$$

② 全波整流电路,如图 4.30 所示。

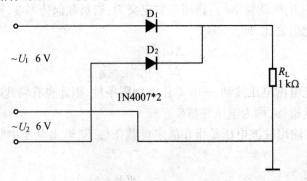

图 4.30　全波整流电路

u_0 平均值:

$$U_0 = 0.9 U_2 \qquad (4.66)$$

二极管上的平均电流：

$$I_{\mathrm{D}} = \frac{1}{2}I_0 \tag{4.67}$$

二极管上承受的最高电压：

$$U_{\mathrm{RM}} = 2\sqrt{2}\,U_2 \tag{4.68}$$

③ 桥氏全波整流电路，如图 4.31 所示。

当 $u_2 > 0$ 时，D_1、D_3 导通，D_2、D_4 截止，电流通路由 $+ \to D_1 R_{\mathrm{L}} D_3 \to -$；当 $u_2 < 0$ 时，D_2、D_4 导通，D_1、D_3 截止，电流通路由 $+ \to D_2 R_{\mathrm{L}} D_4 \to -$。

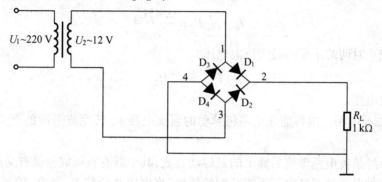

图 4.31　桥式全波整流电路

④ 几种常见的硅整流桥电路，如图 4.32 所示。

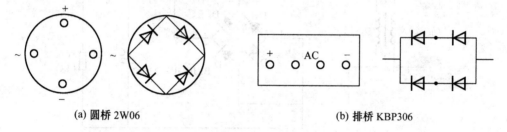

(a) 圆桥 2W06　　　　　　　　　　　　(b) 排桥 KBP306

图 4.32　几种常见的硅整流桥电路

⑤ 整流电路的主要参数。衡量整流电路的性能指标主要有两个，其一是整流输出电压平均值 U_0，其二是输出电压的脉动系数 S。

a. 整流输出电压平均值（U_0）。

负载电压 U_0 的平均值为

$$U_0 = \frac{1}{2\pi}\int_0^{2\pi} u_{\mathrm{o}}\,\mathrm{d}(\omega t) = \frac{2\sqrt{2}\,U_2}{\pi} \tag{4.69}$$

负载上的（平均）电流

$$I_0 = \frac{U_0}{R_{\mathrm{L}}} \tag{4.70}$$

b. S 定义为整流输出电压的基波峰值 U_{O1M} 与平均值 U_0 之比。用傅氏级数对全波整流的输出 u_{o} 分解后可得

$$U_0 = \sqrt{2}\,U_2\left(\frac{2}{\pi} - \frac{4}{3\pi}\cos 2\omega t - \frac{4}{15\pi}\cos 4\,\omega t - \frac{4}{35\pi}\cos 6\,\omega t\cdots\right) \tag{4.71}$$

则

$$S = \frac{U_{O1M}}{U_O} = \frac{\frac{4\sqrt{2}\,U_2}{3\pi}}{\frac{2\sqrt{2}\,U_2}{\pi}} = \frac{2}{3} \approx 0.67 \tag{4.72}$$

⑥ 整流电路中整流管的选择。平均电流(I_D)与反向峰值电压(U_{RM})是选择整流管的主要依据。例如,在桥氏整流电路中,每个二极管只有半周导通,因此,流过每只整流二极管的平均电流 I_D 是负载平均电流的一半。

$$I_D = \frac{1}{2}I_O = \frac{0.45U_2}{R_L} \tag{4.73}$$

二极管截止时两端承受的最大反向电压

$$U_{RM} = \sqrt{2}\,U_2 \tag{4.74}$$

(3) 滤波电路。

① 电容滤波电路。电容滤波电路将脉动的直流电压 u_3 转变成平滑的直流电压 u_L,如图 4.33 所示。

交流电压经整流电路整流后输出的是脉动直流,其中既有直流成分又有交流成分,滤波电路利用储能元件电容两端的电压不能突变的特性,将电容与负载 R_L 并联,滤掉整流电路输出电压中的交流成分,保留其直流成分,达到平滑输出电压波形的目的。

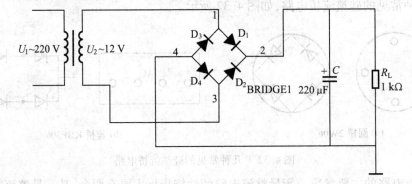

图 4.33　电容滤波电路

电容滤波电路的特点:

电容滤波电路输出电压 U_O 与时间常数 R_LC 有关,R_LC 越大 → 电容器放电越慢 → U_O(平均值) 越大,一般取 $\tau_d = R_LC \geq (3-5)\dfrac{T}{2}$($T$:电源电压的周期),近似估算为

$$U_O = 1.2U_2 \tag{4.75}$$

② RC-Ⅱ滤波电路。为了改善滤波特性,可采用多级滤波的办法,如在电容滤波后再接一级 RC 滤波电路,从而构成稳压电路。稳压电路能清除电网波动及负载变化的影响,保证输出电压 U_O 的稳定。

(4) 稳压电路。稳压电路常采用集成稳压器。随着半导体工艺的发展,稳压电路也制成了集成器件。集成稳压器的内部电路实际上就是一个串联式稳压电源,只是电路更复杂,性能更完善。由于集成稳压器具有体积小,外接线路简单、使用方便、工作可靠和通用性等优点,因

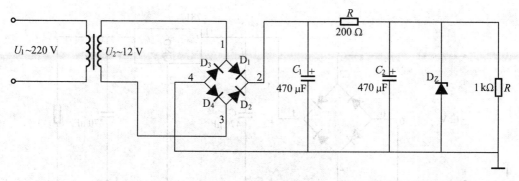

图 4.34　RC-Ⅱ滤波电路

此在各种电子设备中应用十分普遍,基本上取代了由分立元件构成的稳压电路。集成稳压器的种类很多,应根据设备对直流电源的要求来进行选择。对于大多数电子仪器设备和电子电路来说,通常是选用串联线性集成稳压器。而在这种类型的器件中,又以三端式稳压器应用最为广泛。

W7800、W7900 系列三端式集成稳压器的输出电压是固定的,在使用中不能进行调整。W7800 系列三端式稳压器输出正极性电压,一般有 5 V、6 V、9 V、12 V、15 V、18 V、24 V 七个挡次,输出电流最大可达 1.5 A(加散热片)。同类型 78M 系列稳压器的输出电流为 0.5 A,78L 系列稳压器的输出电流为 0.1 A。若要求负极性输出电压,则可选用 W7900 系列稳压器。

图 4.35 为 W7800 系列的外形和接线图,它有三个引出端:

$\quad$ 输入端(不稳定电压输入端)　　　标以"1"

$\quad$ 输出端(稳定电压输出端)　　　　标以"3"

$\quad$ 公共端　　　　　　　　　　　　标以"2"

本实验所用集成稳压器为三端固定正稳压器 W7812,它的主要参数有:输出直流电压 $U_0 = +12$ V,输出电流 L:0.1 A,M:0.5 A,电压调整率 10 mV/V,输出电阻 $R_0 = 0.15$ Ω,输入电压 U_I 的范围 15 ~ 17 V。因为一般 U_I 要比 U_0 大 3 ~ 5 V,才能保证集成稳压器工作在线性区。

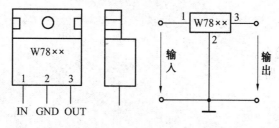

图 4.35　W7800 系列外形及接线图

① 图 4.36 是用固定集成三端式稳压器 W7812 构成的稳压电源的实验电路图。

② 除固定输出三端稳压器外,还有可调式三端稳压器,可通过外接元件对输出电压进行调整,以适应不同的需要,图 4.37 为可调输出正三端稳压器 W317 外形及接线图。

输出电压计算公式为

$$U_0 \approx 1.25 \left(1 + \frac{R_2}{R_1}\right) \tag{4.76}$$

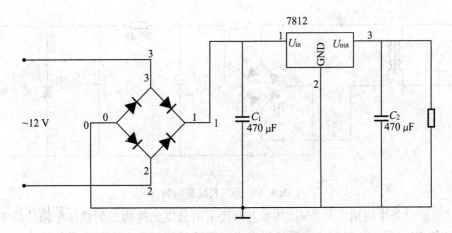

图 4.36　固定集成三端稳压电路

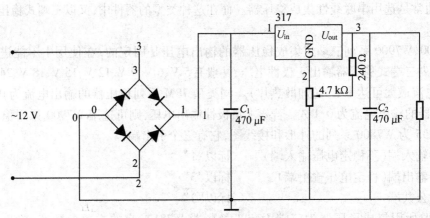

图 4.37　可调集成三端稳压电路

最大输入电压　　　　　　　　　　$U_{\text{im}} = 40$ V　　　　　　　　　（4.77）

输出电压范围　　　　　　　　　　$U_{\text{O}} = 1.2 \sim 37$ V　　　　　　　（4.78）

三、实验仪器

（1）KHM - 2 实验台。

（2）函数信号发生器。

（3）双踪示波器。

（4）数字万用表。

（5）交流毫伏表。

（6）三端稳压器 W7812、W317。

（7）电阻器、电容器若干。

四、实验预习要求

（1）复习整流、滤波、稳压电路的工作原理。

（2）根据实验电路图分析各电路输出端波形及输出电压值。

五、实验内容及步骤

1. 单相半波整流电路测试

按图 4.29 所示连接实验电路,取工频电源 6 V 电压作为整流电路输入电压 u_2。接通电源,测量输出端直流电压 U_L 及纹波电压 $\widetilde{U}_L$,用示波器观察 u_2、u_L 的波形,把数据及波形记入表 4.27。

2. 全波整流电路测试

按图 4.30 所示连接实验电路,取工频电源 17 V 电压作为整流电路输入电压 u_2。接通电源,测量输出端直流电压 U_L 及纹波电压 $\widetilde{U}_L$,用示波器观察 u_2、u_L 的波形,把数据及波形记入表 4.27。

3. 桥式全波整流电路测试

按图 4.31 所示连接实验电路,取工频电源 14 V 电压作为整流电路输入电压 u_2。接通电源,测量输出端直流电压 U_L 及纹波电压 $\widetilde{U}_L$,用示波器观察 u_2、u_L 的波形,把数据及波形记入表 4.27。

4. 电容滤波电路测试

按图 4.33 所示连接实验电路,取工频电源 14 V 电压作为整流电路输入电压 u_2。接通电源:

(1) 取 $R_L = 1\ \text{k}\Omega$,$C = 470\ \mu\text{F}$,测量直流输出电压 U_L 及纹波电压,并用示波器观察 u_2 和 u_L 波形,记入表 4.27。

(2) 取 $R_L = 500\ \Omega$,$C = 470\ \mu\text{F}$,测量直流输出电压 U_L 及纹波电压,并用示波器观察 u_2 和 u_L 波形,记入表 4.27。

5. ∏型滤波电路测试

按图 4.34 所示连接实验电路,取工频电源 14 V 电压作为整流电路输入电压 u_2。接通电源,测量输出端直流电压 U_L 及纹波电压 $\widetilde{U}_L$,用示波器观察 u_2、u_L 的波形,把数据及波形记入表 4.27。

表 4.27　测量数据表

	输入电压 u_2/V	输出端直流电压 U_L/V	纹波电压 $\widetilde{U}_L$/V	u_2 波形	u_L 波形
单相半波					
全波整流					
桥氏全波整流电路					

续表 4.27

		输入电压 u_2/V	输出端直流电压 U_L/V	纹波电压 $\tilde{U}_L$/V	u_2 波形	u_L 波形
电容滤波电路	$R_L = 1\ \text{k}\Omega$ $C = 470\ \mu\text{F}$					
	$R_L = 500\ \Omega$ $C = 470\ \mu\text{F}$					
∏ 型滤波电路						

6. 集成稳压器性能测试

（1）固定三端稳压器。断开工频电源，按图 4.36 所示改接实验电路，取负载电阻 $R_L = 1\ \text{k}\Omega$。

① 初测。接通工频 14 V 电源，测量 U_2 值；测量滤波电路输出电压 U_i（稳压器输入电压），集成稳压器输出电压 U_0，它们的数值应与理论值大致符合，否则说明电路出了故障。设法查找故障并加以排除。电路经初测进入正常工作状态后，才能进行各项指标的测试。

② 各项性能指标测试。

a. 输出电压 U_0 和最大输出电流 I_{0MAX} 的测量。在输出端接负载电阻 $R_L = 1\ \text{k}\Omega$，由于 7812 输出电压 $U_0 = 14\ \text{V}$，因此流过 R_L 的电流 $I_{0MAX} = \dfrac{14}{1\ 000} = 14\ \text{mA}$。这时 U_0 应基本保持不变，若变化较大则说明集成块性能不良。

b. 稳压系数 S 的测量。取 $I_0 = 100\ \text{mA}$，按图 4.36 所示改变整流电路输入电压 U_2（模拟电网电压波动 $\pm 10\%$），分别测出相应的稳压器输入电压 U_i 及输出直流电压 U_0，记入表 4.28。

c. 输出电阻 R_0 的测量。取 $U_2 = 16\ \text{V}$，改变滑线变阻器位置，使 I_0 为空载、50 mA 和 100 mA，测量相应的 U_0 值，记入表 4.28。

d. 输出纹波电压的测量。取 $U_2 = 16\ \text{V}$、$U_0 = 12\ \text{V}$、$I_0 = 100\ \text{mA}$，测量输出纹波电压 U_0，记入表 4.28。

（2）可调三端集成稳压器。

① 调节电位器 R_W，测量输出电压的变化范围。

② 测量 317 的 1 端和 2 端的直流电压及波形，并记录数据。

③ 测量稳压电源动态内阻 r_0。

④ 测量电源稳压系数 S。

注意 ① 每次改接电路时，必须切断工频电源。② 在观察输出电压 u_L 波形的过程中，"Y 轴灵敏度"旋钮位置调好以后，不要再变动，否则将无法比较各波形的脉动情况。

表 4. 28 测量数据表

	测量值			计算值	
	1 脚输出电压及波形	2 脚输出电压及波形	纹波电压 U_L	输出电阻	稳压系数
固定三端集成稳压器					
可调三端集成稳压器					

六、实验报告要求

（1）总结各整流、滤波电路的特点。

（2）根据所测数据，计算稳压电路的稳压系数 S 和输出电阻 R_0，并进行分析。

（3）分析讨论实验中出现的故障及其排除方法。

（4）在测量稳压系数 S 和内阻 R_0 时，应怎样选择测试仪表？

（5）在桥式整流电路实验中，能否用双踪示波器同时观察 u_2 和 u_L 波形，为什么？

（6）在桥式整流电路中，如果某个二极管发生开路、短路或反接三种情况，将会出现什么问题？

（7）为了使稳压电源的输出电压 $U_0 = 12$ V，则其输入电压的最小值 U_{Imin} 应等于多少？交流输入电压 U_{2min} 又怎样确定？

（8）当稳压电源输出不正常，或输出电压 U_0 不随取样电位器 R_W 而变化时，应如何进行检查找出故障所在？

（9）怎样提高稳压电源的性能指标（减小 S 和 R_0）？

第5章　数字电子技术实验

实验1　数字逻辑实验箱使用练习

一、实验目的

（1）掌握数字逻辑实验箱和双踪示波器的使用方法。
（2）熟悉各种常用集成门电路芯片的引脚排列方式。
（3）掌握门电路逻辑功能的测试方法。
（4）掌握基本数字电路的测试方法。

二、实验原理及说明

1. 数字逻辑电路的测试方法

（1）组合逻辑电路的测试。组合逻辑电路测试的目的是验证其逻辑功能是否符合设计要求，也就是验证其输出与输入的关系是否与真值表相符。

a. 静态测试。静态测试是在电路静止状态下测试输出与输入的关系。将输入端分别接到逻辑开关上，用发光二极管显示各输出端的状态。按真值表将输入信号一组一组地依次送入被测电路，测出相应的输出状态，与真值表相比较，借以判断此组合逻辑电路静态工作是否正常。

b. 动态测试。动态测试是测量组合逻辑电路的频率响应。在输入端加上周期性信号，用示波器观察输入、输出波形。测出与真值表相符的最高输入脉冲频率。

（2）时序逻辑电路的测试。时序逻辑电路测试的目的是验证其状态的转换是否与状态图相符合。可用发光二极管、数码管或示波器等观察输出状态的变化。常用的测试方法有两种，一种是单拍工作方式：以单脉冲源作为时钟脉冲，逐拍进行观测。另一种是连续工作方式：以连续脉冲源作为时钟脉冲，用示波器观察波形，来判断输出状态的转换是否与状态图相符。

2. 常用集成电路引脚识别方法

数字电路实验中所用到的集成芯片都是双列直插式的，两种常用集成门电路的外形及引脚排列如图5.1所示。

通过图5.1两种芯片的图示可知，各种不同的集成电路引脚有不同的识别标记和不同的识别方法，通常有以下几个特征：

（1）集成电路的一侧有半圆形或方形缺口，或在一角有一凹坑，当缺口对准左侧或凹坑位于左下角时即为芯片正方向位置，或以文字面为准摆放亦是正方向位置。

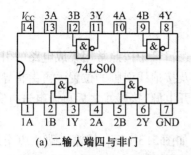
(a) 二输入端四与非门

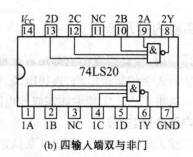
(b) 四输入端双与非门

图 5.1　两种常用集成门电路的外形及引脚排列

（2）找准芯片正方向后,左下角引脚为第一脚,然后按逆时针依次递增。

（3）在标准形 TTL 集成电路中,电源端 V_{CC} 一般排在左上端,接地端 GND 一般排在右下端。如 74LS20 为 14 脚芯片,14 脚为 V_{CC},7 脚为 GND。

（4）若集成芯片引脚上的功能标号为 NC,则表示该引脚为空脚,与内部电路不连接。

3. 数字实验箱中 14 引脚集成电路插座（IC 插座）

数字实验箱中 14 引脚集成电路插座（IC 插座）如图 5.2 所示。

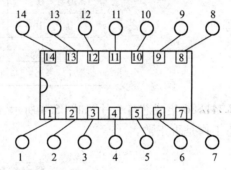

图 5.2　数字实验箱中 14 引脚 IC 插座示意图

如图所示,外部数字为 IC 插座的引脚标号,内部数字是 14 脚集成电路的引脚标号,当把 14 脚集成电路安插到 IC 插座后,通过导线连接使集成电路的金属管脚索引到面板外部的插孔上来,这样为数字电路的搭接提供了方便。

TPE-D6 型数字逻辑实验箱中包括了 14 引脚、16 引脚、20 引脚三种集成电路插座,所完成的功能均相同。

三、实验仪器

（1）数字逻辑实验箱:TPE-D6 型,1 台。

（2）双路示波器:DF4321 型,1 台。

（3）74LS00:与非门,1 片,二输入端四与非门。

（4）74LS86:异或门,1 片,二输入端四异或门。

四、实验预习要求

（1）参照 2.3.3 中数字逻辑实验箱简介,预习各器件所在位置及功能。

（2）参照 2.2.5 中双踪示波器的简介,预习各旋钮位置及功能。

五、实验内容及步骤

实验操作前,检查实验箱电源是否正常,在数字逻辑箱中按照常用集成电路的引脚识别方法找到实验所需的集成电路,连接电源,注意电源及接地线引脚的位置。再由指导教师检查无误后方可通电工作。实验中如需修改电路需先断开电源,接好线之后再通电进行实验。

1.门电路的静态测试

选用二输入端四与非门 74LS00 集成芯片一片,如图 5.3 所示,将输入端 A、B 分别接到两个逻辑电平开关上,将输出 Y 端连接到电平显示(发光二极管)端口,显示输出状态。按真值表将输入信号一组一组地依次送入被测电路的 A、B 端口,测出相应的输出 Y 的状态,记入表5.1,与真值表相比较,借以判断此与非门静态工作是否正常。

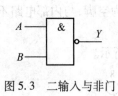

图 5.3　二输入与非门

表 5.1　二输入与非门真值表

输　入		输　出
A	B	Y
0	0	
0	1	
1	0	
1	1	

选用二输入端四异或门 74LS86 集成芯片一片,如图 5.4 所示,连接方法同上,将测试结果记入表 5.2,测试异或门静态工作是否正常。

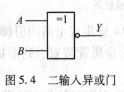

图 5.4　二输入异或门

表 5.2　二输入异或门真值表

输　入		输　出
A	B	Y
0	0	
0	1	
1	0	
1	1	

2.门电路的动态测试

选用二输入端四与非门 74LS00 集成芯片一片,按图 5.5(a)进行接线,将 A 端输入 1 kHz 固定连续脉冲信号,S 端接到任意一个电平开关,然后采用双踪示波器进行观测波形,CH_1 通道接到输入端,观察连续脉冲信号,CH_2 通道接到输出 Y 端,分别观察 $S=0$、$S=1$ 时输出端波形,分析实验结果。

按图 5.5(b)搭接线路,将 A 端输入 1 kHz 固定连续脉冲信号,S 端接到任意一个电平开关,采用双踪示波器进行观测波形,CH_1 通道接到输入端,观察连续脉冲信号,CH_2 通道接到输出 Y 端,分别观察 $S=0$、$S=1$ 时输出端波形,分析实验结果。

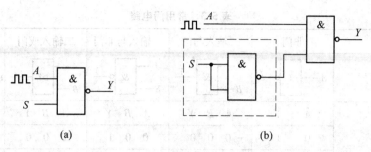

图 5.5　门电路的动态测试

六、实验注意事项

（1）数字逻辑实验箱中的每个集成电路均独立工作,在搭接线路时需对每片集成电路进行独立供电。

（2）如需对线路进行修改,必须将数字逻辑箱的电源开关关闭,避免带电操作。

（3）集成电路的电源与接地线切勿短接或反接。

（4）实验完毕后必须先关闭数字逻辑实验箱的电源再进行连接线的拆除,不要带电拆线,并要把导线与电源线放到实验箱中。

七、实验报告要求

（1）根据实验内容完成实验,并将实验数据填入相应的表格中。

（2）通过示波器观测实验结果,将门电路的动态测试图画到总结报告中。

（3）通过观测到的动态波形图,分析图 5.5(b) 中左侧虚线内部的电路完成了什么功能?

实验 2　门电路逻辑功能及测试

一、实验目的

（1）熟悉集成门电路的工作原理和主要参数。

（2）熟悉集成门电路的外形引脚排列及应用事项。

（3）验证和掌握门电路的逻辑功能。

二、实验原理及说明

1. 门电路的逻辑功能

门电路是最基本的逻辑元件,它能实现最基本的逻辑功能,即其输入与输出之间存在一定的逻辑关系,常用门电路见表 5.3,实验中提供的集成块为 74LS 系列的低功耗肖特基 TTL 和 74HC 系列高速 CMOS 电路,它们在逻辑上兼容,可直接互接,但具体物理参数不同。

表 5.3　常用门电路

名称	非门	二输入与门	二输入与非门	二输入或门	异或门
图形符号	A —[1]— Y	A B —[&]— Y	A B —[&]o— Y	A B —[≥1]— Y	A B —[=1]— Y
真值表	A　Y	A　B　Y	A　B　Y	A　B　Y	A　B　Y
	0　1	0　0　0	0　0　1	0　0　0	0　0　0
	1　0	0　1　0	0　1　1	0　1　1	0　1　1
		1　0　0	1　0　1	1　0　1	1　0　1
		1　1　1	1　1　0	1　1　1	1　1　0
逻辑式	$Y=\overline{A}$	$Y=A\cdot B$	$Y=\overline{A\cdot B}$	$Y=A+B$	$Y=A\oplus B$

2. 实验说明

本次实验是在门电路的输入端输入不同的电压时,表示输入不同的逻辑电平。输出端输出不同电压,表示输出不同逻辑电平。测量输入、输出电压变化与逻辑电平的对应关系,根据输出电平与输入电平关系,以确定门电路的逻辑功能。

三、实验仪器

(1) 数字逻辑实验箱:TPE-D6 型,1 台。

(2) 74LS20:与非门,1 片,四输入端与非门。

(3) 74LS00:与非门,1 片,二输入端四与非门。

(4) 74LS86:异或门,1 片,二输入端四异或门。

四、实验预习要求

(1) 预习门电路的工作原理及相应的逻辑表达式。

(2) 根据实验任务要求写出设计步骤,画出逻辑电路图,并根据选用集成块,在电路图上标出所用集成电路的引脚号。

(3) 了解实验原理后,用铅笔填好本次实验所有的真值表。

五、实验内容及步骤

1. TTL 与非门逻辑功能测试

本实验采用四输入双与非门 74LS20,即在一块集成电路内含有两个互相独立的与非门,每个与非门有四个输入端。其逻辑符号及引脚排列如图 5.6(a)、(b)所示。

与非门的逻辑功能是:当输入端中有一个或一个以上是低电平时,输出端为高电平;只有当输入端全部为高电平时,输出端才是低电平(即有"0"得"1",全"1"得"0")。

其逻辑表达式为

$$Y=\overline{A\cdot B\cdots} \tag{5.1}$$

在原理图 5.6(a)上标上引脚号,输入端 A、B、C、D 分别接 4 个电平开关,开关为"H"(即高电平"1")时输入高电平,开关为"L"(即低电平"0")时输入低电平。输出端 Y 连接到电平

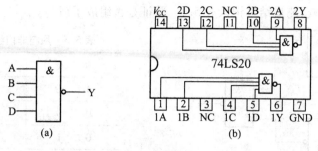

图 5.6　74LS20 逻辑符号及引脚排列

显示部分,指示灯亮时输出高电平,指示灯灭时输出低电平。根据表 5.4 的输入状态,分别测输出的逻辑状态,结果记入表 5.4。

表 5.4　四输入与非门逻辑功能测试

输入端	输出端 Y		输入端	输出端 Y	
$A\ B\ C\ D$	电压/V	逻辑状态	$A\ B\ C\ D$	电压/V	逻辑状态
0　0　0　0			0　1　0　1		
0　0　0　1			0　1　1　0		
0　0　1　0			1　0　0　1		
0　0　1　1			1　1　1　0		
0　1　0　0			1　1　1　1		

2. 利用与非门组成其他逻辑门电路

（1）采用 2 输入与非门 74LS00 集成电路组成非门。

写出转换公式

$$Y=\overline{A}=\overline{A\cdot A}=\overline{A\cdot 1} \tag{5.2}$$

画出原理图如图 5.7 所示。

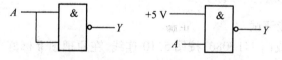

图 5.7　与非门组成的非门电路

在原理图上标上引脚号,按照原理图在实验箱接线验证,将测量结果记入表 5.5。将实际结果与理论值相比较,验证是否组成了非门。

表 5.5　用与非门组成非门

输　入	输　出
A	Y
0	
1	

（2）用 2 输入与非门 74LS00 集成电路组成或门。

写出转换公式

$$Y=A+B=\overline{\overline{A+B}}=\overline{\overline{A}\cdot\overline{B}} \tag{5.3}$$

画出原理图如图 5.8 所示,在原理图上标上引脚号,按照原理图在实验箱接线验证,将实际结果与理论相比较,测量结果记入表5.6。验证是否组成了或门。

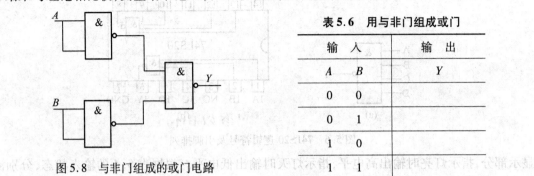

图5.8 与非门组成的或门电路

表5.6 用与非门组成或门

输 入		输 出
A	B	Y
0	0	
0	1	
1	0	
1	1	

(3) 用2输入与非门74LS00集成电路组成异或门。

写出转换公式

$$Y=A \oplus B=\overline{\overline{AB}+\overline{AB}}=\overline{\overline{AB} \cdot \overline{AB}} \qquad (5.4)$$

画出原理图如图5.9所示。在原理图上标上引脚号,按照原理图在实验箱接线验证,将测量结果记入表5.7。将实际结果与理论相比较,验证是否组成了异或门。

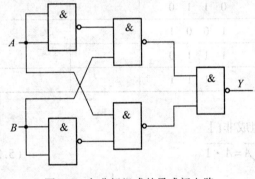

图5.9 与非门组成的异或门电路

表5.7 用与非门组成或门

输 入		输 出
A	B	Y
0	0	
0	1	
1	0	
1	1	

3.异或门逻辑功能测试

采用2输入四异或门74LS086,按图5.10连线,在原理图上标好引脚号,输入端 $1A$、$1B$、$2A$、$2B$ 分别连接到四个电平开关上,输出端 $1Y$、$2Y$、$3Y$ 分别连接到三个电平显示的发光二极管上,将实际结果记入表5.8,并与理论结果相比较,验证是否与理论值相符。

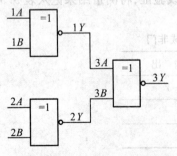

图5.10 异或门组成的逻辑电路

表5.8 异或门逻辑功能测试表

输 入				输 出		
A	B	C	D	$1Y$	$2Y$	$3Y$
0	0	0	0			
0	1	0	0			
1	0	1	0			
1	1	0	0			
1	1	1	0			
1	1	1	1			

六、实验报告要求

（1）在电路图上标明接线时使用的集成块名称和引脚号，作为实验接线图。

（2）根据实验内容完成实验，并将实验数据填入相应的表格中。分析、确认实验结果的正确性，说明实验结论。

实验3 TTL 与非门的参数和特性测试

一、实验目的

（1）熟悉 TTL 与非门 74LS00 的管脚。

（2）掌握 TTL 与非门的主要参数和静态特性的测试方法，并加深对各参数意义的理解。

二、实验原理及说明

门电路特性参数的好坏，在很大程度上影响整个电路工作的可靠性。

选用 TTL74LS00 二输入端四与非门进行参数的实验测试，以掌握门电路主要参数的意义和测试方法。

参数按时间特性分两种：静态参数和动态参数。

静态参数：指电路处于稳定的逻辑状态下测得的各项技术参数，如门电路的低电平输入电流等。

动态参数：指逻辑状态转换过程中与时间有关的参数，如门电路的平均传输时间等。

输入短路电流 I_{IS}：又称低电平输入电流 I_{IL}，指一个输入端接地，其他输入端悬空时，流过该接地输入端的电流。

输入高电平电流 I_{IH}：指一个输入端接高电平，其余输入端接地时，流过该高电平输入端的电流。

输出高电平 U_{OH}：U_{OH} 指输出不接负载，当与非门有一个以上输入端为低电平时的电路输出电压值。

输出低电平 U_{OL}：指与非门所有输入端均接高电平时的输出电压值。

电压传输特性曲线、开门电平 U_{on} 和门电平 U_{off}：保证输出不高于标准低电平 U_{SL} 时，允许的输入高电平的最小值称为开门电平 U_{on}。保证输出不小于标准高电平 U_{SH} 时，允许的输入低电平的最大值称为关门电平 U_{off}。

三、实验仪器

（1）数字逻辑实验箱：TPE-D6 型，1 台。

（2）数字万用表：1 块。

（3）74LS00：与非门，1 片，二输入端四与非门。

（4）电位器：100 Ω、4.7 kΩ 各一个。

四、实验预习要求

（1）TTL 和 CMOS 电路的技术规范，了解各参数的含义。

（2）复习 TTL 和 CMOS 各参数的测试方法。

（3）熟悉 TTL 与非门的外形结构。

五、实验内容及步骤

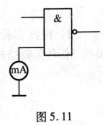

图 5.11

1. 输入短路电流 I_{IS}

输入短路电流 I_{IS} 是指当某输入端接地，而其他输入端开路或接高电平时，流过该接地输入端的电流。输入短路电流 I_{IS} 与输入低电平电流 I_{IL} 相差不多，一般不加以区分。按图 5.11 所示方法，在输出端空载时，依次将输入端经毫安表接地，测得各输入端的输入短路电流，并记入表 5.9。

表 5.9　输入短路电流 I_{IS} 测量值

输入端	1	2	4	5	9	10	12	13
I_{IS}								

2. 静态功耗

按图 5.12 接好电路，分别测量输出低电平和高电平时的电源电流 I_{CCH} 及 I_{CCL}，于是有

$$P_O = \frac{I_{CCH} + I_{CCL}}{2} V_{CC}$$

74LS00 为四与非门，测 I_{CCH} 及 I_{CCL} 时，4 个门的状态应相同，图 5.12（a）所示测得的为 I_{CCL}。测 I_{CCH} 时，为使每一个门都输出高电平，可按图 5.12（b）接线。P_O 应除以 4 得出一个门的功耗。

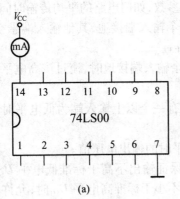
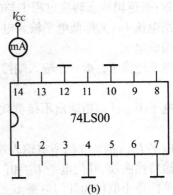

图 5.12　测量电源电流电路

3. 电压传输特性的测试

电压传输特性描述的是与非门的输出电压 u_O 随输入 u_i 的变化情况，即 $u_O = f(u_i)$。

按图 5.13 接好电路，调节电位器，使输入电压、输出电压分别按表 5.10 中给定的各值变化时，测出对应的输出电压或输入电压的值记入表 5.10。根据测试的数值，画出电压传输特性曲线。

表 5.10　电压传输特性测试表

u_i/V	0	0.4	0.8	0.9	1.0	1.1	1.2	1.5	2	2.4	3	4
u_0/V												

4. 最大灌电流 I_{OLmax} 的测量

按图 5.14 接好电路，调整 R_W，用电压表监测输出电压 u_0，当 $u_0 = 0.4$ V 时，停止改变 R_W，将 A、B 两点从电路中断开，用万用表的电阻挡测量 R_W，利用公式

$$I_{OLmax} = (V_{CC} - 0.4)/(R + R_W) \tag{5.6}$$

计算 I_{OLmax}，然后计算扇出系数

$$N = I_{OLmax}/I_{IS}$$

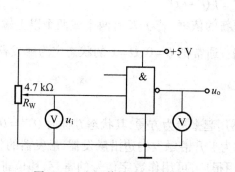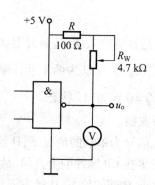

图 5.13　电压传输特性测试电路　　　图 5.14　最大灌电流测试电路

六、实验报告要求

（1）整理测试数据，并与器件规范值比较，分析其异同。

（2）根据测试所得数据，绘制电压传输特性曲线。

实验 4　触发器逻辑功能测试

一、实验目的

（1）掌握基本 RS、JK、D 触发器的逻辑功能。

（2）正确使用触发器集成电路。

（3）熟悉不同触发器之间的转换方法。

二、实验原理及说明

触发器具有两个稳定状态，用以表示逻辑状态"1"和"0"，在一定的外界信号作用下，可以从一个稳定状态翻转到另一个稳定状态，它是一个具有记忆功能的二进制信息存贮器件，是构成各种时序电路的最基本逻辑单元。

1. 基本 RS 触发器

图 5.15 为由两个与非门交叉耦合构成的基本 RS 触发器,它是无时钟控制低电平直接触发的触发器。基本 RS 触发器具有置"0"、置"1"和"保持"三种功能。

2. JK 触发器

在输入信号为双端的情况下,JK 触发器是功能完善、使用灵活和通用性较强的一种触发器。本实验采用 74LS112 双 JK 触发器,是下降沿触发的边沿触发器,引脚排列见附录。逻辑符号如图 5.16 所示。

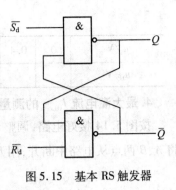

图 5.15　基本 RS 触发器

JK 触发器的状态方程为

$$Q^{n+1} = J\,\overline{Q^n} + \overline{K}Q^n \tag{5.7}$$

J 和 K 是数据输入端,是触发器状态更新的依据,若 J、K 有两个或两个以上输入端时,组成"与"的关系。Q 与 $\overline{Q}$ 为两个互补输出端。通常把 $Q=0$、$\overline{Q}=1$ 的状态定为触发器"0"状态;而把 $Q=1$、$\overline{Q}=0$ 定为"1"状态。

3. D 触发器

在输入信号为单端的情况下,D 触发器用起来最为方便,其状态方程为 $Q^{n+1}=D$,其输出状态的更新发生在 CP 脉冲的上升沿,故又称为上升沿触发的边沿触发器,触发器的状态只取决于时钟到来前 D 端的状态,D 触发器的应用很广,可用作数字信号的寄存、移位寄存、分频和波形发生等。有很多种型号可供各种用途的需要而选用。如双 D 74LS74、四 D 74LS175、六 D 74LS174 等,引脚排列图见附录。

4. 触发器之间的相互转换

在集成触发器的产品中,每一种触发器都有自己固定的逻辑功能,但可以利用状态方程进行推导,进而转换成具有其他功能的触发器。逻辑符号如图 5.17 所示。

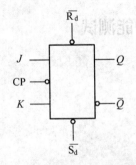

图 5.16　JK 触发器逻辑符号

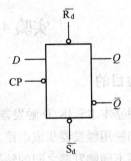

图 5.17　D 触发器逻辑符号

例如,将 JK 触发器的 J、K 两端连在一起,并认它为 T 端,就得到所需的 T 触发器。

三、实验仪器

(1) 数字逻辑实验箱:TPE-D6 型,1 台。

(2) 双路示波器:DF4321 型,1 台。

(3) 74LS00:与非门,1 片,二输入端四与非门。

（4）74LS74:D 触发器,1 片,双 D 触发器。

（5）74LS112:JK 触发器,1 片,双 JK 触发器。

四、实验预习要求

（1）熟记 D、JK、T 触发器的状态方程。

（2）画出触发器功能转换电路图。

（3）根据状态方程的推导,画出 JK 触发器、D 触发器的动态测试波形图。

五、实验内容及步骤

1.测试基本 RS 触发器的逻辑功能

两个与非门交叉耦合构成的基本 RS 触发器,如图 5.15 所示。按表 5.11 的顺序在 $\overline{S_d}$、$\overline{R_d}$ 端加入逻辑电平信号,观察 Q、$\overline{Q}$ 端的状态,将结果记入表5.11,并说明在各种输入状态下执行的逻辑功能。

表 5.11　基本 RS 触发器的逻辑功能测试

$\overline{S_d}$	$\overline{R_d}$	Q	$\overline{Q}$	逻辑功能
0	1			
1	1			
1	0			
1	1			

2.测试双 JK 触发器 74LS112 逻辑功能

（1）测试 $\overline{R_d}$、$\overline{S_d}$ 的复位、置位功能。JK 触发器逻辑符号如图 5.16 所示,将 $\overline{R_d}$、$\overline{S_d}$、J、K 端接逻辑电平开关上,CP 端接单次脉冲源,Q、$\overline{Q}$ 端接至逻辑电平显示端口。改变 $\overline{R_d}$、$\overline{S_d}$ 状态(J、K、CP 处于任意状态),并在 $\overline{R_d}=0$（$\overline{S_d}=1$）和 $\overline{S_d}=0$（$\overline{R_d}=1$）作用期间任意改变 J、K 及 CP 的状态,观察 Q、$\overline{Q}$ 状态,记入表 5.12。

（2）测试 JK 触发器的逻辑功能。将 $\overline{R_d}=1$、$\overline{S_d}=1$,改变 J、K、CP 端状态,观察 Q、$\overline{Q}$ 状态变化,观察触发器状态,记入表5.12,并与 JK 触发器的功能表相对比,确定触发器是否完好。

（3）JK 触发器动态测试。$\overline{R_d}=1$、$\overline{S_d}=1$ 时,令 $J=K=1$ 时,CP 端加连续脉冲,写出电路的状态方程,并用双踪示波器观察 CP、Q 两端的波形。

3.测试双 D 触发器 74LS74 的逻辑功能

（1）测试 $\overline{R_d}$、$\overline{S_d}$ 的复位、置位功能。D 触发器逻辑符号如图 5.17 所示,测试方法同实验内容1,数据记入表 5.13。

表 5.12　JK 触发器的逻辑功能测试

$\overline{S_d}$	$\overline{R_d}$	J	K	CP	Q^n	Q^{n+1}
0	1	×	×	×	×	
1	0	×	×	×	×	
1	1	0	0	⌐‾	0	
					1	
1	1	0	1	⌐‾	0	
					1	
1	1	1	0	⌐‾	0	
					1	
1	1	1	1	⌐‾	0	
					1	

表 5.13　D 触发器的逻辑功能测试

$\overline{S_d}$	$\overline{R_d}$	CP	D	Q^n	Q^{n+1}
0	1	×	×	×	
1	0	×	×	×	
1	1	⌐‾	0	0	
				1	
1	1	⌐‾	1	0	
				1	

（2）测试 D 触发器的逻辑功能。将 $\overline{R_d}=1$、$\overline{S_d}=1$，改变 D、CP 端状态，观察 Q、$\overline{Q}$ 状态变化，观察触发器状态填写到表格 5.13 中，并与 D 触发器的功能表相对比，确定触发器是否完好。

（3）D 触发器动态测试。将 D 触发器的 $\overline{Q}$ 端与 D 端相连接，测试方法同 2.（3），观察 CP、Q 两端的波形。

4. 触发器功能转换

将 JK 触发器转换成 D 触发器，列出状态方程推导步骤，画出实验电路图。并测试其逻辑功能，观察结果与表 5.13 是否相符。

六、实验报告要求

（1）将实验所测数据填写到相应的表格当中，并与理论值相比较，完成验证性实验。

（2）画出 JK 触发器、D 触发器的动态测试波形图。

（3）写出步骤 4 中状态方程的推导步骤，并画出触发器的转换电路图。

实验 5　利用集成逻辑门构成脉冲电路

一、实验目的

（1）掌握用集成门构成多谐振荡器和单稳电路的基本工作原理。

（2）了解电路参数变化对振荡器波形的影响。

（3）了解电路参数变化对单稳电路输出脉冲宽度的影响。

二、实验原理及说明

脉冲信号是数字电路中最常用到的工作信号。脉冲信号的获得经常采用两种方法：一是利用振荡电路，直接产生所需的矩形脉冲。这一类电路称为多谐振荡电路或多谐振荡器；二是利用整形电路，将已有的脉冲信号变换为所需要的矩形脉冲。这一类电路包括单稳态触发器和施密特触发器。这些脉冲单元电路可以由集成逻辑门构成。

1. 用门电路组成的多谐振荡器

多谐振荡器常由 TTL 门电路和 CMOS 门电路组成。由于 TTL 门电路的速度比 CMOS 门电路的速度快，故 TTL 门电路适用于构成频率较高的多谐振荡器，而 CMOS 门电路适用于构成频率较低的多谐振荡器。

（1）由 TTL 门电路组成的多谐振荡器有两种形式：一是由奇数个非门组成的简单环形多谐振荡器，此多谐振荡器产生的脉冲信号频率较高且无法控制，因而没有实用价值。改进方法是通过附加一个 RC 延迟电路，不仅可以降低振荡频率，并能通过参数 R、C 控制振荡频率。

（2）CMOS 门电路构成的多谐振荡器。由于 CMOS 门电路的输入阻抗高，对电阻 R 的选择基本上没有限制，不需要大容量电容就能获得较大的时间常数，而且 CMOS 门电路的阈值电压 U_{th} 比较稳定，因此常用来构成振荡电路，尤其适用于频率稳定度和准确度要求不太严格的低频时钟振荡电路。

2. 门电路构成的单稳态触发器

单稳态触发器由 TTL 或 CMOS 门电路与外接 RC 电路组成，其中 RC 电路称为定时电路。根据 RC 电路的不同接法，可以将单稳态触发器分为微分型和积分型两种。

（1）微分型单稳态触发器。微分型单稳态触发器要求窄脉冲触发，具有展宽脉冲宽度的作用。

（2）积分型单稳态触发器。积分型单稳态触发器需要宽脉冲触发，输出窄脉冲，有压缩脉冲宽度的作用。

在积分型单稳态触发电路中，由于电容 C 对高频干扰信号有旁路滤波作用，故与微分型电路相比，抗干扰能力较强。

三、实验仪器

（1）数字逻辑实验箱：TPE-D6 型，1 台。

（2）双路示波器：DF4321 型，1 台。

（3）74LS00：与非门，1 片，二输入端四与非门。

（4）CD4069：六非门，1 片，CMOS 门电路。

（5）74LS04：六非门，1 片，TTL 门电路。

（6）电阻：1 kΩ、100 Ω、22 kΩ 各 1 个。

（7）电容：0.1 μF、1 μF 各 1 个。

四、实验预习要求

（1）画出各步骤中的理论输出波形。

（2）计算出各电路脉宽的估计值。

五、实验内容及步骤

1. TTL 门电路组成的 RC 环形多谐振荡器

将 74LS04 集成电路中的四个非门、两个电阻、一个电容按图 5.18 接线。经检查无误后方可接通电源。用示波器观察 U_{O1}、U_{O2}、U_O 的波形，按时间对应关系记录下来。

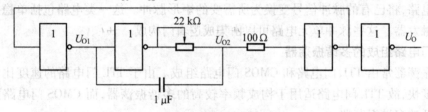

图 5.18　TTL 门电路组成的 RC 环形多谐振荡器

改变电位器的阻值，用示波器观察振荡周期的变化趋势。计算出该振荡器振荡频率的变化范围。

2. CMOS 门电路构成的多谐振荡器

将 CD4069 集成电路中的三个非门、三个电阻、一个电容按图 5.19 接线。用示波器观察 U_{O1}、U_O 的波形，按时间对应关系记录下来，测出振荡器输出波形的周期。

3. 门电路构成的积分型单稳态触发器

按图 5.20 接线，用实验箱上的高频连续脉冲作为输入信号 U_{i1}。用示波器观察，调整输入波形为一定脉冲宽度时，用示波器观察 U_{i1}、U_{O1}、U_{i2}、U_O 的波形，按时间对应关系记录下来，测出输出脉冲的宽度。

将图 5.20 再加一级非门输出，比较两种电路的输出波形有无不同，将电容改为 0.01 μF，再测量电路输出脉冲的宽度。

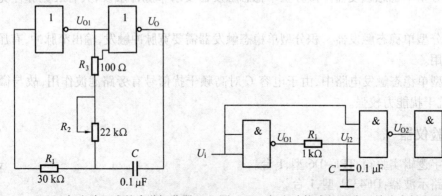

图 5.19　CMOS 门电路组成的多谐振荡器　　图 5.20　门电路构成的积分型单稳态触发器

六、实验报告要求

（1）整理实验数据，画出各电路的波形图。

（2）归纳环形振荡器、积分型单稳态元件参数的改变对电路参数的影响。

实验 6　555 时基电路

一、实验目的

（1）熟悉 555 定时器的工作原理。

（2）掌握用 555 定时器构成的单稳态触发器、多谐振荡器等电路。

二、实验原理及说明

集成定时电路 555/556 是一种能够产生时间延迟和多种脉冲信号的控制电路。因具有电路简单、功能灵活、调节方便等优点，目前获得广泛应用。

555 的封装外形一般有两种，一种是 8 脚双列直插式封装，另外一种 556 为双定时器，内含两个相同的定时器。双极型 555 电路采用单电源，电压范围为 4.5 ~ 15 V；而 CMOS 型的电源适应范围更宽，为 2 ~ 18 V。这样，它就可以和模拟运算放大器、TTL 或 CMOS 数字电路共用一个电源。

图 5.21 为 555 内部结构图，现对 555 各端子功能分别介绍如下。

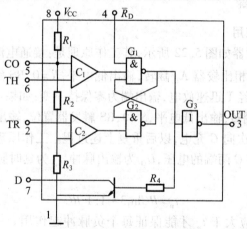

图 5.21　555 内部结构图

（1）接地端。

（2）触发输入端。

（3）输出端。输出电平为数字电平，输出高电平约为 0.5 V，输出低电平近似 0.1 V。555 定时器的最大灌电流和最大拉电流均为 200 mA。

（4）复位端。当复位端处于低电平时定时器停止工作，输出端和放电端都近似等于地电平。

（5）控制电压端（5 脚）：此端悬空时，$U_{R1} = (2/3)V_{CC}$，$U_{R2} = (1/3)V_{CC}$。为了消除噪声和电源纹波的干扰，常将此端与地之间接一个 0.01 uF 的旁路电容。此端外加电压时，能改变两个比较器的参考电压,可改变"阈值"端和"触发"端的比较电平。

(6) 阈值端。又称为高电平触发端,当此端电平高于 $2V_{CC}/3$ 时,引起触发,使输出端为低电平。

(7) 放电端。此端用于输出低电平时,对外接定时电容放电,当输出为高电平时,此端相当于开路状态。

(8) 电源端。

三、实验仪器

(1) 数字逻辑实验箱:TPE-D6 型,1 台。

(2) 双路示波器:DF4321 型,1 台。

(3) NE555:双时基电路,1 片。

(4) CD4069:六非门,1 片,CMOS 门电路。

(5) 74LS04:六非门,1 片,TTL 门电路。

(6) 电阻:1 kΩ、100 Ω、22 kΩ 各一个。

(7) 电容:0.1 μF、1 μF 各一个。

四、实验预习要求

(1) 熟悉用 555 集成定时器构成单稳触发器、多谐振荡器工作原理。

(2) 试根据公式计算出各电路参数值。

五、实验内容及步骤

1. 单稳态触发器及应用

由 555 组成单稳触发器如图 5.22 所示,其工作原理是:接通电源,$+V_{CC}$ 通过 R 向 C 充电,当 U_C 上升到 $2/3V_{CC}$ 时反相比较器 A_1 翻转,输出低电平,$R=0$,RS 触发器复位,输出端 U_0 为"0",则三极管 T 导通,C 经 T 迅速放电,输出端为零保持不变;如果负跳变触发脉冲 U_i 下降到 $1/3V_{CC}$ 时同相比较器 C_2 翻转,输出低电平,$S=0$,RS 触发器置位,输出端 U_0 为"1",则三极管 T 截止,电源$+V_{CC}$通过 R 再次向 C 充电,以后重复上述过程。工作原理如图 5.21 所示,其 U_i 为输入触发脉冲,U_C 为电容 C 两端的电压,U_0 为输出脉冲,t_p 为延时脉冲的宽度(或延时时间),分析表明:

$$t_p = RC\ln 3 \approx 1.1\ RC \tag{5.8}$$

触发脉冲的周期 T 应大于 t_p 才能保证每个负脉冲起作用。一般 R 取 1 kΩ ~ 10 MΩ,$C>1\ 000$ pF。

按图 5.22 接线,当 $R=5.1$ kΩ,$C=0.1$ μF,$C_1=0.022$ μF 时,合理选择输入信号的周期与脉宽,触发脉冲周期调至 0.6 ~ 1 ms 之间,观察单次脉冲触发,触发脉冲周期调至 0.1 ~ 0.5 ms 之间,观察重复脉冲触发。用示波器观察输入电压 U_i、电容电压 U_C 和输出电压 U_0 波形,比较它们的时序关系,并绘出波形(标明周期、脉宽和幅值)。

2. 多谐振荡器

555 组成的多谐振荡器如图 5.23 所示,电路的工作原理是:接通电源,电路经外接电阻 R_1、R_2 向电容 C 充电。当 C 上的电压 U_C 上升到 $2V_{CC}/3$ 时,RS 触发器复位、输出为低电平 0,三极管导通,C 经 R_2 通过三极管放电;当 U_C 下降到 $V_{CC}/3$ 时,RS 触发器置位,输出变为高电平 1,三极管截止,C 又开始充电,如此周而复始,输出端便可获得周期性的矩形波。分析表明电容 C 的放电时间 t_{PL} 与充电时间 t_{PH} 分别为

$$t_{PL}=R_2 C \ln 2 \approx 0.7 R_2 C \tag{5.9}$$

$$t_{PH}=(R_1+R_2)C\ln 2 \approx 0.7(R_1+R_2)C \tag{5.10}$$

所以

$$T=t_{PL}+t_{PH}\approx 0.7(R_1+2R_2)C \tag{5.11}$$

振荡频率为

$$f=\frac{1}{T}\approx\frac{1.43}{(R_1+2R_2)C} \tag{5.12}$$

按图 5.23 接线,取 $R_1=5.1\text{ k}\Omega$,$R_2=4.7\text{ k}\Omega$,$C=0.022\text{ μF}$,$C_1=0.022\text{ μF}$,用示波器观察记录 U_C 和 U_O 波形,标出各波形的幅值、周期以及 t_{PL} 和 t_{PH}。

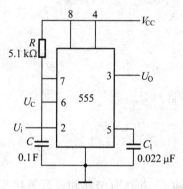

图 5.22　555 组成的单稳态触发器

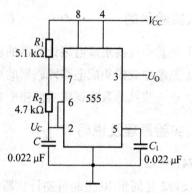

图 5.23　555 组成的多谐振荡器

按图 5.24 接线,$R_1=10\text{ k}\Omega$,$R_2=5.1\text{ k}\Omega$,$C_1=0.022\text{ μF}$,$C_2=0.22\text{ μF}$,$R_p=22\text{ k}\Omega$,二极管 1N4148。用示波器同时观察 U_C 和 U_O 的波形,并测输出频率。

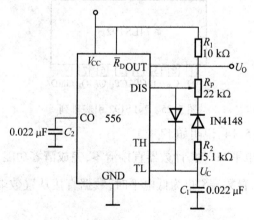

图 5.24　556 组成的占空比可调多谐振荡器

改变 R_P 值的大小,调节占空比为 1∶1,画出波形图。

六、实验注意事项

(1)单稳电路的输入信号的周期 T 应大于输出脉宽,且低电平的宽度应小于输出脉宽,否

则无单稳功能。

（2）使用示波器观察各点波形时，应选择 DC 输入方式，正确描绘出所有波形的实际情况（含直流分量）。

七、实验报告要求

（1）整理实验数据，画出实验内容中所要求的波形、标明周期、脉宽和幅值等。

（2）将实测值与理论值相比较，分析误差。

实验 7 计数、译码、显示电路

一、实验目的

（1）熟悉中规模集成电路计数器的功能及应用。

（2）熟悉中规模集成电路译码器的功能及应用。

（3）进一步熟悉数字逻辑实验箱中的译码显示功能。

二、实验原理及说明

1. 74LS192

74LS192 是同步 10 进制可逆计数器，具有双时钟输入，并具有清除和置数等功能，其引脚排列及逻辑符号如图 5.25 所示。

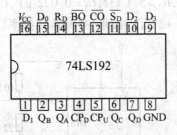

图 5.25 74LS192 引脚排列

74LS192 的功能见表 5.14，说明如下：

（1）清零端 R_d 为高电平"1"时，计数器直接清零，完成清零功能。

（2）当 R_d 为低电平，置数端 $\overline{S_d}$ 也为低电平时，数据直接从置数端 D_0、D_1、D_2、D_3 置入计数器，完成预置功能。

（3）当 R_d 为低电平，$\overline{S_d}$ 为高电平时，执行计数功能。执行加计数时，减计数端 CP_D 接高电平，计数脉冲由 CP_U 输入；在计数脉冲上升沿进行 8421 码 10 进制加法计数。执行减计数时，加计数端 CP_U 接高电平，计数脉冲由减计数端 CP_D 输入。

表 5.14　计数器 74LS192 功能表

功　能	输　入								输　出			
	R_d	$\overline{S_d}$	CP_U	CP_D	D_3	D_2	D_1	D_0	Q_D	Q_C	Q_B	Q_A
清　零	1	×	×	×	×	×	×	×	0	0	0	0
预　置	0	0	×	×	D	C	B	A	D	C	B	A
加计数	0	1	↑	1	×	×	×	×				
减计数	0	1	1	↑	×	×	×	×				

74LS192 计数器的级联使用：一个十进制计数器只能表示 0～9 十个数，为了扩大计数器范围，常用多个十进制计数器级联使用。

74LS192 用复位法(异步)获得若干进制计数器：假定已有 N 进制计数器，而需要得到一个 M 进制计数器时，只要 $M<N$，用复位法使计数器计数到 M 时置"0"，即获得 M 进制计数器。

2. 74LS161

74LS161 是可预置的同步 2 进制计数器，具有双时钟输入，并具有清除和置数等功能，其引脚排列及逻辑符号如图 5.26 所示。

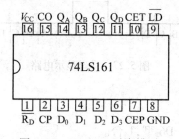

V_{CC} CO Q_A Q_B Q_C Q_D CET $\overline{LD}$
16 15 14 13 12 11 10 9

74LS161

1 2 3 4 5 6 7 8
$\overline{R_D}$ CP D_0 D_1 D_2 D_3 CEP GND

图 5.26　74LS161 引脚排列

74LS161 的功能见表 5.15，说明如下：

(1) 清零端 $\overline{R_d}$ 为低电平"0"时，计数器直接清零，完成清零功能。

(2) 当 R_d 为高电平，置数端 $\overline{S_d}$ 为低电平时，数据直接从置数端 D_0、D_1、D_2、D_3 置入计数器，完成预置功能。

(3) 当 $\overline{R_d} = \overline{S_d} = 1$ 时，CEP 或 CET 接低电平，计数脉冲端给予脉冲，完成保持功能。

(4) 当 $\overline{R_d}$ 为高电平，$\overline{S_d}$ 为高电平，CEP 或 CET 接高电平时，执行加计数功能。计数脉冲由 CP 输入，在计数脉冲上升沿进行四位 2 进制加法计数。

表 5.15　计数器 74LS161 功能表

功能	输　入									输　出			
	$\overline{R_d}$	$\overline{S_d}$	CP	CEP	CET	D_3	D_2	D_1	D_0	Q_D	Q_C	Q_B	Q_A
清零	0	×	×	×	×	×	×	×	×				
预置	1	0	↑	×	×	D	C	B	A				
保持	1	1	↑	$EP \cdot ET = 0$		×	×	×	×				
计数	1	1	↑	1	1	×	×	×	×				

3. 译码与显示电路

译码是把给定的代码进行翻译,通常显示器与译码器是配套使用的。我们选用的七段译码驱动器(74LS47)和数码管(LED)是共阳接法。译码显示电路如图 5.27 所示,本实验箱中译码和显示电路已经连接好,在实验中只需将计数器与译码器连接好即可。

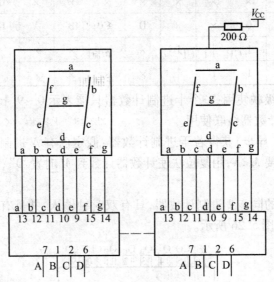

图 5.27 译码显示电路

三、实验仪器

（1）数字逻辑实验箱:TPE-D6 型,1 台。

（2）双路示波器:DF4321 型,1 台。

（3）74LS161:可预置的同步 2 进制计数器,1 片。

（4）74LS192:可预置的 2-10 进制加减计数器,1 片。

（5）74LS47:七段译码器,1 片。

（6）七段数码管:七段显示器,1 个。

四、实验预习要求

（1）复习有关计数器部分内容。

（2）绘出各实验内容的详细线路图。

（3）拟出各实验内容所需的测试记录表格。

五、实验内容及步骤

（1）测试 74LS192 同步 10 进制计数器的逻辑功能。

图 5.25 中,计数脉冲由单次脉冲源提供,清零端 R_d、置数端 $\overline{S}_d$、数据输入端 D_3、D_2、D_1、D_0 分别接逻辑开关,输出端 Q_D、Q_C、Q_B、Q_A 接实验设备的一个译码显示输入相应插口 A、B、C、D。按表 5.12 逐项测试并判断该集成块的功能是否正常。

① 清除。令 $R_d = 1$,其他输入为任意态,这时 $Q_D Q_C Q_B Q_A = 0000$,译码数字显示为 0。清除

功能完成后,置 $R_d=0$。

② 置数。$R_d=0$,CP_U、CP_D 任意,数据输入端输入任意一组 2 进制数,令 $\overline{S_d}=0$,观察计数译码显示输出,预置功能是否完成,此后置 $\overline{S_d}=1$。

③ 加计数。$R_d=0$,$\overline{S_d}=CP_D=1$,CP_U 接单次脉冲源。清零后送入 10 个单次脉冲,观察译码数字显示是否按 8421 码十进制状态转换表进行,输出状态变化是否发生在 CP_U 的上升沿。

④ 减计数。$R_d=0$,$\overline{S_d}=CP_U=1$,CP_D 接单次脉冲源。参照③进行实验。

(2)图 5.28 是由两片 74LS192 组成两位 10 进制加法计数器,利用进位输出 $\overline{CO}$ 控制高一位的 CP_U 端构成加数级联图,输入 1 Hz 连续计数脉冲,进行由 00~99 累加计数。并将计数器的输出端 Q_D、Q_C、Q_B、Q_A 接到译码器 74LS47 的输入端实验设备的一个译码显示输入。

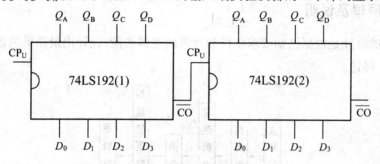

图 5.28 99 进制加法计数器

(3)将两位 10 进制加法计数器改为两位 10 进制减法计数器,实现由 99~00 递减计数。

(4)图 5.29 是一个由 74LS192 10 进制计数器接成的 6 进制计数器。按图接线进行测试,自拟真值表,按数码管所显示的数字填写输出结果。

(5)图 5.30 是用 74LS161 及辅助门电路实现的一个 10 进制计数器。按图接线进行测试,自拟真值表,按数码管所显示的数字填写输出结果。

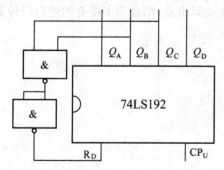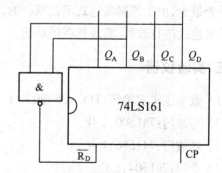

图 5.29 6 进制加法计数器　　　　图 5.30 10 进制加法计数器

六、实验报告要求

(1)整理试验结果,列出步骤 4、5 的表格,并按数码管所显示的数字填写结果。

(2)根据实验步骤 5,采用 74LS161 连接 6 进制加法计数器,画出原理图。

(3)分析实验结果。

实验 8　组合逻辑电路设计

一、实验目的

(1) 学会组合逻辑电路的设计方法。

(2) 熟悉 74 系列通用逻辑芯片的功能。

(3) 学会数字电路的调试方法。

(4) 学会数字实验箱的使用。

二、实验原理及说明

组合电路的设计是根据已知要求条件和所需的逻辑功能,设计出最简单的逻辑电路图,其步骤用图 5.31 描述。

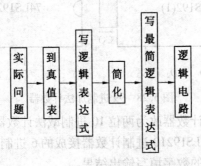

图 5.31　组合逻辑电路设计步骤

逻辑表达式化简是组合逻辑电路设计的关键,关系到电路组成是否最佳,使用的逻辑门的数量是否最少,由于逻辑表达式不是唯一的,需要从实际出发,结合手中所有的逻辑门种类,将化简的表达式进行改写,实现其逻辑功能。

三、实验仪器

(1) 数字逻辑实验箱:TPE-D6 型,1 台。

(2) 与非门:74LS00,1 片。

(3) 异或门:74LS86,1 片。

(4) 非门:74LS04,1 片。

四、实验预习要求

(1) 复习组合逻辑电路的设计方法。

(2) 熟悉逻辑门电路的种类和功能。

五、实验内容及步骤

1. 设计楼梯照明电路

设计一个楼梯照明电路,装在一、二、三楼上的开关都能对楼梯上的同一个电灯进行开关控制,当且仅当一个开关或三个开关均打开时灯亮。合理选择器件完成设计。

(1) 分析设计要求,列出真值表。设 A、B、C 分别代表装在一、二、三楼的 3 个开关,规定开关向上为 1,开关向下为 0;照明灯用 Y 代表,灯亮为 1,灯暗为 0。根据题意列出真值表,见表 5.16。

表 5.16　照明电路真值表

输　入			输　出
A	B	C	Y
0	0	0	
0	0	1	
0	1	0	
0	1	1	
1	0	0	
1	0	1	
1	1	0	
1	1	1	

(2) 根据真值表,写出逻辑函数表达式。

(3) 将输出逻辑函数表达式化简或转化形式。

(4) 根据输出逻辑函数画出逻辑图。

(5) 实验箱上搭建电路。将输入变量 A、B、C 分别接到逻辑电平开关上,输出端 Y 接到"电位显示"接线端上。将集成电路的电源 V_{CC} 和"地"分别接到实验箱的+5 V 与"地"的接线柱上。检查无误后接通电源。

(6) 将输入变量 A、B、C 的状态按表 5.16 所示的要求变化,观察"电位显示"输出端的变化,并将结果记入表 5.17。

表 5.17　照明电路实验结果

输　入			输　出
LED$_1$	LED$_2$	LED$_3$	电位输出
暗	暗	暗	
暗	暗	亮	
暗	亮	暗	
暗	亮	亮	
亮	暗	暗	
亮	暗	亮	
亮	亮	暗	
亮	亮	亮	

2. 设计表决电路

设计一个三人(用 A、B、C 代表)表决电路。要求 A 具有否决权,即当表决某个提案时,多数人同意且 A 也同意时,提案通过。用与非门实现。

(1) 分析设计要求,列出真值表。设 A、B、C 三人表决同意提案时用 1 表示,不同意时用 0 表示;Y 为表决结果,提案通过用 1 表示,通不过用 0 表示,同时还应考虑 A 具有否决权。由此可列出表 5.18 所示的真值表。

表 5.18　三人表决器的真值表

输　入			输　出
A	B	C	Y
0	0	0	
0	0	1	
0	1	0	
0	1	1	
1	0	0	
1	0	1	
1	1	0	
1	1	1	

(2) 根据真值表,写出逻辑函数表达式。

(3) 将输出逻辑函数化简后,变换为与非表达式。

(4) 据输出逻辑函数画逻辑图。

(5) 实验箱上搭建电路。将输入变量 A、B、C 分别接到数字逻辑开关 K$_1$(对应信号灯 LED1)、K$_2$(对应信号灯 LED$_2$)、K$_3$(对应信号灯 LED$_3$)接线端上,输出端 Y 接到"电位显示"接线端上。将面板的 V_{CC} 和"地"分别接到实验箱的+5 V 与"地"的接线柱上。检查无误后接通电源。

（6）将输入变量 A、B、C 的状态按表 5.18 所示的要求变化，观察"电位显示"输出端的变化，并将结果记入表 5.19。

表 5.19　三人表决器实验结果

输　　入			输　　出
LED$_1$	LED$_2$	LED$_3$	电位输出
暗	暗	暗	
暗	暗	亮	
暗	亮	暗	
暗	亮	亮	
亮	暗	暗	
亮	暗	亮	
亮	亮	暗	
亮	亮	亮	

3. 设计不一致电路

设计一个不一致电路，要求电路有 3 个输入端 A、B、C，当三者不一致时 Y 为"1"，否则输出 Y 为"0"。根据 1、2 的设计步骤，设计电路，自拟表格，采用与非门实现。

六、实验报告要求

（1）写出设计过程。

（2）整理实验记录表，分析实验结果。

（3）画出用与非门实现设计电路 1 的逻辑图。

实验 9　时序逻辑电路设计

一、实验目的

（1）掌握简单的时序电路的设计方法。

（2）掌握简单时序电路的调试方法。

二、实验原理及说明

时序逻辑电路又简称为时序电路。这种电路的输出不仅与当前时刻电路的外部输入有关，而且还和电路原来的状态有关。时序电路与组合电路最大区别在于它有记忆性，这种记忆功能通常是由触发器构成的存贮电路来实现的。图 5.32 为时序电路示意图，它是由门电路和触发器构成的。

在这里，触发器是必不可少的，因此触发器本身就是最简单的时序电路。图 5.32 中，

$X(X_1, X_2, \cdots, X_j)$ 为外部输入信号,$Z(Z_1, Z_2, \cdots, Z_j)$ 为输出信号,$W(W_1, W_2, \cdots, W_k)$ 为存贮电路的驱动信号,$Y(Y_1, Y_2, \cdots, Y_j)$ 为存贮电路的输出状态。这些信号之间的逻辑关系可用下面三个向量函数来表示。

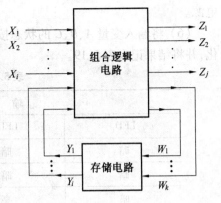

图 5.32　时序电路示意图

输出方程 $Z(t_n) = F[X(t_n), Y(t_n)]$ ⠀⠀⠀(5.17)

状态方程 $Y(t_{n+1}) = G[W(t_n), Y(t_n)]$ ⠀⠀⠀(5.18)

激励方程 $W(t_n) = H[X(t_n), Y(t_n)]$ ⠀⠀⠀(5.19)

式中,t_n、t_{n+1} 表示相邻的两个离散的时间。$Y(t_n)$ 称为现态,$Y(t_{n+1})$ 称为次态,它们都表示同一存储电路的同一输出端的输出状态,所不同的是前者指信号作用之前的初始状态(通常指时钟脉冲作用之前),后者指信号作用之后更新的状态。

对时序电路逻辑功能的描述,除了用上述逻辑函数表达式之外,还有状态表、状态图、时序图等。

通常时序电路又分为同步和异步两大类。在同步时序电路中,所有触发器的状态更新都是在同一个时钟脉冲作用下同时进行的。从结构上看,所有触发器的时钟端都接同一个时钟脉冲源。在异步时序电路中,各触发器的状态更新不是同时发生,而是有先有后,因为各触发器的时钟脉冲不同,不像同步时序电路那样接到同一个时钟源上。某些触发器的输出往往又作为另一些触发器的时钟脉冲,这样只有在前面的触发器更新状态后,后面的触发器才有可能更新状态。这正是所谓"异步"的由来。对于那些由非时钟触发器构成的时序电路,由于没有同步信号,所以均属异步时序电路(称为电平异步时序电路)。

三、实验仪器

(1)数字逻辑实验箱:TPE-D6 型,1 台。

(2)双路示波器:DF4321 型,1 台。

(3)JK 触发器:74LS112,1 片。

(4)与非门:74LS00,1 片,二输入四与非门。

四、实验预习要求

(1)查找 74LS112、74LS00 芯片引脚图,并熟悉引脚功能。

(2)复习教材中异步 2^n 进制计数器构成方法及同步 2^n 进制计数器构成方法的内容。

(3)复习同步时序电路和异步时序电路的设计方法。

(4)设计画出用 74LS112 构成异步 2 进制减法计数器的逻辑电路图。

五、实验内容及步骤

1. 异步 2 进制加法计数器

(1)按图 5.33 接线,组成一个三位异步 2 进制加法计数器,CP 信号利用数字逻辑实验箱上的单次脉冲发生器和低频连续脉冲发生器,清 0 信号 $\overline{R_d}$ 由逻辑电平开关控制,计数器的输出信号接 LED 电平显示器,按表 5.20 进行测试并记录。

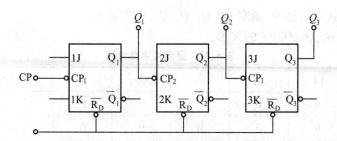

图 5.33　异步 2 进制加法计数器

（2）在 CP 端加高频连续脉冲，用示波器观察各触发器输出端的波形，并按时间对应关系画出 CP、Q_1、Q_2、Q_3 端的波形。

表 5.20　显示结果真值表

$\overline{R_d}$	CP	Q_3	Q_2	Q_1	代表 10 进制数
0	×	0	0	0	
1	0	0	0	0	
	1	0	0	1	
	2	0	1	0	
	3	0	1	1	
	4	1	0	0	
	5	1	0	1	
	6	1	1	0	
	7	1	1	1	
	8	0	0	0	

2. 异步 2 进制减法计数器

试将三位异步 2 进制加法计数改为减法计数，自拟表格测试并记录 $Q_1 \sim Q_3$ 端状态及波形。

3. 异步 2-10 进制加法计数器

（1）按图 5.34 接线。Q_1、Q_2、Q_3、Q_4 4 个输出端分别接发光二极管显示，CP 端接连续脉冲或单脉冲，按表 5.21 进行测试并记录。

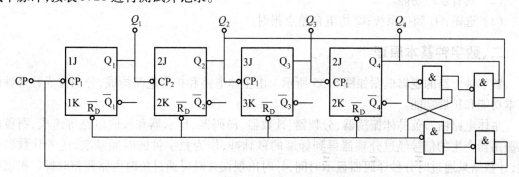

图 5.34　异步 2-10 进制加法计数器

（2）在 CP 端接连续脉冲，观察 CP、Q_1、Q_2、Q_3、Q_4 的波形。

（3）画出 CP、Q_1、Q_2、Q_3、Q_4 的波形。

表 5.21　显示结果真值表

$\overline{R_d}$	CP	Q_4	Q_3	Q_2	Q_1	代表 10 进制数
0	×	0	0	0	0	
1	0	0	0	0	0	
	1	0	0	0	1	
	2	0	0	1	0	
	3	0	0	1	1	
	4	0	1	0	0	
	5	0	1	0	1	
	6	0	1	1	0	
	7	0	1	1	1	
	8	1	0	0	0	
	9	1	0	0	1	
	10	0	0	0	0	

六、实验报告要求

（1）画出实验内容中要求设计的逻辑电路图及在集成块上的连线图。

（2）整理实验数据列出表格，画出观察到的输入、输出波形。

实验 10　数字电子钟设计

一、设计内容要求

（1）准确计时，具有时分秒数字显示（23 时 59 分 59 秒）。

（2）具有校时功能。

（3）选做：① 闹钟系统；② 仿电台整点报时。

二、数字钟基本原理

数字钟电路的逻辑框图如图 5.35 所示。由主体电路和扩展电路构成，分别完成数字钟的基本功能和扩展功能。

主体电路由石英晶体振荡器、分频器、计数器、译码器、显示器和校时电路等组成，石英晶体振荡器产生的信号经过分频器得到标准的秒脉冲，作为数字钟的时间基准，送入计数器计数，计数结果通过时分秒译码器显示时间，计时出现误差时可通过校时电路调整时钟。扩展电路在基本电路运行正常后才能进行扩充实现，采用译码器或用与非门接到分计数器和秒计数器相应的输出端，使计数器运行到差十秒整点时，利用分频器输出的 500 Hz 和 1 000 Hz 的信号加到音响电路中,用于模仿电台报时频率,前四响为低音,后一响为高音。

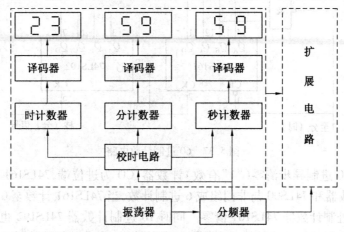

图 5.35　数字电子钟逻辑框图

1. 石英晶体振荡电路

振荡器是数字钟的核心,石英晶体振荡器的特点是振荡的频率准确,电路结构简单,频率易于调整。图 5.36(a)、(b)分别为取晶振频率为 32 768 Hz 和 4 MHz 的时钟振荡电路。

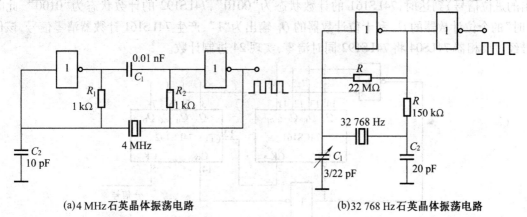

(a)4 MHz石英晶体振荡电路　　　　　(b)32 768 Hz石英晶体振荡电路

图 5.36　石英晶体振荡电路

如果精度要求不高,也可考虑采用集成逻辑门或定时器 555 组成的 RC 多谐振荡器。

2. 分频电路

分频器的功能主要有两个:一是产生标准的时钟秒脉冲信号;二是提供功能扩展电路所需要的频率信号。

由于石英晶体振荡器的振荡频率较高,需要使用合适的分频电路以获得 1 Hz 的秒脉冲,如果使用 4 MHz 振荡器,要通过一个 4 分频电路变成 1 MHz,然后经过 6 次 10 分频而获得 1 Hz 的方波秒信号。若晶振的频率为 32 768 Hz,则可由 15 级 2 分频实现。

3. 计数电路

秒脉冲信号经过 6 级计数器,分别得到秒分时的计时位,秒分为 60 进制计数器,小时为 24 进制计数器。

60 进制计数:如图 5.37 所示,由一级 10 进制计数器和一级 6 进制计数器连接构成。

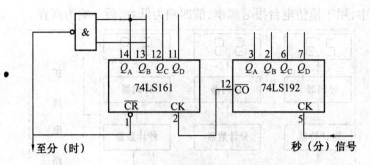

图 5.37　60 进制计数电路

74LS192 为 10 进制异步清零（"1"有效）计数器，CO 为进位端，74LS161 为 2 进制异步清零（"0"有效）计数器和 74LS00 与非门组成 6 进制计数，当 74LS161 计数至 0110 时，与非门发出清零信号使 2 进制计数器 74LS161 清零。同时 10 进制计数器 74LS192 也清零，完成 60 进制计数功能。秒和分的计数器结构完全相同。当秒计满 60 个秒脉冲清零的同时也向分计数器发一个脉冲，使分计数器加 1。

24 进制计数器。如图 5.38 所示，同样由集成电路 74LS161 和 74LS192 计数器组成，将 74LS161 的 Q_B 与 74LS192 的 Q_C 作为与非门的输入，当第 24 个"时"脉冲（来自"分"计数器输出的进位信号）到达时，74LS161 的计数状态为"0010"，74LS192 的计数状态为"0100"，此时"时"的个位计数器的 Q_B 和十位计数器的 Q_C 输出为"1"，产生 74LS161 计数器清零信号，该信号经过反相器 74LS04 将 74LS192 同时清零，实现 24 进制计数。

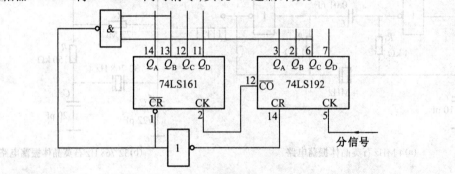

图 5.38　24 进制计数电路

4. 译码与显示电路

数字显示电路是许多数字设备不可缺少的部分，通常由译码器、驱动器和显示器等部分组成。74LS47 是常用的七段显示译码器，输出低电平有效，用以驱动共阳极显示器。该集成显示译码器设有多种辅助控制端，配有灯测试、动态灭灯输入、灭灯输入/动态灭灯输出，此时，74LS47 输出全 0。

5. 校时电路

当数字钟接通电源或者计时出现误差时，需要校正时间，校时是数字钟应具备的基本功能。为使电路简单，只进行时和分的调校，以手动方式产生校时单脉冲，由于机械触点动作时会产生抖动，因此采用 RS 触发器进行去抖，电路如图 5.39 所示。

三、调试要点

（1）用示波器检查石英晶体振荡器是否起振，观察波形和频率是否正确。

（2）依次用示波器检查各级分频器输出的频率是否符合要求。

（3）将 1 Hz 秒脉冲分别送入各级计数器，检查工作情况。

（4）观察校时电路的功能是否满足设计要求。

（5）当分频器和计数器调试正常后，观察电子钟是否准确、正常地工作。

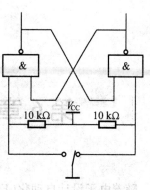

图 5.39　校时电路

第6章 Multisim 9 软件功能及应用

随着电子设计自动化(EDA)技术的发展,开创了利用"虚拟仪器"、"虚拟器件"在计算机上进行电子电路设计和实验的新方法。目前,在这类仿真软件中,"虚拟电子实验台"——Multisim 较为优秀,其应用逐步得到推广。这种新型的虚拟电子实验技术,在创建实验电路时,元器件和测试仪器均可以直接从屏幕图形中选取,而且软件中的测试仪器的图形与实物外形基本相似。利用 Multisim 仿真软件进行电工电子技术实验教学,不仅可以弥补实验仪器、元器件短缺以及规格不符合要求等因素,还能利用软件中提供的各种分析方法,帮助学生更快、更好地掌握教学内容,加深对概念、原理的理解,并能熟悉常用的电工电子仪器的测量方法,进一步培养学生的综合能力和创新能力。

Multisim 的主要功能和特点:

(1) Multisim 具有直观、方便的操作界面,创建电路、选用元器件和虚拟测试仪器等均可直接从屏幕图形中选取,而且提供的虚拟测试仪器非常齐全,其外观与实物外形基本相似,操作这些虚拟设备如同操作真实的设备一样。

(2) Multisim 极大地扩充了元件数据库,特别是大量新增的与现实元件对应的元件模型,增强了仿真电路的实用性,同时还可以新建或扩充已经有的元件库,建库所需的原器件参数可以从生产厂商的产品使用手册中查到。

(3) Multisim 具有较为完善的电路分析功能,可以完成电路的瞬态分析和稳定分析、时域和频域分析、器件的线性和非线性分析、电路的噪声分析和失真分析、离散傅里叶分析、电路零极点分析、交直流灵敏度分析等电路分析方法。此外,还可以对被仿真电路中的元件设置各种故障,以便观察到故障情况下的电路工作状态。

6.1 Multisim 9 基本操作

Multisim 9 是 IIT 公司推出 Multisim 2001 之后的 Multisim 最新版本(2006 年底又发布最新的版本 Multisim10)。Multisim 9 提供了全面集成化的设计环境,完成从原理图设计输入、电路仿真分析到电路功能测试等工作。当改变电路连接或改变元件参数,对电路进行仿真时,可以清楚地观察到各种变化对电路性能的影响。

6.1.1 Multisim 9 基本界面

启动 Multisim 9,屏幕上出现如图 6.1 所示的 Multisim 9 工作界面。工作界面主要由主菜单、工具栏、元件组、设计管理器、主设计窗口、状态栏、仿真开关等部分组成。

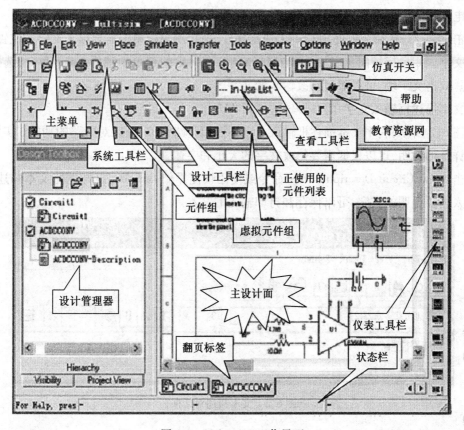

图 6.1　Multisim 9 工作界面

6.1.2　文件基本操作

与 Windows 常用的文件操作一样,Multisim 9 中也有:"New"为新建文件、"Open"为打开文件、"Save"为保存文件、"Save As"为另存文件、"Print"为打印文件、"Print Setup"为打印设置和"Exit"为退出等相关的文件操作。

以上这些操作可以在菜单栏 File 子菜单下选择命令,也可以应用快捷键或工具栏的图标进行快捷操作。

6.1.3　元器件基本操作

常用的元器件编辑功能有:"90 Clockwise"是顺时针旋转 90°;"90 CounterCW"是逆时针旋转 90°;"Flip Horizontal"是水平翻转、"Flip Vertical"是垂直翻转;"Component Properties"是元件属性等。这些操作可以在菜单栏 Edit 子菜单下选择命令,也可以应用快捷键进行快捷操作。

6.1.4　文本基本编辑

对文字注释方式有两种:直接在电路工作区输入文字或者在文本描述框输入文字,两种操作方式有所不同。

1. 电路工作区输入文字

单击 Place/Text 命令或使用 Ctrl+T 快捷操作，然后用鼠标单击需要输入文字的位置，输入需要的文字。用鼠标指向文字块，单击鼠标右键，在弹出的菜单中选择 Color 命令，选择需要的颜色。双击文字块，可以随时修改输入的文字。

2. 文本描述框输入文字

如图 6.2 所示，利用文本描述框输入文字不占用电路窗口，可以对电路的功能、实用说明等进行详细的说明，可以根据需要修改文字的大小和字体。

单击 View/Circuit Description Box 命令或使用快捷操作 Ctrl+D ，打开电路文本描述框，在其中输入需要说明的文字，可以保存和打印输入的文本。

图 6.2　文本描述对话框

6.1.5　图纸标题栏编辑

如图 6.3 所示，单击 Place/Title Block 命令，在打开对话框的查找范围处指向 Multisim/Titleblocks 目录，在该目录下选择一个 *.tb7 图纸标题栏文件，放在电路工作区。用鼠标指向文字块，单击鼠标右键，在弹出的菜单中选择 Properties 命令。

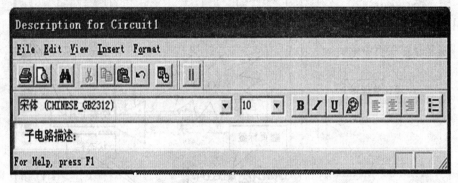

图 6.3　图纸标题栏编辑对话框

6.1.6 子电路创建

　　子电路是用户自己建立的一种单元电路。将子电路存放在用户器件库中,可以反复调用并使用子电路。利用子电路可使复杂系统的设计模块化、层次化,可增加设计电路的可读性、提高设计效率、缩短电路周期。创建子电路的工作需要以下几个步骤:选择、创建、调用、修改。子电路创建:单击 Place/Replace by Subcircuit 命令,在屏幕出现 Subcircuit Name 的对话框中输入子电路名称 sub1,单点 OK,选择电路复制到用户器件库,同时给出子电路图标,完成子电路的创建。子电路调用:单击 Place/Subcircuit 命令或使用 Ctrl+B 快捷操作,输入已创建的子电路名称 sub1,即可使用该子电路。子电路修改:双击子电路模块,在出现的对话框中单击 Edit Subcircuit 命令,屏幕显示子电路的电路图,直接修改该电路图。子电路的输入/输出:为了能对子电路进行外部连接,需要对子电路添加输入/输出。单击 Place/HB/SB Connecter 命令或使用 Ctrl+I 快捷操作,屏幕上出现输入/输出符号,将其与子电路的输入/输出信号端进行连接。带有输入/输出符号的子电路才能与外电路连接。子电路选择:把需要创建的电路放到电子工作平台的电路窗口上,按住鼠标左键,拖动,选定电路。被选择电路的部分由周围的方框标示,完成子电路的选择。

6.2　Multisim 9 电路创建

6.2.1　元器件

1. 选择元器件符号标准

　　选择菜单 Options 栏下的 Global Preferences 命令,在 Parts 页中 Symbol standard 栏的作用是选取采用的元器件符号标准,其中 ANSI 为美国标准,DIN 为欧洲标准。如图 6.4 所示是电阻的两种符号标准。

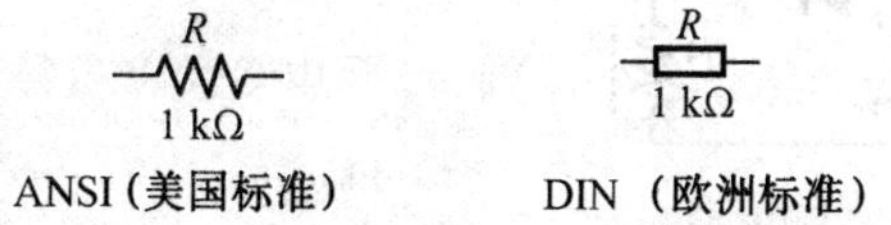

$$R$$

$$1\ k\Omega$$

　　　　ANSI（美国标准）　　　　　　　DIN （欧洲标准）

图 6.4　电阻的两种符号标准

2. 选择元器件

　　在元器件栏中单击要选择的元器件库图标,打开该元器件库。在屏幕出现的元器件库对话框中选择所需的元器件,常用元器件库有 13 个:信号源库、基本元件库、二极管库、晶体管库、模拟器件库、TTL 数字集成电路库、CMOS 数字集成电路库、其他数字器件库、混合器件库、指示器件库、其他器件库、射频器件库、机电器件库等。

3. 选中元器件

　　鼠标点击元器件,可选中该元器件。

4. 元器件操作

　　选中元器件,单击鼠标右键,在菜单中出现下列操作命令:Cut:剪切;Copy:复制;Flip Hori-

zontal：选中元器件的水平翻转；Flip Vertical：选中元器件的垂直翻转；90 Clockwise：选中元器件的顺时针旋转 90°；90 CounterCW：选中元器件的逆时针旋转 90°；Color：设置器件颜色；Edit Symbol：设置器件参数；Help：帮助信息。

5. 元器件特性参数

双击该元器件，在弹出的元器件特性对话框中，可以设置或编辑元器件的各种特性参数。元器件不同每个选项下将对应不同的参数。

例如：NPN 三极管的选项为

Label——标识   Display——显示

Value——数值   Pins——管脚

6.2.2 电路图属性

选择菜单 Options 栏下的 Sheet Properties 命令，出现如图 6.5 所示的对话框，每个选项下又有各自不同的对话内容，用于设置与电路显示方式相关的选项。

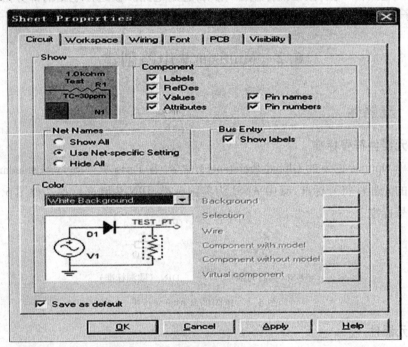

图 6.5 电路图属性编辑对话框

1. Circuit 选项

Show 栏目的显示控制如下：

● Labels 标签

● RefDes 元件序号

● Values 值

● Attributes 属性

● Pin names 管脚名字

● Pin numbers 管脚数目

2. Workspace 环境

Sheet size 栏目实现图纸大小和方向的设置;Zoom level 栏目实现电路工作区显示比例的控制。

3. Wring 连线

Wire width 栏目设置连接线的线宽;Autowire 栏目控制自动连线的方式。

4. Font 字体

5. PCB 电路板

PCB 选项选择与制作电路板相关的命令。

6. Visibility 可视选项

6.2.3　电路的连接

1. 元器件的连接

任何元器件的引脚上都可以引出一条连接导线,并且这条导线也一定能连接到另外一个元器件的引脚,或者另外一条导线上。如果一个元器件的引脚靠近一条导线或另外一个元器件的引脚,连接会自动地产生。

步骤如下:

(1)用鼠标左键按住欲连接的元器件,拖动并靠近被连接的元器件引脚或被连接的导线。

(2)当连接元器件引脚相接处或者引脚与导线相接处出现一个小红圆点时,释放左键,小红点消失。

(3)按下鼠标左键,将元器件拖离至适当位置,连接线自动出现。

也可以执行如下步骤:

将鼠标指向某元器件的一个端点,鼠标消失,在元器件端点处出现一个带十字的小圆黑点。单击鼠标左键,移动鼠标,会沿网格引出一条黑色的虚直线或折线。将鼠标拉向另一元器件的一个端点,并使其出现一个小圆红点。在单击鼠标左键,虚线变成红色,实现这两个元器件之间的有效连接。

2. 元器件间连线的删除与改动

元器件间连线的删除步骤如下:

(1)用鼠标右键单击要删除的连线,该连线被选中,在连接点及拐点处出现蓝色的小方点,并打开连线设置对话框。

(2)左键单击 Delete 命令,对话框及连线消失。

改动元器件连线在删除原来接线后重新进行。

3. 总线的操作

(1)总线的放置。总线可以在一张电路图中使用,也可以通过连接器连接多张图样。一张电路图中,可以有一条总线,也可以有多条。不是同一条总线,只要它们的名字相同,它们就是相通的,即使相距很远,也不必实际相连。

总线放置的具体步骤如下：

① 单击元器件工具栏中的▮（放置总线）按钮（或执行菜单命令 Edit/Place Bus），鼠标消失，却出现一个带十字花的小圆黑点。

② 用鼠标将小圆黑点拖到总线起点位置，用鼠标左键单击，该处出现一个黑色方点。

③ 拖动鼠标，会引出一条黑色的虚线。到总线的第2点，再用鼠标左键单击，又出现一个小方点，直至画完整条总线。

④ 用鼠标左键双击结束画线，细的虚线变成一条粗黑线。

⑤ 总线可以水平放置，也可以垂直放置，还可以45°倾斜放置。可以是一条直线，也可以是有多个拐点的折线。

（2）元器件与总线连接。元器件的接线端都可以与总线连接，连接步骤如下：

① 将鼠标指向元器件的端点，当在元器件端点处，鼠标箭头变成一个带十字花的小圆黑点时，按下鼠标左键。

② 拖动鼠标，移向总线。当靠近总线，并出现折弯时，单击鼠标左键。

③ 出现如图6.6所示的登录总线对话框，若有必要，修改引线编号，按"OK"按钮确认。

④ 引线与总线连接处的折弯，可有两个方向，即可以如图那样向上，也可以如图那样向下。

⑤ 将所有元器件的相关接线端逐一与总线连接，注意根据需要修改引线编号。

（3）合并总线。在大型数字电路图中，为使图样整洁和连接方便，常将多条总线合并使用。

具体做法是：

① 双击需要更名的总线，打开总线的属性对话框，总线属性对话框如图6.7所示。

② 修改总线名称（编号），按"OK"确认，出现如图6.8所示总线更名对话框。

③ 点击"是"按钮确认，又打开如图6.9所示的总线合并对话框。

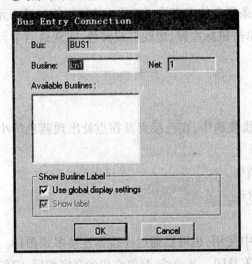

图6.6 登录总线对话框

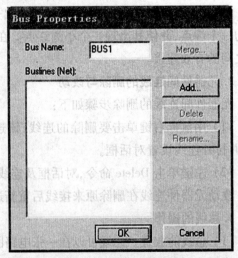

图6.7 总线属性对话框

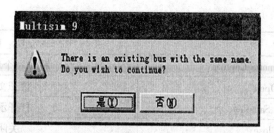

图 6.8　总线更名对话框

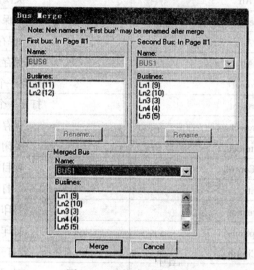

图 6.9　总线合并对话框

④ 按"Merge(合并)"确认。BUS8 总线和 BUS1 总线合为一条,名字为 BUS1。
⑤ 根据需要将需要合并的总线逐一合并。

6.3　Multisim 9 操作界面

6.3.1　Multisim 9 菜单栏

如图 6.10 所示,菜单栏包括了该软件的所有操作命令。从左至右为:File(文件)、Edit(编辑)、View(窗口)、Place(放置)、Simulate(仿真)、Transfer(文件输出)、Tools(工具)、Reports(报告)、Options(选项)、Window(窗口)和 Help(帮助)。

File　Edit　View　Place　Simulate　Transfer　Tools　Reports　Options　Window　Help

图 6.10　Multisim 9 菜单栏

1. File(文件)菜单
File(文件)菜单命令及功能见表6.1。

表 6.1　File(文件)菜单命令及功能表

命　令	功　能
New Schematic Capture	建立一个新文件
Open	打开文件
Open Samples	打开示例
Close	关闭
Close All	关闭所有
Save	保存
Save As	保存为
Save All	保存所有
New Project	建立一个新项目
Open Project	打开一个新项目
Save Project	保存项目
Close Project	关闭项目
Version Control	项目备份
Print	打印
Print Preview	打印预览
Print Options	打印选项
Recent Circuits	曾打开文件
Recent Project	曾打开项目
Exit	退出

2. Edit(编辑)菜单

Edit(编辑)菜单命令及功能见表 6.2。

表 6.2　Edit(编辑)菜单命令及功能表

命　令	功　能
Undo	撤销
Redo	重做
Cut	剪切
Copy	拷贝
Paste	粘贴
Delete	删除
Select All	全选
Delete Multi-Page	删除电路中的其他页
Paste as Subcircuit	作为子电路粘贴
Find	查找
Graphic Annotation	图形

续表6.2

命 令	功 能
Order	顺序
Assign to Layer	分配到层
Layer Settings	层设置
Orientation	元件旋转
Title Block Position	表题区位置
Edit Symbol/Title Block	编辑表题
Font	字体对话框
Comment	注释
Properties	所选元件属性

3. View(窗口)菜单

View(窗口)菜单命令及功能见表6.3。

表6.3 View(窗口)菜单命令及功能表

命 令	功 能
Full Screen	全屏显示
Parent Sheet	参数列表
Zoom In	放大电路
Zoom Out	缩小电路
Zoom Area	以100%的比率来显示电路窗口
Zoom Fit to Page	适合窗口显示
Zoom To Scale	按比率放大
Show Grid	显示窗格
Show Border	显示电路边界
Show Page Bounds	显示纸张边界
Ruler bars	显示或关闭标尺
Status Bar	显示或关闭状态栏
Design Toolbox	设计工具箱
Spreadsheet View	电子表格视图
Circuit Description Box	电路描述框
Toolbars	工具
Comment/Probe	注释
Grapher	图表

4. Place(放置)菜单

Place(放置)菜单命令及功能见表6.4。

表6.4　Place(放置)菜单命令及功能表

命　令	功　能
Component	放置元器件
Junction	连接点
Wire	连接线
Bus	总线
Connectors	连接器
Hierarchical Block From File	从文件中放置分层模块
New Hierarchical Block	新建分层模块
Replace by Hierarchical Block	用分层模块来取代
New Subcircuit	新建子电路
Replace by Subcircuit	用子电路取代
Multi-Page	多页电路
Merge Bus	合并总线
Bus Vector Connect	总线矢量连接
Comment	注释
Text	放置文字
Graphics	放置图形
Title Block	放置标题信息栏

5. Simulate(仿真)菜单

Simulate(仿真)菜单命令及功能见表6.5。

表6.5　Simulate(仿真)菜单命令及功能表

命　令	功　能
Run	运行
Pause	暂停
Instruments	仪表
Interactive Simulation Settings	仿真交互设置
Digital Simulation Settings	数字仿真设置
Analyses	选择仿真方法
Simulation Error Log/Audit Trail	电路仿真错误记录/检查数据跟踪
Load Simulation Settings	装载仿真设置
Save Simulation Settings	保存仿真设置

续表 6.5

命　令	功　能
VHDL Simulation	VHDL 仿真
Probe Properties	观察属性对话框
Reverse Probe Direction	方向观察
Clear Instrument Data	清除仪器数据
Global Component Tolerances	全局元件误差对话框设置

6. Transfer(文件输出)菜单

Transfer(文件输出)菜单命令及功能见表 6.6。

表 6.6　Transfer(文件输出)菜单命令及功能表

命　令	功　能
Transfer to Ultiboard	转换到 Ultiboard
Transfer to other PCB Layout	转换到其他 PCB 制版
Forward Annotate to Ultiboard	将 Multisim 数据传给 Ultiboard
Backannotate from Ultiboard	从 Ultiboard 传入数据
Export Netlist	导出列表

7. Tools(工具)菜单

Tools(工具)菜单命令及功能见表 6.7。

表 6.7　Tools(工具)菜单命令及功能表

命　令	功　能
Component Wizard	元件设计向导
Database	数据库
Rename/Renumber Components	重新命名/重新编号元件
Replace Component(s)	置换元件
Update circuit Components	更新电路元件
Electrical Rules Check	电气规则检查
Clear ERC Markers	清除 ERC 标记
Symbol Editor	符号编辑器
Title Block Editor	标题块编辑
Description Box Editor	描述框编辑对话框
Edit Labels	编辑标签
Capture Screen Area	捕获屏幕区域
Internet Design Sharing	网络设计资源共享

8. Reports(报告)菜单

Reports(报告)菜单命令及功能见表6.8。

表 6.8　Reports(报告)菜单命令及功能表

命　令	功　能
Bill of Materials	电路图使用器件报告
Component Detail Report	元器件详细参数报告
Netlist Report	电路图网络连接报告
Cross Reference Report	产生主电路所有元器件详细列表

9. Options(选项)菜单

Options(选项)菜单命令及功能见表6.9。

表 6.9　Options(选项)菜单命令及功能表

命　令	功　能
Global Preferences	全局设置操作环境
Sheet Properties	工作表单属性
Customize User Interface	用户命令交互设置

10. Window(窗口)菜单

Window(窗口)菜单命令及功能见表6.10。

表 6.10　Window(窗口)菜单命令及功能表

命　令	功　能
New Window	新窗口
Cascade	层叠窗口
Tile Horizontal	水平分割排列显示
Tile Vertical	垂直分割排列显示
Close All	关闭所有窗口
Windows	窗口对话框
15 V DC Power Supply	当前用户文档名称

11. Help(帮助)菜单

Help(帮助)菜单命令及功能见表6.11。

表 6.11　Help(帮助)菜单命令及功能表

命　令	功　能
Multisim Help	Multisim 帮助
Component Reference	元件参数帮助
Release Notes	版本注释
File Information	文件信息
About Multisim	关于 Multisim

6.3.2　Multisim 9 元器件栏

如图 6.11 所示,由于该工具栏是浮动窗口,所以不同用户显示会有所不同(方法是:用鼠标右击该工具栏就可以选择不同工具栏,或者鼠标左键单击工具栏不要放,便可以随意拖动)。

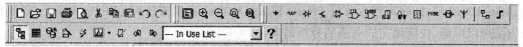

图 6.11　Multisim 9 元器件栏

从左到右依次是:新建,打开,保存,打印,打印预览,剪切,复制,粘贴,撤销,重做。满屏显示,放大,缩小,选择放大,100% 显示。电源,电阻,二极管,三极管,集成电路,TTL 集成电路,COMS 集成电路,数字器件,混合器件库,指示器件库,其他器件库,电机类器件库,射频器件库。导线,总线。

显示或隐藏设计项目栏,电路属性栏,电路元件属性栏,新建元件对话框,启动仿真分析,图表栏,电气规则检查栏,从 Unltiboard 导入数据栏,导出数据到 Unltiboard 栏,使用元件列表,帮助。

6.3.3　Multisim 9 仪器仪表栏

如图 6.12 所示,Multisim9 在仪器仪表栏下提供了 17 个常用仪器仪表,依次为数字万用表、函数发生器、瓦特表、双通道示波器、四通道示波器、波特图仪、频率计、字信号发生器、逻辑分析仪、逻辑转换器、IV 分析仪、失真度仪、频谱分析仪、网络分析仪、Agilent 信号发生器、Agilent万用表、Agilent 示波器。

图 6.12　Multisim 9 仪器仪表栏

6.4　Multisim 9 分析方法

Multisim 以 SPICE(Simulation Program With Circuit Emphasis)程序为基础,可以对模拟电路、数字电路和混合电路进行仿真和分析。Multisim 对电路进行仿真的方法共 19 种,基本分析方法共 7 种,分别是直流工作点分析（DC Operating Point Analysis）、交流分析（AC Analysis）、瞬态分析（Transient Analysis）、傅里叶分析（Fourier Analysis）、噪声分析（Noise Analysis）、失真分析（Distortion Analysis）、直流扫描分析（DC Sweep Analysis）。利用这些基本分析方法,可以了解电路的基本状况及测量和分析电路的各种响应,其分析精度和测量范围比用实际仪器测量的精度高、范围宽。

在电路设计过程中,除可对电路的电流、电压、频率特性等基本特征进行测试外,还需要对电路进行更为深入的分析,如分析电路各部分之间的内在性能(电路的零极点分析和电路传输函数的分析等),电路中元器件参数值变化对电路特性的影响(温度变化的影响、参数变化的影响等），参数统计变化对电路影响的两种统计分析等。Multisim 提供了 12 种高级分析方法：灵敏度分析（Sensitivity Analysis）、参数扫描分析（Parameter Sweep Analysis）、温度扫描分析（Temperature Sweep Analysis）、零-极点分析（Pole Zero Analysis）、传递函数分析（Transfer Function Analysis）、最坏情况分析（Worst Case Analysis）、蒙特卡罗分析（Monte Carlo Analysis）、线宽分析（Trace Width Analysis）、批处理分析（Batched Analyses）、用户自定义分析（User Defined Analyses）、噪声系数分析（Noise Figure Analysis）、射频分析（RF Analysis）。这些分析方法可以准确、快捷地完成电路的分析需求。

6.4.1 Multisim 9 的结果分析菜单

Multisim 的结果分析菜单是在每种分析方法的参数设置（参数的设置在每种分析中详细介绍）完毕，按下 Simulate 进行仿真后出现的菜单，如图 6.13 所示。

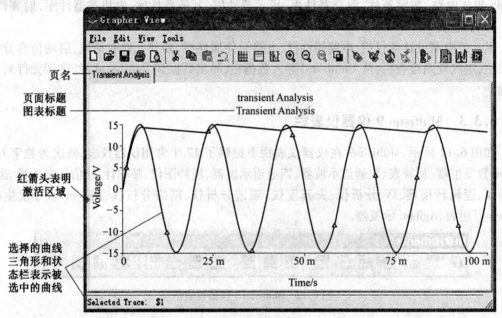

图 6.13 仿真结果图

另外，工具栏还有一些特殊的按钮，其功能如图 6.14 所示。

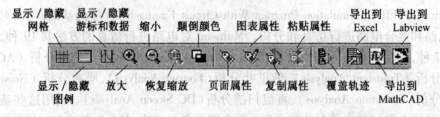

图 6.14 分析菜单中的工具栏

6.4.2 直流工作点分析

直流工作点分析（DC Operating Point Analysis）又称为静态工作点分析，目的是求解在直流电压源或直流电流源作用下电路中的电压和电流。例如，在分析晶体管放大电路时，首先要确定电路的静态工作点,以便使放大电路能够正常工作。在进行直流工作点分析时,电路中的交流信号源自动被置零,即交流电压源短路、交流电流源开路;电感短路、电容开路;数字器件被视为高阻接地。

以图 6.15 所示电路为例分析步骤如下:

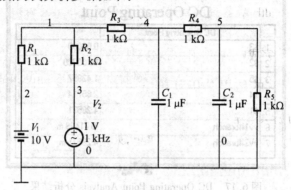

图 6.15　待分析电路

(1) 在电路工作窗口创建待分析电路原理图。

(2) 点击 Options 菜单下 Sheet Properties 命令,在 Circuit 选项卡下,选定 Net Names 中的 Show All 的设置,得到电路如图 6.15 所示。

(3) 单击 Simulate/Analyses/DC Operating Point Analysis 命令,在 Output/Variables in circuit 下显示电路中所有节点标志和电源支路的标志如图 6.16 所示。

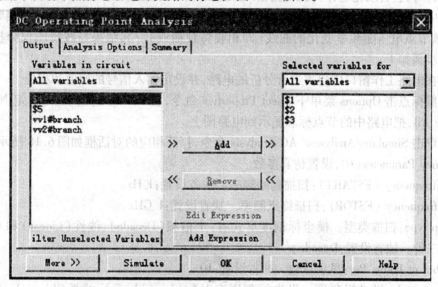

图 6.16　DC Operating Point Analysis 对话框 Output 分页

选定所要分析的量加入到右边的 Selected variables for 栏下,然后点击此菜单下的 Simulate 进行仿真,Multisim 9 会把电路中所有节点的电压数值和电源支路的电流数值自动显示在 Grapher View(分析结果图)中,如图 6.17 所示。

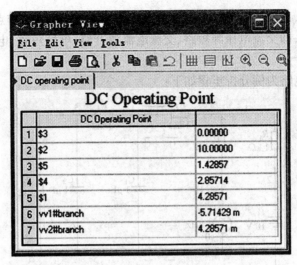

图 6.17 DC Operating Point Analysis 分析结果

6.4.3 交流分析

交流分析(AC Analysis)用于分析电路的幅频特性和相频特性。需先选定被分析的电路节点。在分析时电路中的直流源将自动置零。交流信号源、电容、电感等均处在交流模式。输入信号也设定为正弦波形式。若把函数信号发生器的其他信号作为输入激励信号,在进行交流频率分析时,会自动把它作为正弦波输入。因此输出响应也是该电路交流频率的函数。如果对电路中某节点进行计算,结果会产生该节点电压幅值随频率变化的曲线(即幅频特性曲线)以及该节点电压随频率变化的曲线(即相频特性曲线)。其结果与波特图仪分析结果相同。分析步骤如下。

(1) 在电路工作窗口创建需进行分析的电路,并设定输入信号的幅值和相位。

(2) 鼠标点击 Options 菜单下 Sheet Properties 命令,在 Circuit 选项卡下,选定 Net Names 中的 Show All,把电路中的节点标志显示到电路图上。

(3) 单击 Simulate/Analyses/ AC Analysis 命令,打开相应的对话框如图 6.18 所示,在对话框 Frequency Parameters 中,设置仿真参数。

Start frequency (FSTART):扫描起始频率。缺省设置:1 Hz。

Stop frequency (FSTOP):扫描终点频率。缺省设置:1 GHz。

Sweep type:扫描类型。横坐标刻度形式有:十倍频(Decade)、线性(Linear)和八倍频程(Octave)三种。缺省设置:Decade。

Number of Points Per:显示点数。缺省设置:10。

Vertical scale:纵坐标刻度。纵坐标刻度有对数(Logarithmic)、线性(Linear)、八倍频程(Octave)和分贝(Decibel)四种形式。缺省设置:Logarithmic。在对话框 Output 中,设置待分析的物理量。

(4) 单击 Simulate(仿真)按钮,即可在 Grapher View(分析结果图)上获得被分析物理量的频率特性。Magnitude 为幅频特性,Phase 为相频特性。

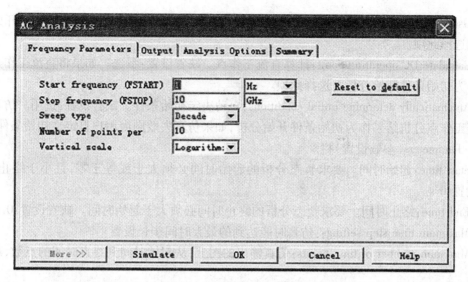

图 6.18　AC Analysis 对话框中的频率参数设置分页

6.4.4　瞬态分析

瞬态分析(Transient Analysis)是指所选定的电路节点的时域响应,即观察该节点在整个显示周期中每一时刻的电压波形。在瞬态分析时,直流电源保持常数;交流信号源随着时间而改变,是时间的函数;电容和电感都是能量存储模式元件。分析步骤如下。

(1) 在电路工作窗口创建需进行分析的电路。

(2) 单击 Simulate/Analyses/ Transient Analysis 命令,打开相应的对话框如图 6.19 所示,在对话框 Analysis Parameters 中,设置仿真参数。

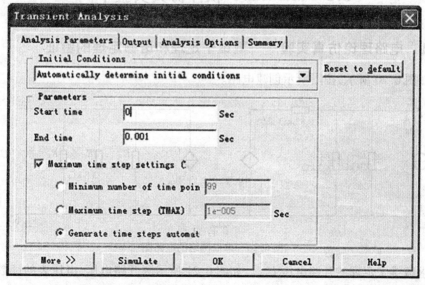

图 6.19　瞬态分析对话框中 Analysis Parameters 分页

① Initial conditions(初始条件)栏。

● Set to Zero:零初始条件。缺省设置:不选。如果从零初始状态开始分析则选择此项。

● User defined:自定义初始条件。缺省设置:不选。如果从用户定义的初始条件开始进行分析则选择此项。

● Calculate DC operating point:计算直流工作点。缺省设置:不选。如果将直流工作点分析结果作为初始条件开始分析则选择此项。

● Automatically determine initial conditions:自动决定初始条件。缺省设置:选用。仿真时先将直流工作点分析结果作为初始条件开始分析,如果仿真失败则由用户自定义初始条件。

② Parameters(参数设置)栏。

● Start time:起始时间。要求暂态分析的起始时间必须大于或等于零,且小于终止时间。缺省设置:0 s。

● End time:终止时间。要求暂态分析的终止时间必须大于起始时间。缺省设置:0.001 s。

● Maximum time step settings:仿真时能达到的最大时间步长设置。

● Minimum number of time points:仿真输出的图上,从起始时间到终点时间的点数,起始设置:99。

● Maximum time step(TMAX):仿真时能达到的最大时间步长。缺省设置:1e.005 s。

● Generate time steps automat:自动选择一个较为合理的或最大的时间步长。缺省设置:选用。

③ 在对话框 Output 中,设置待分析的节点。单击 Simulate(仿真)按钮,得到分析结果。

瞬态分析的结果即电路中该节点的电压波形图。也可以用示波器把它连至需观察的节点上,打开电源开关得到相同的结果。但采用瞬态分析方法可以通过设置更仔细地观察到波形起始部分的变化情况。

6.5 Multisim 9 软件仿真实验举例

6.5.1 电路理论仿真实验——戴维宁定理和诺顿定理的验证

电路如图 6.20 所示,按图所示创建电路。

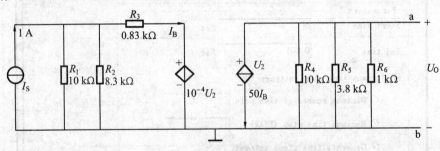

图 6.20 单口网络的电路图

（1）求戴维宁定理的开路电压 U_{OC}。如图 6.21 所示测开路电压,电压表的读数即为开路电压的值为 -31.024 kV。

（2）测量戴维宁等效电阻 R_0,如图 6.22 所示,先对电路进行除源,即电路中的所有电流源开路、电压源短路。得到无源单口网络,在端口处接一个数字万用表,用其欧姆挡来测量等效电阻。图中数字万用表的读数即为等效电阻的值为 734.093 Ω。

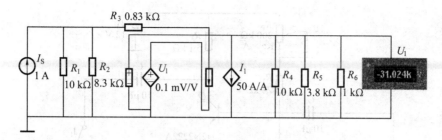

图 6.21　求戴维宁定理开路电压的仿真电路

求出开路电压和等效电阻就可以得到戴维宁的等效电路。

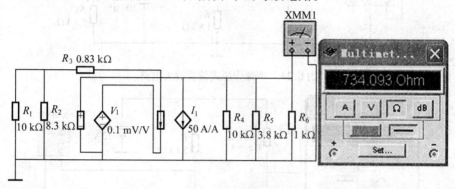

图 6.22　求戴维宁定理等效电阻的仿真电路

（3）求诺顿定理的短路电流 I_0 首先把端口 ab 两端短接,则电阻 R_4、R_5、R_6 被短路,如图 6.23 所示测短路电流,电流表的读数即为短路电流的值为-42.265 A。

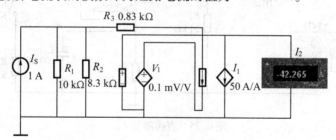

图 6.23　求诺顿定理的短路电流的仿真电路

诺顿定理的等效电阻的求法与戴维宁定理等效电阻的求法一样,值都为 734.093 Ω。求出了短路电流和等效电阻就可以得到诺顿等效电路。

6.5.2　模拟电路仿真实验——单级放大电路实验

对单管放大器的分析包括静态分析和动态分析。

1. 静态分析

如图 6.24 所示,测量静态工作点,并观察电位器 R_P 的变化对静态参数的影响。

静态分析要测量的值包括:I_B、I_C、U_{CE}。

（1）测量 I_B、I_C 的值,用电流表直接测量,测得 $I_C = 1.554$ mA,同样方法可测得 I_B 的值。

（2）测量 U_{CE} 的值:电路如图 6.25 所示,测得 $U_{CE} = 1.254$ V。

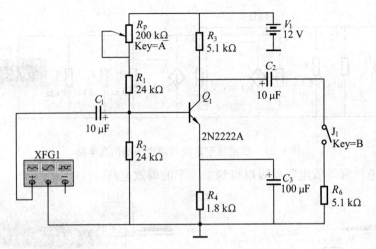

图 6.24　单管分压式偏置放大电路

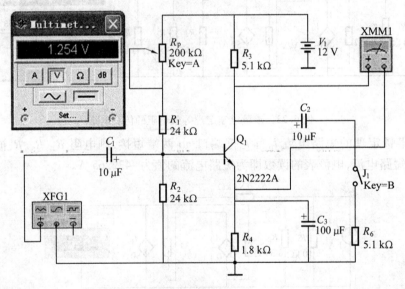

图 6.25　直接测量 U_{CE}

2. 动态分析

（1）计算放大器的电压放大倍数（用示波器观察输入、输出电压波形）。

信号源的设置：双击 XFG1 图标，出现如图 6.26 所示界面，设置交流信号频率为 1 kHz，幅度为 3 mV。

运行仿真：双击 XSC1 图标，出现如图 6.27 所示界面，调整"Channel A、B"的"Scale"（A 为 5 mV/DIV，B 为 200 mV/DIV），使波形有一定的幅度，调整"Timebase"的"Scale（500 μs/DIV）"，使波形便于观察。调整 R_P，使输出波形幅度最大，且不失真，反复调整，直到最佳。

R_P 调整的方法：点击选中 R_P，按键盘上的 A 键，百分数增大，按住"shift+A"键，电阻百分数减小（A 为控制键，双击 R_P，可修改其控制键、标号、递增值等），调整最好在停止仿真时进行，调整后再运行仿真。反复调整，直到波形幅度最大，且不失真。

从图 6.27 中可获得一些数据信息，如分别移动 1 号指针和 2 号指针到图 6.27 中所示的位置，可以看到 T1 行（或 T2 行）的有关数据，参看图 6.27 可知，A 通道测试值为输入信号的

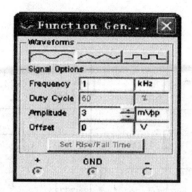

图 6.26　设置交流信号界面

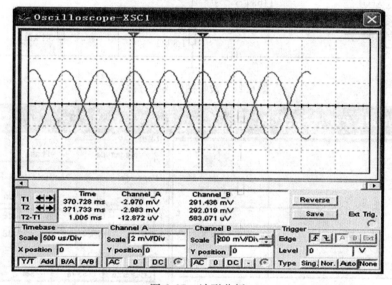

图 6.27　波形分析

幅度(−2.970 mV),B 通道测试输出信号的幅度(291.436 mV)。可用这组参数计算放大器的放大倍数

$$A_V/dB = 20 \lg \frac{U_o}{U_i} = 39.836 \tag{6.1}$$

从图 6.27 中再看 T2、T1 的 Time 值,这是波形的两个相邻的同相点间的时间差(信号的周期),用它可计算信号的周期和频率,图中周期和频率为

$$T = 1 \text{ ms} \qquad f = \frac{1}{T} = 1 \text{ kHz} \tag{6.2}$$

由此看出,测量值与信号源的设置值是一致的。

测量电路的幅频特性,求出上下限频率 f_H、f_L。用波特图仪测试电路的幅频特性曲线非常方便,连接方法如图 6.28 所示,可改变波特图仪右边的 F、I 值调整波特图的幅度和形状。

移动测试指针,如图 6.29 所示,可测放大器的放大倍数

$$A_V/dB = 20 \lg \frac{U_o}{U_i} = 43.825 \tag{6.3}$$

根据频带宽度的测试原理,移动测试指针,使幅度值下降 3 dB,如图 6.30 所示。

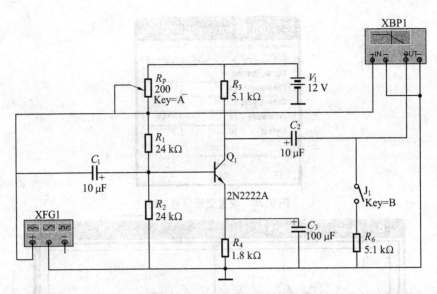

图 6.28　波特图仪连接方法

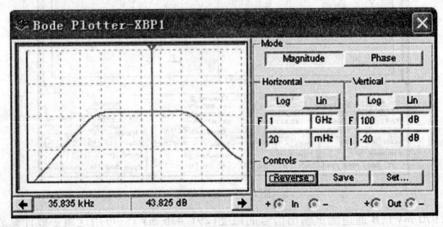

图 6.29　测试指针在波特图仪的最佳放大区

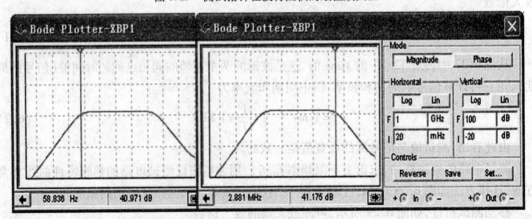

图 6.30　测试指针在波特图的半功率点

此时的频率值分别为

$$f_L = 58.836 \text{ Hz} \qquad f_H = 2.881 \text{ MHz} \qquad (6.4)$$

则放大器的频带宽度为

$$f_{w}/MHz = f_{H} - f_{L} = 2.822 \tag{6.5}$$

（2）测量电路的失真度，比较其电位关系。

可以用失真度测量仪直接测量，如图6.31所示，测得电路的失真度为0.304%。

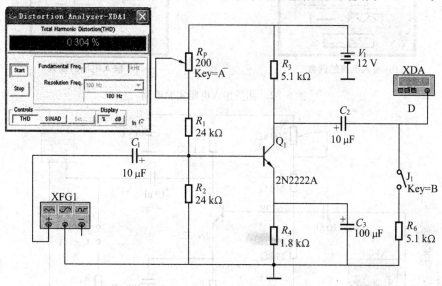

图6.31　失真度测量仪的连接与测量

（3）测量输入电阻和输出电阻。

① 测量输入电阻：用 Multisim 9 的电流表和电压表测量 R_i。可以通过放大器等效电阻的定义进行测量，电路如图6.32（a）所示。

② 测量输出电阻：如图6.33（a）所示，在负载电阻 R_6 接上时进行仿真，得到 U_L 值为208.579 mV，断开 R_6 后运行仿真，得到 U_0 值为327.819 mV。则输出电阻

$$R_0/k\Omega = \left(\frac{U_0}{U_L} - 1\right) \times R_L = \left(\frac{327.819}{208.579} - 1\right) \times 5.1 = 2.92 \tag{6.6}$$

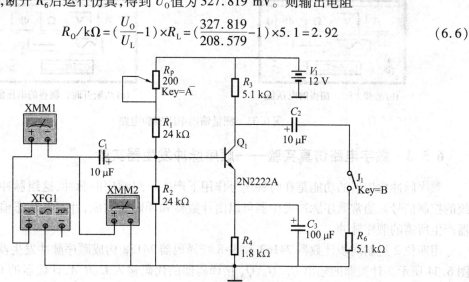

(a) 用电流表和电压表测量 R_i

(b) 输入电流的读数

(c) 输入电压的读数

图 6.32　测量输入电阻实验电路

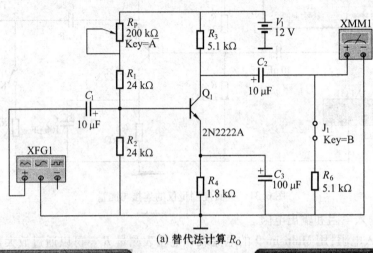

(a) 替代法计算 R_O

(b) R_6 接上时，测得的电压值

(c) R_6 断开时，测得的电压值

图 6.33　测量输出电阻实验电路

6.5.3　数字电路仿真实验——顺序脉冲发生器实验

顺序脉冲发生器的功能是在时钟信号作用下产生一组顺序的脉冲,这组脉冲往往用作系统的控制信号。通常顺序脉冲发生器可以由计数器和译码器构成,计数器状态输出通过译码器产生所需的顺序脉冲。

用四位 2 进制同步计数器 74163 和 3-8 线译码器 74138 构成顺序脉冲发生器实验电路如图 6.34 所示。计数器的输出 Q_C、Q_B、Q_A 接译码器的代码输入 C、B、A,计数器的 CP 由时钟信号源提供,频率取 100 Hz。时钟及译码器的 8 个输出端均接逻辑分析仪。

打开仿真电源开关,通过逻辑分析仪观察在时钟信号的作用下输出状态的变化。输出波

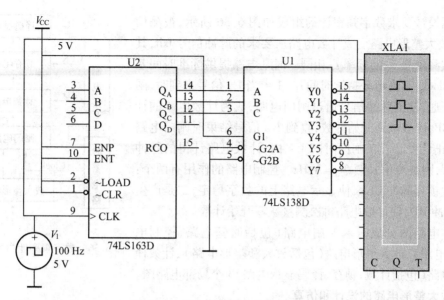

图 6.34　顺序脉冲发生器实验电路

形如图 6.35 所示。

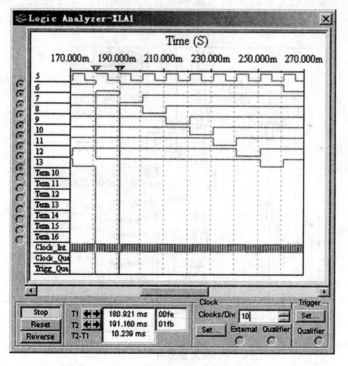

图 6.35　顺序脉冲发生器输出波形

6.5.4　综合设计仿真实验——简易数字频率计的设计实验

简易数字频率计的频率测量范围:信号为方波、三角波和正弦波、幅度为 0.5～5 V、频率范围为 1～9 999 Hz。十进制数字显示,显示刷新时间为 1 s。仿真中元器件符号标准采用 DIN 欧洲标准。

根据设计要求数字频率计的组成如图 6.36 所示,被测信号 v_x 经放大整形电路变成计数电路所要求的脉冲信号 fxh,其频率与被测信号 v_x 的频率 f_x 相同。时基电路提供标准时间基准信号 Clock,其高电平持续时间 $t_1 = 1$ s,当 1 s 信号来到时,闸门电路开通,被测脉冲信号通过闸门电路,成为计数电路的计数脉冲 CP,计数电路开始计数,直到 1 s 信号结束时闸门电路关闭,停止计数。若在闸门时间 1 s 内,计数电路计得的脉冲个数为 N,则被测信号频率 $f = N$ Hz。控制电路的作用有两个:一是产生锁存脉冲 CLK,使显示电路上的数字稳定;二是产生清"0"脉冲 RD,使计数电路每次测量从零开始计数。

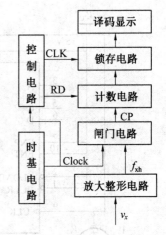

图 6.36　数字频率计的组成框图

整体电路图分成时基控制电路(包括时基电路、控制电路、闸门电路)、放大整形电路(包括放大和整形电路)、计数译码显示电路(包括计数、锁存、译码显示电路)3 个局部电路图。

1. 放大整形电路的设计和仿真

如图 6.37 所示,放大整形电路由晶体管 2N3904 与 74LS14N 施密特触发器等组成。其中由晶体管 2N3904 组成的放大电路将输入频率为 f_x 的周期信号如正弦波、方波等进行放大,施密特触发器对放大电路输出信号进行整形,使之成为与输入信号同频率的矩形脉冲。

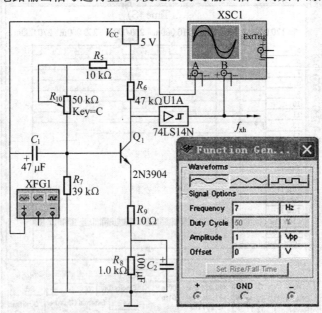

图 6.37　放大整形电路设计与仿真

输入信号由信号发生器供给,其设置为:7 Hz、1 V_{PP} 的正弦波(三角波或方波),示波器 A 通道测量输入信号的波形,B 通道测量放大整形之后的波形 f_{xh},仿真波形如图 6.38 所示,放大整形之后的波形 f_{xh} 是与输入信号同频率的矩形脉冲。

2. 时基控制电路的设计和仿真

如图 6.39 所示,时基电路由定时器 555 构成的多谐振荡器产生,通过控制按钮 A 或 Shift+A 调节电位器 R13 的接入阻值,使标准时间信号 Clock 高电平的持续时间为 1 s。控制电

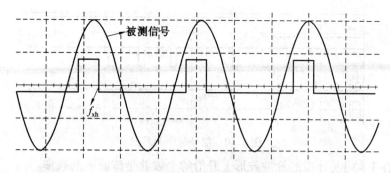

图 6.38　放大整形电路仿真波形

路是由单稳态触发器 SN74123N 组成,在标准时间信号 Clock 结束时由两个单稳态触发器
SN74123N 分别产生锁存信号 CLK,锁存信号 CLK 结束时产生清"0"信号 RD,它们的脉冲宽
度由电路的时间常数决定。并且锁存信号 CLK 和清"0"信号 RD 的脉宽之和不能超过标准时
间信号 Clock 的低电平持续时间。另外,清零信号也可以由手动复位开关 J_1 的按钮 B 来控制,
开关 J_1 闭合时,计数电路清"0"。两种方式清零信号加在 U2A 与非门 74LS00N 的两个输入
端,与非门 74LS00N 的输出即为计数电路的清"0"信号 RD。电路中 U2B 与非门 74LS00N 组
成闸门电路,其作用是产生计数脉冲 CP。

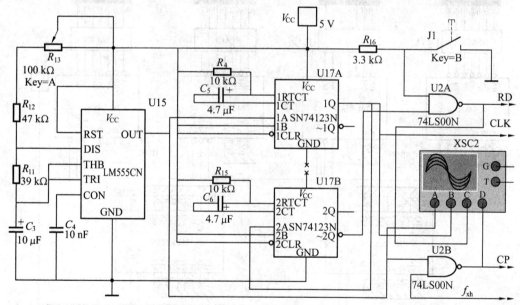

图 6.39　时基控制电路的设计与仿真

当手动复位开关 J_1 闭合,再打开时,各信号之间的时序关系如图 6.40 所示,双踪示波器的
测量波形为:A 通道是标准时间信号 Clock 的波形,其高电平的持续时间为 1 s;B 通道是锁存
信号 CLK 的波形;C 通道是清"0"信号 RD 的波形,其波形第一个清零信号正脉冲是由手动复
位开关 J_1 给出的;D 通道是计数电路的计数脉冲 CP 的波形,与标准时间信号 Clock 波形相对
应,可知在 1 s 内有 7 个脉冲上升沿,即 1 s 内有 7 个放大整形信号 f_{xh} 脉冲通过。

3. 计数、锁存、译码显示电路的设计和仿真

如图 6.41 所示,计数电路由 4 个 2-5-10 十进制计数器 74LS90N 组成四位 10 进制计数

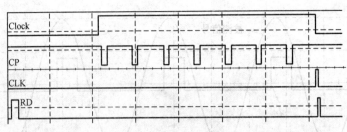

图 6.40 信号时序关系图

器,计数电路在 1 s 内所计得的脉冲波形上升沿的个数就是该波形的频率。

为了简化电路,在此电路中采用了总线设计方法,使电路图更加清晰、规范。3 个电路图中标号相同的表示它们有导线连接关系。按下仿真按钮,显示器上显示出信号的频率为7 Hz,与图 6.37 信号发生器的设置一致。

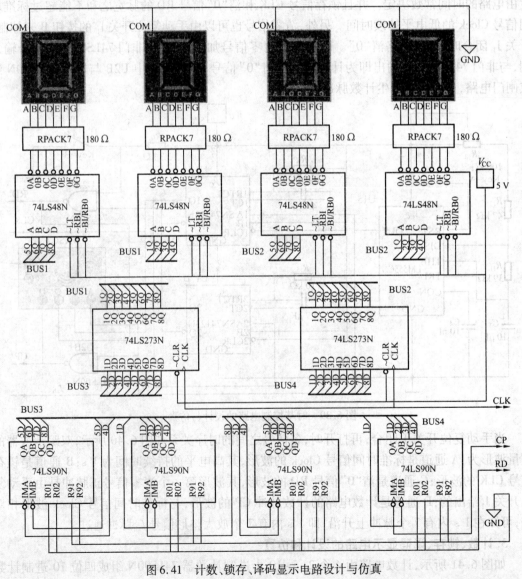

图 6.41 计数、锁存、译码显示电路设计与仿真

第7章　Multisim 9 软件仿真实验

实验1　直流电路中的功率传递

一、实验目的

（1）根据负载输出功率和电源输入功率计算功率传输效率。
（2）研究具有内阻的电源的输出功率与负载电阻之间的关系。
（3）研究负载电阻的大小与获得最大输出功率的关系。
（4）研究负载电阻的大小与得到最高效率之间的关系。

二、实验原理及说明

如图7.1所示电路,由最大功率传输定理可知,当负载电阻 R_L 与 R_L 以外二端网络的戴维宁等效电阻 R_{eq} 相等时,负载可获得最大功率,且最大功率为 $P_{max} = \dfrac{U_{OC}^2}{4R_{eq}}$。

功率传输效率 η 是输出功率 P_2 与电源输入功率 P_1 之比,即

$$\eta = \frac{P_2}{P_1} \times 100\% \tag{7.1}$$

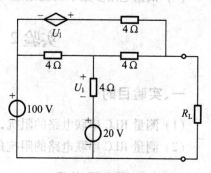

图7.1　求负载功率的电路图

注意　当负载获得最大输出功率时,效率 η 并不是最高的,因为这时负载电阻与电源内阻相等,电源内阻消耗的功率与负载得到的功率是相同的。

三、虚拟实验仪器

（1）20 V、100 V 电源。
（2）电压表。
（3）电流表。
（4）电压控制电压源。
（5）电阻。

四、实验内容及步骤

（1）建立如图7.2所示的最大传输功率实验电路。

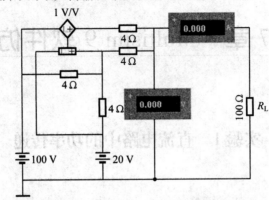

图7.2　负载电阻获得最大传输功率的测试实验电路

（2）打开仿真开关，在负载电阻 R_L 分别为0.1 Ω、1 Ω、2 Ω、3 Ω、4 Ω、5 Ω、6 Ω、8 Ω、10 Ω、20 Ω、50 Ω、80 Ω、100 Ω时所对应的电压 U 和电流 I 值计算出功率 P_2。

（3）以负载电阻 R_L 为横坐标、负载功率 P_2 为纵坐标，画出负载功率曲线图，并在曲线上标出最大功率点和相应的 R_L 值。

（4）根据电路参数求出理论上的 P_{max}，与实验值进行比较，并计算此时电路的效率。

实验2　串联交流电路的阻抗

一、实验目的

（1）测量 RLC 串联电路的阻抗，并比较测量值与计算值。
（2）测量 RLC 串联电路的阻抗角，并比较测量值与计算值。

二、实验原理及说明

电路如图7.3所示。由电路理论可知，RLC 串联电路的阻抗为

$$Z = R + j\left(\omega L - \frac{1}{\omega C}\right) = |Z| \angle \varphi \tag{7.2}$$

故

$$|Z| = \sqrt{R^2 + \left(\omega L - \frac{1}{\omega C}\right)^2} \tag{7.3}$$

$$\varphi = \arctan \frac{\left(\omega L - \dfrac{1}{\omega C}\right)}{R} \tag{7.4}$$

该阻抗角即为电路中电压与电流的相位差。当电路元件的参数不变时，阻抗的模和阻抗角均为频率的函数。

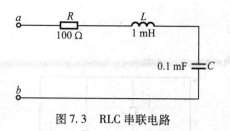

图 7.3　RLC 串联电路

三、虚拟实验仪器

（1）信号发生器。
（2）示波器。
（3）电流表。
（4）电压表。
（5）电阻 1 Ω、99 Ω、电感 1 mH、电容 0.1 μF。

四、实验内容及步骤

（1）建立图 7.4 所示的 RLC 串联实验电路。

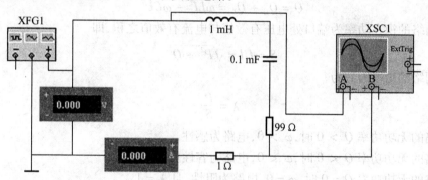

图 7.4　RLC 串联实验电路

　　（2）因为 1 Ω 电阻上的电压与回路电流相等，所以由示波器可以测得电压与电流的相位差。根据电压表和电流表测出的数值可以求出阻抗的模。设置信号源的参数 offset 为 0，振幅为 10 V，改变信号源的频率分别为 1 Hz、10 Hz、100 Hz、500 Hz、1 000 Hz、2 000 Hz、4 000 Hz、6 000 Hz 时，打开仿真开关，将分别测到不同频率下的电压和电流的相位差以及电压表和电流表的读数，分别计算电路阻抗的模。

实验 3　交流电路的功率和功率因数

一、实验目的

（1）测定二端网络的有功功率、无功功率、视在功率和功率因数。
（2）明确若使电路的功率因数提高为 1，应如何调整电路。

二、实验原理及说明

交流电路如图 7.5 所示。

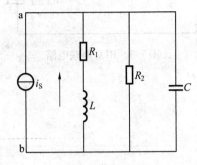

图 7.5　交流电路

由电路原理可知:二端网络的有功功率等于二端网络内部所有电阻的平均功率之和,即

$$P = P_1 + P_2 = I_1^2 R_1 + I_2^2 R_2 = I_1^2 R_1 + \frac{U^2}{R_2} \qquad (7.5)$$

无功功率为二端网络内所有电感和电容的无功功率之和,即

$$Q = Q_L + Q_C = \omega L I_1^2 - \omega C U^2 \qquad (7.6)$$

二端网络的视在功率为端口处电压有效值与电流有效值之积,即

$$S = UI = \sqrt{P^2 + Q^2} \qquad (7.7)$$

二端网络的功率因数为

$$\lambda = \frac{P}{S} \qquad (7.8)$$

当电路的无功功率 $Q > 0$ 时,$\varphi > 0$,电路为感性。

当电路的无功功率 $Q < 0$ 时,$\varphi < 0$,电路为容性。

当电路的无功功率 $Q = 0$ 时,$\varphi = 0$,电路为阻性,且 $\lambda = 1$。

为提高电路的功率因数,需在电路内增加一个与储能性质相反的元件,即在感性电路中并联一个电容,容性电路要串联一个电感。

三、虚拟实验仪器

(1)交流电流源。

(2)示波器。

(3)交流电压表。

(4)交流电流表。

(5)电阻 1.5 Ω,1.316 Ω,1 Ω;电感 0.666 7 H;电容 0.684 F。

四、实验内容及步骤

(1)建立图 7.6 所示的测试电路。

(2)打开仿真开关进行动态分析。记录测试到的电压表和电流表的读数。

(3)根据步骤 2 的读数分别计算出二端网络的有功功率 P 和无功功率 Q,进而计算出功率

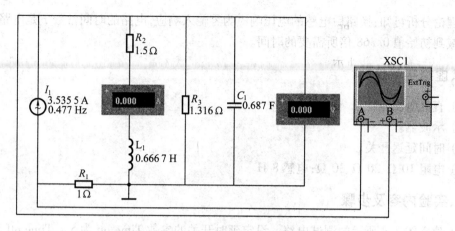

图 7.6　交流电路功率测试实验电路

因数 λ 和功率因数角 φ。

（4）根据示波器的读数确定二端网络的功率因数角 φ，并与步骤 3 的计算值进行比较。

（5）根据上述确定的功率因数角以及无功功率，判断二端网络的性质。为使电路的功率因数为 1，应如何调整实验电路？并计算有关参数。

（6）根据步骤 5 的结果，改进图 7.6 的测试电路，建立功率因数调整实验电路。打开仿真开关进行动态分析，通过示波器观察调整后电路的电压与电流是否同相，以验证调整后电路的功率因数是否为 1。

实验 4　一阶动态电路的动态过程

一、实验目的

（1）观察一阶动态电路的动态过程。

（2）确定电路的时间常数 τ。

二、实验原理及说明

一阶动态电路如图 7.7 所示，$t=0$ 时开关进行换路动作，换路前电路已达到稳态。

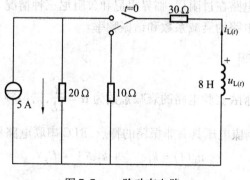

图 7.7　一阶动态电路

由理论分析可知:换路后电感的电压响应为零输入响应,电路的时间常数 τ 是电路零输入响应衰减到初始值 0.368 倍所需要的时间。

三、虚拟实验仪器

(1) 直流电流源。

(2) 示波器。

(3) 时间延迟开关。

(4) 电阻 10 Ω、20 Ω、30 Ω;电感 8 H。

四、实验内容及步骤

(1) 建立图 7.8 所示的测试电路。设定延时开关的参数 Time on 为 5 s,Time off 为 1 s。

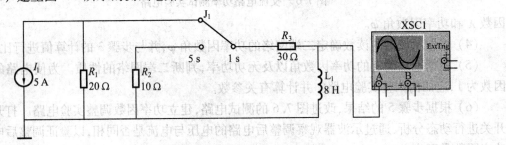

图 7.8 一阶动态电路实验电路

(2) 打开仿真开关,通过示波器测试电感电压的波形。

(3) 通过示波器上的曲线确定时间常数。

(4) 根据图 7.7 给出的元件参数,理论分析 $t \geqslant 0$ 时电感的电压以及电路的时间常数。

实验 5 RLC 串联电路的动态过程

一、实验目的

(1) 研究 RLC 串联电路的电路参数与电容电压暂态过程的关系。

(2) 观察 RLC 串联电路在过阻尼、临界阻尼和欠阻尼三种情况下的响应波形。

(3) 确定 RLC 串联电路的衰减系数和谐振频率。

二、实验原理及说明

如图 7.9 所示 RLC 串联实验电路的衰减系数为 $\alpha = \dfrac{R}{2L}$,谐振频率为 $\omega_0 = \dfrac{1}{\sqrt{LC}}$。

(1) 当 $\alpha > \omega_0$ 时,响应电压具有非振荡的特点,RLC 串联电路称为过阻尼电路。

$$u_C(t) = k_1 e^{-s_1 t} + k_2 e^{-s_2 t} + U_S \tag{7.9}$$

其中

$$S_{1,2} = -\alpha \pm \sqrt{\alpha^2 - \omega_0^2} \tag{7.10}$$

（2）当 $\alpha = \omega_0$ 时，响应电压界于非振荡与振荡之间，RLC 串联电路称为临界阻尼电路。

$$u_C(t) = e^{-\alpha t}(k_1 + k_2 t) + U_S \tag{7.11}$$

（3）当 $\alpha < \omega_0$ 时，相应电压具有衰减振荡的特点，*RLC* 串联电路称为欠阻尼电路。

$$u_C(t) = e^{-\alpha t}(k\cos\sqrt{\omega_0^2 - \alpha^2}\,t + k_2\sqrt{\omega_0^2 - \alpha^2}\,t) + U_S \tag{7.12}$$

或

$$u_C(t) = ke^{-\alpha t}\cos(\omega_d t - \theta) + U_S \tag{7.13}$$

其中

$$\omega_d = \sqrt{\omega_0^2 - \alpha^2} \tag{7.14}$$

$$\theta = \arctan\frac{k_2}{k_1} \tag{7.15}$$

$$k = \sqrt{k_1^2 + k_2^2} \tag{7.16}$$

（4）当 $R = 0$ 时，RLC 串联电路称为无阻尼电路。

三、虚拟实验仪器

（1）10 V 电源。

（2）示波器。

（3）时间延迟开关。

（4）电阻 100 Ω、6.325 Ω、1 Ω；电感 0.1 H；电容 0.01 F。

四、实验内容及步骤

（1）建立图 7.9 所示的实验电路。

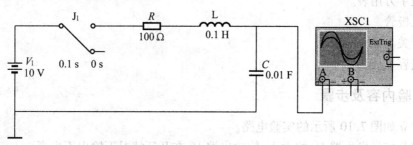

图 7.9 RLC 串联实验电路

（2）打开仿真开关进行动态分析。观察记录示波器显示的电容两端电压的波形，做出随时间变化的曲线。

（3）根据实验电路所给的 R、L、C 元件值，计算衰减系数 α 和谐振频率 ω_0。

（4）改变参数为：$R = 6.325\ \Omega$，$L = 0.1\ H$，$C = 0.01\ F$，打开仿真开关进行动态分析。观察记录示波器显示的电容两端电压的波形，做出随时间变化的曲线。

（5）根据 R 的新阻值，计算衰减系数 α。

（6）改变参数为：$R = 1\ \Omega$，$L = 0.1\ H$，$C = 0.01\ F$，打开仿真开关进行动态分析。观察记录示波器显示的电容两端电压的波形，做出随时间变化的曲线。

（7）根据 R 的新阻值，计算衰减系数 α。

实验6　负反馈放大电路

一、实验目的

（1）掌握负反馈放大电路对放大器性能的影响。

（2）学习负反馈放大器静态工作点、电压放大倍数、输入电阻、输出电阻的开环和闭环仿真方法。

（3）学习掌握 Multisim 9 交流分析方法。

二、实验原理及说明

本实验电路如图 7.10 所示，在两级共射放大电路中引入电压串联负反馈，形成负反馈放大器。电压串联负反馈对放大器性能的影响主要有以下几点：

（1）负反馈使放大器的放大倍数降低。

（2）提高放大倍数的稳定性。

（3）扩大放大器的通频带。

（4）影响输入电阻和输出电阻。

三、虚拟实验仪器

（1）双踪示波器。

（2）信号发生器。

（3）数字万用表。

（4）三极管。

（5）开关。

（6）电容、电阻。

四、实验内容及步骤

（1）建立如图 7.10 所示的实验电路。

（2）调节信号发生器 U_1 的大小，使输出端 15 在开环情况下输出不失真。

（3）启动直流工作点分析，分别记录三极管 Q1、Q2 的 U_B、U_C、U_E 的数值。

（4）进行交流测试：

① 在开环（J_1 打开）时，分别记录 $R_L = \infty$（J_2 打开）和 $R_L = 1.5\ \text{k}\Omega$（$J_2$ 闭合）时的 U_i、U_0 的数值并计算 A_V 的数值；

② 在闭环（J_1 闭合）时，分别记录 $R_L = \infty$（J_2 打开）和 $R_L = 1.5\ \text{k}\Omega$（$J_2$ 闭合）时的 U_i、U_0 的数值并计算 A_V 的数值。

（5）负反馈对失真的改善测试：

① 在开环情况下适当加大 u_i 的大小，使其输出失真，记录波形；

② 在①步基础之上闭合开关 J_1，并记录波形。

（6）启动交流分析，测量在开环和闭环的情况下放大电路的通频带。

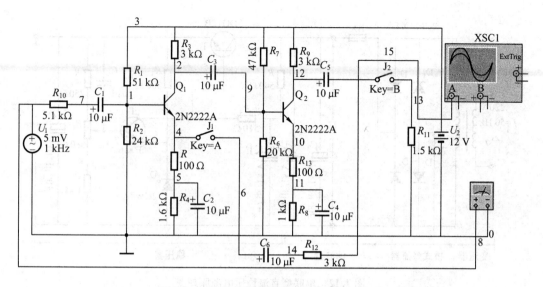

图 7.10　电压串联负反馈放大电路实验电路

实验 7　串联型晶体管稳压电路

一、实验目的

（1）熟悉 Multisim 9 软件的使用方法。
（2）掌握单项桥式整流、电容滤波电路的特性。
（3）掌握串联型晶体管稳压电路指标测试方法。

二、实验原理及说明

直流稳压电源原理框图如图 7.11 所示。

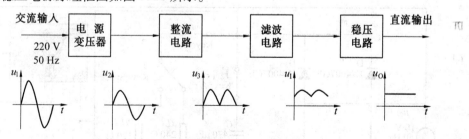

图 7.11　直流稳压电源原理框图

如图 7.12 所示，串联型直流稳压电源除了变压、整流、滤波外，稳压器部分一般有 4 个环节：调整环节、基准电压、比较放大器和取样电路。当电网电压或负载变动引起输出电压 U_0 变化时，取样电路将输出电压 U_0 的一部分馈送回比较放大器与基准电压进行比较，产生的误差电压经放大后去控制调整管的基极电流，自动地改变调整管的集–射极间电压，补偿 U_0 的变化，从而维持输出电压基本不变。

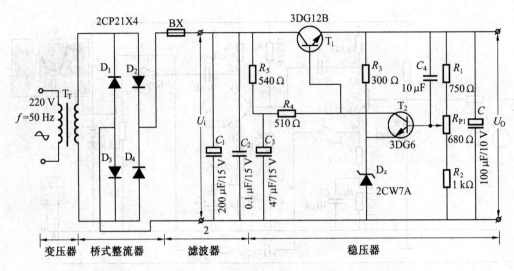

图 7.12　串联型直流稳压电源原理图

三、虚拟实验仪器

（1）双踪示波器。

（2）信号发生器。

（3）交流毫伏表。

（4）数字万用表等仪器。

（5）晶体三极管、晶体二极管、稳压管 。

四、实验内容及步骤

1. 整流滤波电路测试

按图 7.13 所示连接实验电路。取可调工频电源电压为 16 V,作为整流电路输入电压 u_2。

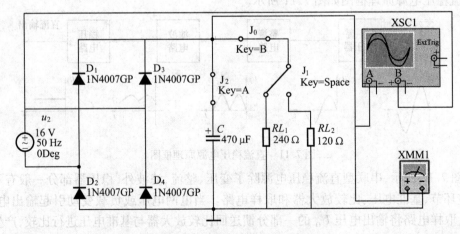

图 7.13　整流滤波实验电路

（1）取 $R_L = 240\ \Omega$,不加滤波电容,测量直流输出电压 U_L 及纹波电压 $\widetilde{U}_L$,并用示波器观察 u_2 和 u_L 波形。

（2）取 $R_L = 240\ \Omega$，$C = 470\ \mu F$，重复内容（1）的要求。

（3）取 $R_L = 120\ \Omega$，$C = 470\ \mu F$，重复内容（1）的要求。

2. 测量输出电压可调范围

更改电路如图 7.14 所示，接入负载，并调节 R_6，使输出电流 $U_0 = 9$ V。若不满足要求，可适当调整 R_1、R_2 的值。

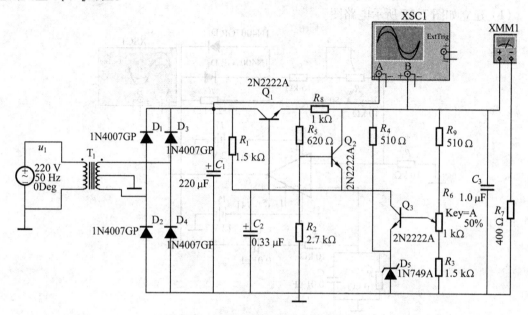

图 7.14　串联型直流稳压电源实验电路

3. 测量各级静态工作点

在 $U_2 = 14$ V 时，调节输出电压 $U_0 = 9$ V，输出电流 $I_0 = 100$ mA，分别测量 T_1、T_2、T_3 各级静态工作点 U_B、U_C、U_E 的值。

4. 测量稳压系数 S

取 $I_0 = 100$ mA，改变整流电路输入电压 U_2（模拟电网电压波动）的值分别为 14 V、16 V、18 V，分别测出相应的稳压器输入电压 U_i 及输出直流电压 U_0 的值，并计算稳压系数 S。

实验 8　波形发生器应用的测量

一、实验目的

（1）熟悉 Multisim 9 软件的使用方法。

（2）学习用集成运放构成正弦波、方波和三角波发生器。

（3）掌握集成运放的调整及基本测量方法。

二、虚拟实验仪器

（1）双踪示波器、信号发生器。

（2）交流毫伏表。

（3）数字万用表等仪器。

（4）集成电路741。

三、实验内容及步骤

1.文氏正弦波振荡器

（1）建立如图7.15所示电路图。

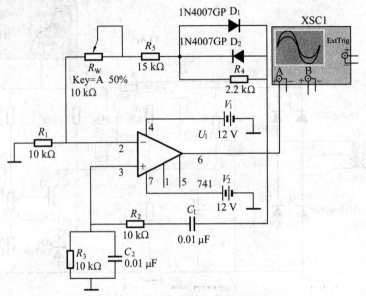

图7.15　文氏正弦波振荡器实验电路

（2）接通±12 V电源，调节电位器，使输出波形从无到有，从正弦波失真到不失真。描绘出输出端的波形，记下临界起振、正弦波输出及失真情况下的R_W值，分析负反馈强、弱对起振条件及输出波形的影响。

（3）输出最大不失真情况下，用交流毫伏表测量输出电压，反馈电压，分析研究震荡的条件。

（4）断开二极管D_1、D_2，重复以上实验，并比较分析有何不同。

2.方波发生器

（1）建立如图7.16所示电路图。

（2）描绘出示波器中方波和三角波，注意它们的对应关系。

（3）改变R_W的位置，测出波形的输出频率范围。

（4）如果把D_1改为单向稳压管，观察输出波形的变化，并分析1N5758稳压管的作用。

3.三角波发生器

（1）建立如图7.17所示电路图。

（2）画出示波器中的三角波和方波，测出其幅值和频率及R_W值。

（3）改变R_W的位置，观察对输出三角波和方波波形的幅值和频率的影响。

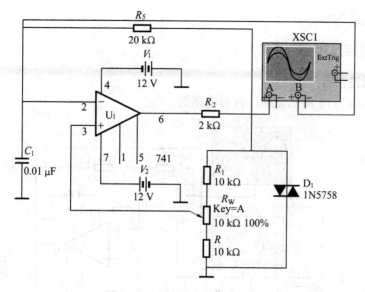

图 7.16　方波发生器实验电路

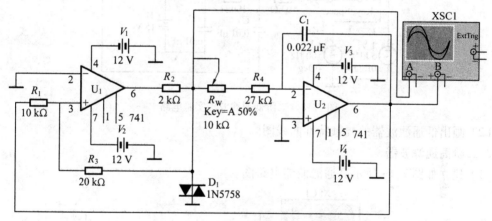

图 7.17　三角波发生器实验电路

实验 9　二阶低通滤波器

一、实验目的

（1）熟悉 Multisim 9 软件的使用方法。

（2）熟悉二阶低通滤波器的特性。

（3）掌握二阶低通滤波器的幅频特性。

二、虚拟实验仪器

（1）双踪示波器、信号发生器。

（2）交流毫伏表。

（3）数字万用表等仪器。

（4）集成电路741。

三、实验内容及步骤

1. 二阶低通滤波器

（1）建立如图7.18所示低通滤波器电路图。

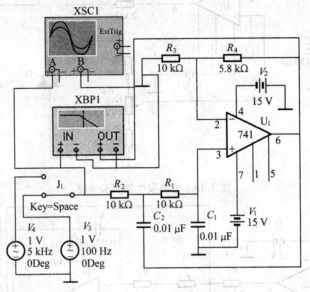

图7.18　二阶低通滤波器实验电路

（2）画出低通滤波器的幅频特性曲线图。

2. 二阶高通滤波器

（1）建立如图7.19所示高通滤波器电路图。

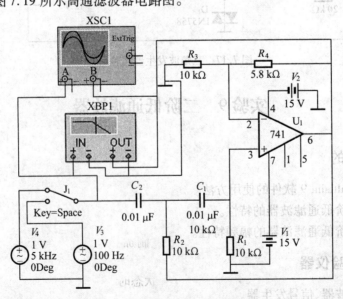

图7.19　二阶高通滤波器实验电路

（2）画出高通滤波器的幅频特性曲线图。

3. 带通滤波器

（1）建立如图 7.20 所示带通滤波器电路图。

（2）画出带通滤波器的幅频特性曲线图。

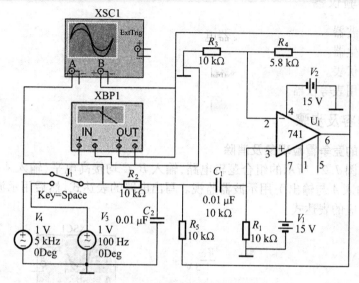

图 7.20　带通滤波器实验电路

实验 10　数字电路基本实验

一、实验目的

（1）掌握分析组合电路有无竞争冒险现象的方法,了解采用修改逻辑设计消除竞争冒险现象的方法。

（2）掌握集成同步 10 进制计数器 74160 的逻辑功能,用置零法和置数法设计其他进制的计数器。

（3）掌握用 555 电路设计振荡器的方法。

（4）掌握逻辑分析仪的使用。

二、实验原理及说明

组合电路中的竞争冒险:指当组合电路的输入信号发生变化时,电路有可能出现违反逻辑功能的尖峰脉冲。如果负载对尖峰脉冲敏感的话,就必须消除。常用的方法有:接入滤波电路,引入选通脉冲,修改逻辑设计。

集成同步十进制计数器 74160 除了具有 10 进制加法计数功能之外,还有预置数、异步置零和保持的功能。采用置零法和置数法可以用 74160 构成其他进制的计数器。置零法的基本原理是:当计数器从零状态开始计数,计数到某个状态时,将该状态译码产生置零信号,送到计数器置零端,使计数器重新从零开始计数,这样可以跳跃若干个状态。置数法的原理是:通过给计数器重复置入某个数值,使计数器跳过若干个状态。

555 定时器是一种多用途的单片集成电路,利用它能极方便地接成施密特触发器、单稳态

触发器和多谐振荡器。因此,555 定时器在波形的产生与变换、测量与控制、家用电器、电子玩具等许多领域得到应用。

三、虚拟实验仪器

(1) 双踪示波器。
(2) 信号发生器。
(3) 交流毫伏表。
(4) 数字万用表等仪器。

四、实验内容及步骤

1.组合电路的竞争冒险现象及消除

(1) 建立如图 7.21 所示的组合逻辑电路,输入 B、C 均接高电平,输入 A 接时钟,时钟频率设为 1 Hz。输入 A 与输出 Y 用示波器监视。写出电路的表达式,然后用示波器观察电路的输出是否满足对应的表达式。

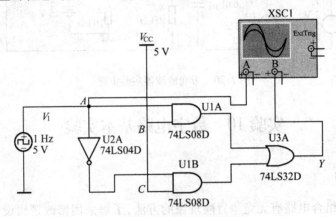

图 7.21　组合电路 1 实验电路

(2) 建立如图 7.22 所示的组合逻辑电路,输入 B、C 均接高电平,输入 A 接时钟,时钟频率设为 1 Hz。输入 A 与输出 Y 用示波器监视,写出电路的表达式,然后用示波器观察电路的输出是否满足对应的表达式。

(3) 采用修改设计的方法消除两个组合电路的竞争冒险现象,然后再进行观察。

2.集成同步 10 进制计数器 74160 的使用

(1) 建立集成同步 10 进制计数器 74160 的实验电路。输出 Q_D、Q_C、Q_B、Q_A 接数码管用于观察状态数的变化,同时接逻辑分析仪用于观察时序波形。打开仿真开关,在 CP 脉冲的作用下,观察数码管显示数字的变化规律,并用逻辑分析仪观察状态转换规律。

(2) 用置零法将同步 10 进制计数器构成 6 进制计数器,观察数码管显示数字的变化规律,并用逻辑分析仪观察状态转换规律。

(3) 用置数法将同步 10 进制计数器构成 6 进制计数器,观察数码管显数字的变化规律,并用逻辑分析仪观察状态转换规律。

3.用 555 电路设计振荡器

(1) 用 555 电路设计一个输出频率可调的振荡器。

(2) 用示波器观察输出信号波形,并测量信号的周期;测出振荡器输出信号的频率范围。

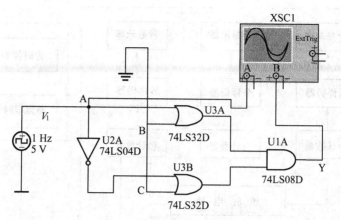

图 7.22　组合电路 2 实验电路

实验 11　综合设计性实验——数字电子钟的设计

一、设计要求(此实验设计部分内容在课外完成,课内完成电路的调试与测试)

1. 设计基本要求

(1) 准确计时,用数码管显示分和秒。

(2) 小时以 24 小时计时。

2. 设计扩充要求

(1) 设计时间校正功能。

(2) 设计"闹"钟功能。

(3) 利用 555 定时器设计时基电路。

(4) 设计所用的直流电源。

二、数字钟电路设计框图

根据设计要求,数字钟电路框图如图 7.23 所示。图中振荡器用以产生稳定的脉冲信号,作为数字钟的时间基准,要求振荡频率为 1 Hz,为标准的秒信号。为保证数字钟的精度,可采用石英晶体振荡器产生高频脉冲,然后经分频获得一秒的标准秒脉冲。秒计数器满 60,向分计数器进位;分计数器满 60,向小时计数器进位;小时计数器按"24 翻 1"规律计数。各计数器经译码器驱动数码管显示。当计时出现误差时,用时间校正电路分别对小时、分、秒进行校正。闹钟电路应能根据设定发出控制信号,控制音响电路发出声响,并控制声音的持续时间。

三、部分单元电路设计参考

1. 分、秒计时电路设计

根据 60 进制的要求,可以用两片 10 进制同步计数器 74160 实现。一片接成 10 进制计数器,作为分、秒计数的个位;另一片接成 6 进制计数器,作为分、秒的十位,组成 60 进制计数器,完成分、秒的计时功能。其参考电路如图 7.24 所示。

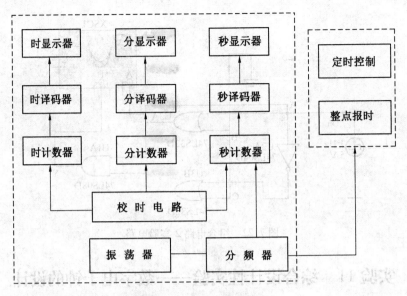

图 7.23 数字钟电路框图

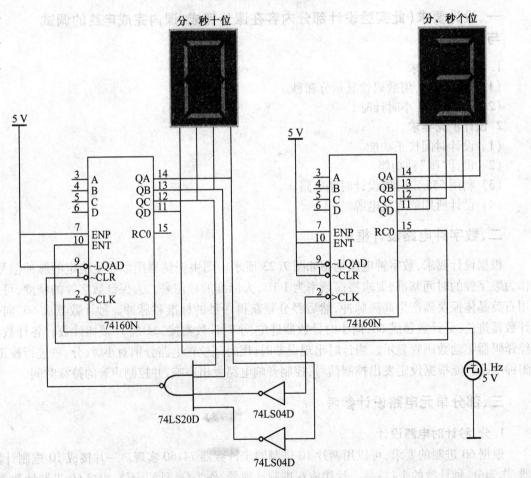

图 7.24 分、秒计时电路

2. 时基电路设计

用 555 定时器组成多谐振荡器,其输出频率为 1 Hz(即 1 s)。用示波器可观察输出信号的频率及占空比等,电路如图 7.25 所示。

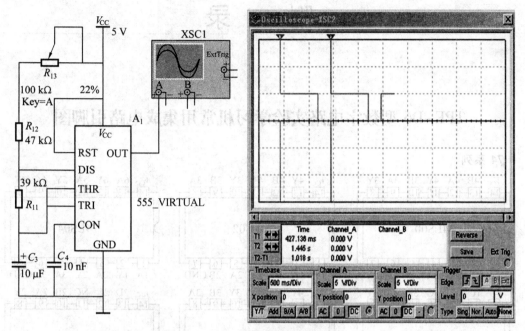

图 7.25　时基电路及输出的波形图

四、实验内容及步骤

(1) 设计数字钟电路的各个单元电路:时、分、秒计数电路,时、分、秒译码显示电路,时基电路用 555 构成的多谐振荡器产生 1 s 的脉冲。

(2) 使用 Multisim 的各种仪表调试各单元电路。

(3) 调试完成数字钟,测试数字钟的各功能。

(4) 设计扩充部分的内容,并调整测试整个电路的功能。

附 录

TPE–D6 型数字电路实验学习机常用集成电路引脚图

74 系列

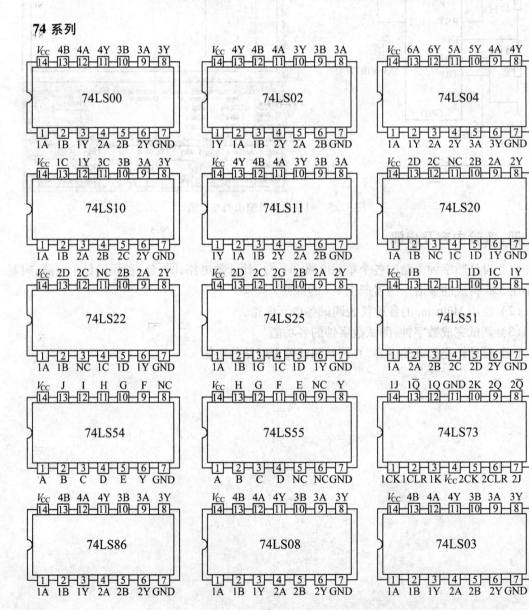

74LS90 — 顶: A · NC · Q_A · Q_D · GND · Q_B · Q_C (14–8); 底: B · R_{O1} · R_{O2} · NC · V_{CC} · Rp1 · Rp2 (1–7)

74LS74 — 顶: V_{CC} · $2\overline{RD}$ · 2D · 2CP · $2\overline{SD}$ · 2Q · $2\overline{Q}$ (14–8); 底: $1\overline{RD}$ · 1D · 1CP · $1\overline{SD}$ · 1Q · $1\overline{Q}$ · GND (1–7)

74LS125 — 顶: V_{CC} · 4E · 4A · 4Y · 3E · 3A · 3Y (14–8); 底: 1E · 1A · 1Y · 2E · 2A · 2Y · GND (1–7)

74LS32 — 顶: V_{CC} · 4B · 4A · 4Y · 3B · 3A · 3Y (14–8); 底: 1A · 1B · 1Y · 2A · 2B · 2Y · GND (1–7)

74LS183 — 顶: V_{CC} · 2An · 2Bn · 2Cn-1 · 2Cn · NC · 2Sn (14–8); 底: 1An · NC · 1Bn · 1Cn-1 · 1Cn · 1Sn · GND (1–7)

74LS196 — 顶: V_{CC} · CR · Q_3 · D_3 · D_1 · Q_1 · CP_0 (14–8); 底: CT/LD · Q_2 · D_2 · D_0 · Q_0 · CP_1 · GND (1–7)

74LS09 — 顶: V_{CC} · 4B · 4A · 4Y · 3B · 3A · 3Y (14–8); 底: 1A · 1B · 1Y · 2A · 2B · 2Y · GND (1–7)

74LS280 — 顶: V_{CC} · F · E · D · C · B · A (14–8); 底: G · H · NC · I · Σ · 1Y · GND (1–7)

74LS121 — 顶: V_{CC} · NC · NCRe/Ce · Ce · Ri · NC (14–8); 底: Q · NC · A1 · A2 · B · Q · GND (1–7)

74LS126 — 顶: V_{CC} · 4C · 4A · 4Y · 3C · 3A · 3Y (14–8); 底: 1C · 1A · 1Y · 2C · 2A · 2Y · GND (1–7)

74LS132 — 顶: V_{CC} · 4B · 4A · 4Y · 3B · 3A · 3Y (14–8); 底: 1A · 1B · 1Y · 2A · 2B · 2Y · GND (1–7)

74H72 — 顶: V_{CC} · PR · CK · K3 · K2 · K1 · Q (14–8); 底: NC · CLR · J1 · J2 · J3 · Q · GND (1–7)

74LS112 — 顶: V_{CC} · $1\overline{RD}$ · $2\overline{RD}$ · 2CP · 2K · 2J · $2\overline{SD}$ · 2Q (16–9); 底: 1CP · 1K · 1J · 1SD · 1Q · 1Q · 2Q · GND (1–8)

74LS138 — 顶: V_{CC} · Y_0 · Y_1 · Y_2 · Y_3 · Y_4 · Y_5 · Y_6 (16–9); 底: A_0 · A_1 · A_2 · S_1 · S_2 · S_3 · Y_7 · GND (1–8)

74LS151 — 顶: V_{CC} · D_4 · D_5 · D_6 · D_7 · A_0 · A_1 · A_2 (16–9); 底: D_3 · D_2 · D_1 · D_0 · Y · Y · G · GND (1–8)

74LS153 — 顶: V_{CC} · $2\overline{G}$ · A_0 · $2D_3$ · $2D_2$ · $2D_1$ · $2D_0$ · 2Y (16–9); 底: 1G · A_1 · $1D_3$ · $1D_2$ · $1D_1$ · $1D_0$ · 1Y · GND (1–8)

74LS194 — 顶: V_{CC} · Q_0 · Q_1 · Q_2 · Q_3 · CP · S_1 · S_0 (16–9); 底: $\overline{CR}$ · S_R · D_0 · D_1 · D_2 · D_3 · S_L · GND (1–8)

74LS192 — 顶: V_{CC} · D_0 · R_D · $\overline{BO}$ · $\overline{CO}$ · $\overline{S}_D$ · D_2 · D_3 (16–9); 底: D_1 · Q_B · Q_A · CP_0 · CPU · Q_C · Q_D · GND (1–8)

74LS193 — 顶: V_{CC} · D_0 · CR · $\overline{BO}$ · $\overline{CO}$ · $\overline{LD}$ · D_2 · D_3 (16–9); 底: D_1 · Q_1 · Q_0 · CP_0 · CPu · Q_2 · Q_3 · GND (1–8)

74LS48 — 顶: V_{CC} · f · g · a · b · c · d · e (16–9); 底: BC · C · $\overline{LT}$ · $\overline{BI}$/$\overline{RBO}$ · $\overline{RBI}$ · D · A · GND (1–8)

74LS163 — 顶: V_{CC} · TC · Q_A · Q_B · Q_C · Q_D · CET · PE (16–9); 底: SR · CLK · A · B · C · D · CEP · GND (1–8)

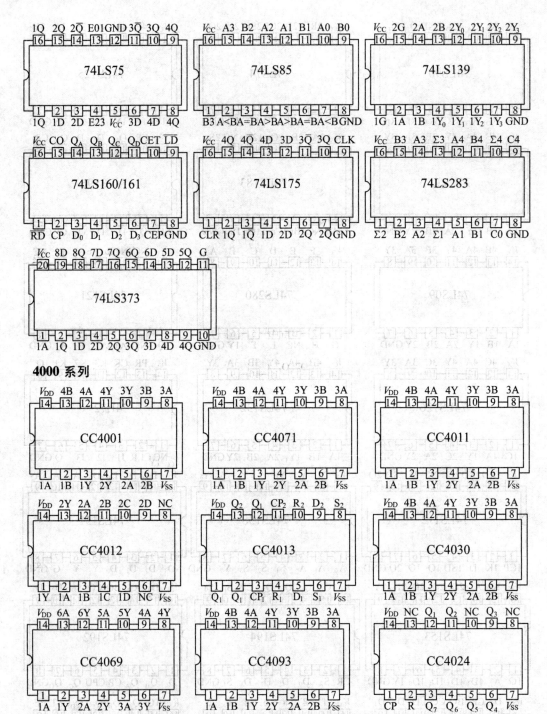

74LS75
上排: 1Q 2Q 2Q̄ E01GND 3Q̄ 3Q 4Q — 16 15 14 13 12 11 10 9
下排: 1 2 3 4 5 6 7 8 — 1Q 1D 2D E23 V_{CC} 3D 4D 4Q

74LS85
上排: V_{CC} A3 B2 A2 A1 B1 A0 B0 — 16 15 14 13 12 11 10 9
下排: 1 2 3 4 5 6 7 8 — B3 A<B A=B A>B A>B A=B A<B GND

74LS139
上排: V_{CC} 2G 2A 2B 2Y_0 2Y_1 2Y_2 2Y_3 — 16 15 14 13 12 11 10 9
下排: 1 2 3 4 5 6 7 8 — 1G 1A 1B 1Y_0 1Y_1 1Y_2 1Y_3 GND

74LS160/161
上排: V_{CC} CO Q_A Q_B Q_C Q_D CET $\overline{LD}$ — 16 15 14 13 12 11 10 9
下排: 1 2 3 4 5 6 7 8 — $\overline{RD}$ CP D_0 D_1 D_2 D_3 CEP GND

74LS175
上排: V_{CC} 4Q 4Q̄ 4D 3D 3Q̄ 3Q CLK — 16 15 14 13 12 11 10 9
下排: 1 2 3 4 5 6 7 8 — $\overline{CLR}$ 1Q 1Q̄ 1D 2D 2Q 2Q̄ GND

74LS283
上排: V_{CC} B3 A3 Σ3 A4 B4 Σ4 C4 — 16 15 14 13 12 11 10 9
下排: 1 2 3 4 5 6 7 8 — Σ2 B2 A2 Σ1 A1 B1 C0 GND

74LS373
上排: V_{CC} 8D 8Q 7D 7Q 6Q 6D 5D 5Q G — 20 19 18 17 16 15 14 13 12 11
下排: 1 2 3 4 5 6 7 8 9 10 — 1A 1Q 1D 2D 2Q 3Q 3D 4D 4Q GND

4000 系列

CC4001
上排: V_{DD} 4B 4A 4Y 3Y 3B 3A — 14 13 12 11 10 9 8
下排: 1 2 3 4 5 6 7 — 1A 1B 1Y 2Y 2A 2B V_{SS}

CC4071
上排: V_{DD} 4B 4A 4Y 3Y 3B 3A — 14 13 12 11 10 9 8
下排: 1 2 3 4 5 6 7 — 1A 1B 1Y 2Y 2A 2B V_{SS}

CC4011
上排: V_{DD} 4B 4A 4Y 3Y 3B 3A — 14 13 12 11 10 9 8
下排: 1 2 3 4 5 6 7 — 1A 1B 1Y 2Y 2A 2B V_{SS}

CC4012
上排: V_{DD} 2Y 2A 2B 2C 2D NC — 14 13 12 11 10 9 8
下排: 1 2 3 4 5 6 7 — 1Y 1A 1B 1C 1D NC V_{SS}

CC4013
上排: V_{DD} Q_2 $\overline{Q}_1$ CP_2 R_2 D_2 S_2 — 14 13 12 11 10 9 8
下排: 1 2 3 4 5 6 7 — Q_1 $\overline{Q}_1$ CP_1 R_1 D_1 S_1 V_{SS}

CC4030
上排: V_{DD} 4B 4A 4Y 3Y 3B 3A — 14 13 12 11 10 9 8
下排: 1 2 3 4 5 6 7 — 1A 1B 1Y 2Y 2A 2B V_{SS}

CC4069
上排: V_{DD} 6A 6Y 5A 5Y 4A 4Y — 14 13 12 11 10 9 8
下排: 1 2 3 4 5 6 7 — 1A 1Y 2A 2Y 3A 3Y V_{SS}

CC4093
上排: V_{DD} 4B 4A 4Y 3Y 3B 3A — 14 13 12 11 10 9 8
下排: 1 2 3 4 5 6 7 — 1A 1B 1Y 2Y 2A 2B V_{SS}

CC4024
上排: V_{DD} NC Q_1 Q_2 NC Q_3 NC — 14 13 12 11 10 9 8
下排: 1 2 3 4 5 6 7 — CP R Q_7 Q_6 Q_5 Q_4 V_{SS}

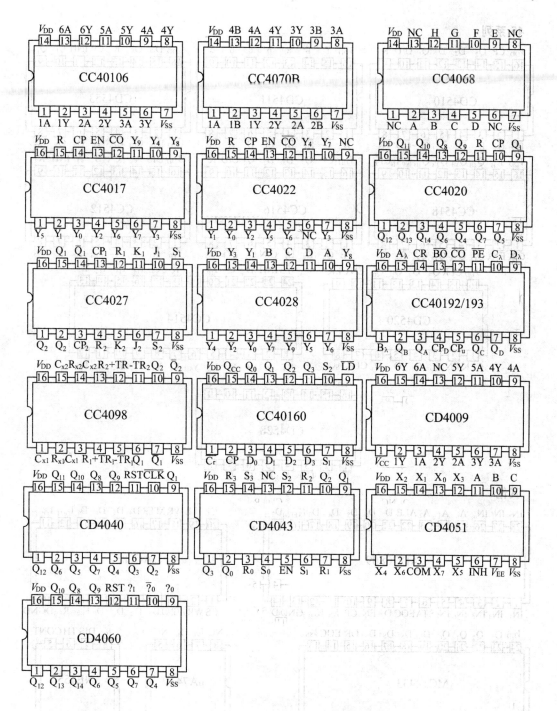

45 系列

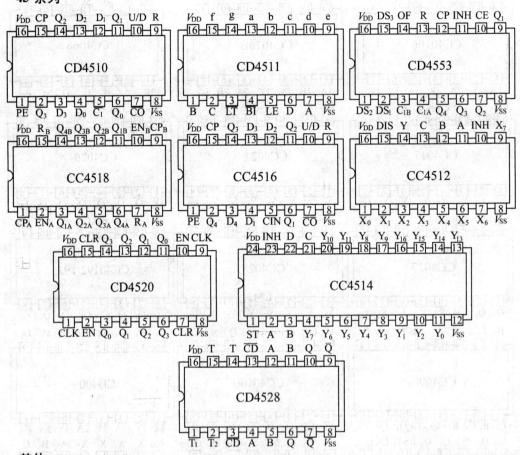

其他

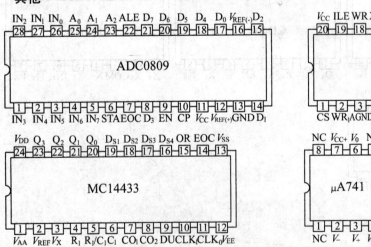
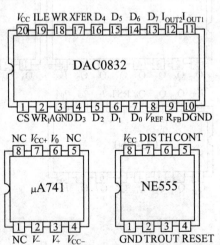

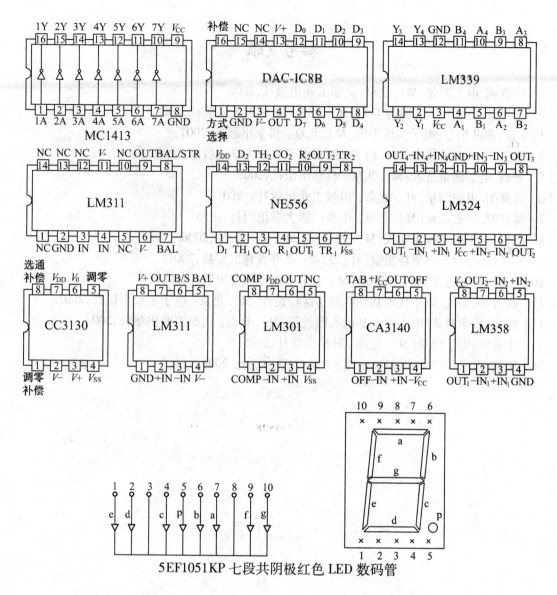

参考文献

[1] 王善斌.电工测量[M].北京:化学工业出版社,2008.

[2] 王海群.电子技术实验与实训[M].北京：机械工业出版社,2005.

[3] [日]藤井信生.电子实用手册[M].北京：科学出版社,2007.

[4] 秦云.电子测量技术[M].西安：西安电子科技大学出版社,2008.

[5] 秦斌.电子测量技术[M].北京：科学出版社,2009.

[6] 袁禄明.电磁测量[M].北京：机械工业出版社,1980.

[7] 傅维潭.电磁测量[M].北京：中央广播大学出版社,1985.

[8] 则信.电工电子技术实践[M].北京：机械工业出版社,2006.

[9] 赵录怀.电路与电磁场实验[M].北京：高等教育出版社,2001.

[10] 王建华,吴道悌.电工学实验[M].北京：高等教育出版社,2001.

[11] 高吉祥,易凡.电子技术基础实验与课程设计[M].北京：电子工业出版社,2002.

[12] 曾建唐,谢祖荣.电工电子基础实践教程[M].北京：机械工业出版社,2003.

[13] 王宏宝.电子测量[M].北京：科学出版社,2005.

[14] 王尧.电子线路实践[M].南京：东南大学出版社,2000.